HAUPTSÄTZE

DER

DIFFERENTIAL- UND INTEGRAL-RECHNUNG

HAUPTSÄTZE

DER

DIFFERENTIAL- UND INTEGRAL-RECHNUNG

Als Leitfaden zum Gebrauch bei Vorlesungen

zusammengestellt von

Dr. ROBERT FRICKE

GEH. HOFRAT UND PROFESSOR AN DER TECHNISCHEN HOCHSCHULE ZU BRAUNSCHWEIG

Neunte Auflage

Mit 74 Figuren

Springer Fachmedien Wiesbaden GmbH

1923

ISBN 978-3-663-19837-6   ISBN 978-3-663-20172-4 (eBook)
DOI 10.1007/978-3-663-20172-4

VORWORT.

Die vorliegende Neuauflage meiner „Hauptsätze der Differential- und Integralrechnung" ist ein unveränderter Abdruck der voraufgehenden Auflage. Die freundliche Aufnahme des Büchleins, die mir durch den raschen Absatz der früheren Auflagen bezeugt ist, gibt mir die Zuversicht, daß es in der bisherigen Gestalt ein nützliches Hilfsmittel für die studierende Jugend geworden ist. Indem die Darstellung bei allen grundlegenden Erklärungen an die geometrische Anschauung anknüpft und von dieser auch übrigens ausgiebigen Gebrauch macht, wendet sie sich vor allem an diejenigen Studierenden, welche die Mathematik in der Technik und in den Naturwissenschaften verwenden wollen. Der Studierende der Mathematik im engeren Sinne wird die vorliegende Darstellung der Differential- und Integralrechnung natürlich nur zu einer ersten Einführung benutzen können; für ihn ist späterhin eine arithmetische Begründung der Begriffe der Variablen, der Funktion, der Stetigkeit usw. unerläßlich.

Wenn ich das Buch auch ursprünglich nur als einen Vorlesungsleitfaden, und zwar insbesondere für die Studierenden an der hiesigen Hochschule herausgab, so hat es sich zu meiner Freude auch in weiteren Kreisen eingebürgert. Mag auch die neue Auflage neue Freunde gewinnen und seinen Lesern den Weg in die höhere Mathematik ebnen helfen.

Robert Fricke.

INHALTSVERZEICHNIS.

Einleitung.

Erster Abschnitt.
Grundlagen der Differentialrechnung.

Erstes Kapitel.
Erklärung und Berechnung des Differentialquotienten einer Funktion $f(x)$.

Zweites Kapitel.

Die Ableitungen und Differentiale höherer Ordnung einer Funktion $f(x)$.

Zweiter Abschnitt.

Anwendungen der Differentialrechnung.

Erstes Kapitel.

Bestimmung der Maxima und Minima einer Funktion $f(x)$.

Zweites Kapitel.

Betrachtung des Verlaufes ebener Kurven.

Drittes Kapitel.

Theorie der unendlichen Reihen.

Viertes Kapitel.

Bestimmung der unter den Gestalten $\frac{0}{0}$, $\frac{\infty}{\infty}$, ... sich darbietenden Funktionswerte.

Dritter Abschnitt.

Grundlagen und Anwendungen der Integralrechnung.

Erstes Kapitel.

Begriffe des unbestimmten und des bestimmten Integrals nebst geometrischen Anwendungen.

Inhaltsverzeichnis. IX

Zweites Kapitel.

Weiterführung der Theorie der unbestimmten Integrale.

Vierter Abschnitt.

Funktionen mehrerer unabhängiger Variabelen.

Erstes Kapitel.

Differentiation und Integration der Funktionen mehrerer unabhängiger Variabelen.

Zweites Kapitel.

Der Taylorsche Lehrsatz und die Theorie der Maxima und Minima.

Drittes Kapitel.

Geometrische Anwendungen der Funktionen mehrerer Variabelen.

Fünfter Abschnitt.

Einführung in die Theorie der Differentialgleichungen.

Erstes Kapitel.

Allgemeine Bemerkungen über Differentialgleichungen.

Zweites Kapitel.

Gewöhnliche Differentialgleichungen erster Ordnung mit zwei Variabelen.

Drittes Kapitel.

Gewöhnliche Differentialgleichungen höherer Ordnung mit zwei Variabelen.

Anhang.

Komplexe Zahlen und Funktionen komplexer Variabelen.

Einleitung.

1. Veränderliche und unveränderliche Größen.

Erklärung: *Eine Größe, welche im Laufe der Zeit verschiedene Werte annimmt, heißt eine veränderliche oder variabele Größe oder auch kurz eine „Veränderliche" oder „Variabele"; man bezeichnet solche Variabele in der Regel durch die letzten Buchstaben des Alphabets, wie $x, y \ldots, X, Y \ldots, \xi, \eta \ldots$ Eine Größe, welche im Laufe der Zeit ihren Zahlwert beibehält, heißt eine unveränderliche oder konstante Größe oder kurz eine „Konstante"; zur Bezeichnung von Konstanten benutzt man vornehmlich die Anfangsbuchstaben des Alphabets $a, b \ldots, A, B \ldots, \alpha, \beta \ldots$*

Zur geometrischen Deutung konstanter oder variabeler Größen dient eine Gerade, deren Punkte, wie Fig. 1 andeutet, als Bilder der ganzen und gebrochenen Zahlen gelten. Wählt man die Strecke von 0 bis 1 als Längeneinheit, so bekommt z. B. die

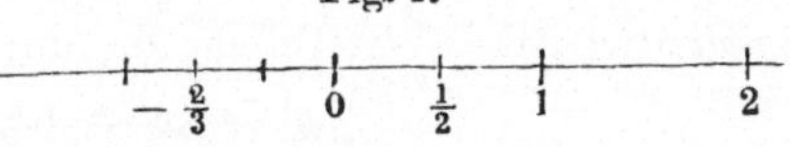

Fig. 1.

Zahl $^5/_7$ ihren Bildpunkt rechts vom „Nullpunkte" und zwar in der Entfernung $^5/_7$ von letzterem; die negative Zahl $— ^3/_2$ wird ihren Bildpunkt links vom Nullpunkte und zwar in der Entfernung $^3/_2$ von diesem finden usw. Die fragliche Gerade wird weiterhin „Zahlenlinie" genannt.

Eine Variabele x heißt „*unbeschränkt*" *veränderlich*, falls sie jeden möglichen Wert annehmen kann, falls also ihr Bildpunkt auf der Zahlenlinie an jede Stelle gelangen

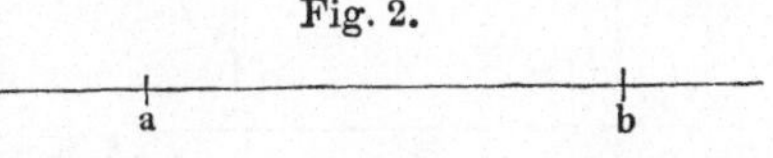

Fig. 2.

kann. Wird dagegen die Variabele x niemals kleiner als eine Zahl a und niemals größer als eine Zahl b, die $> a$ ist, so bringt man dies zum Ausdruck durch die Formel:

$$a \leqq x \leqq b$$

und bezeichnet die in Fig. 2 eingegrenzte Strecke der Zahlenlinie von a bis b als das „*Intervall*" der Variabelen x.

2. Begriff der Funktionen und geometrische Deutung derselben.

Erklärung: *Sind zwei Veränderliche x und y derart aneinander gebunden, daß zum einzelnen Werte x immer ein Wert y oder eine Anzahl von Werten y nach einem bestimmten Gesetze zugehört, so heißt y eine „Funktion" von x. Man kann das zwischen x und y bestehende Verhältnis so ansehen, daß man x als die „unabhängige" Variabele auffaßt, die Funktion y aber als die von x „abhängige".*

Der Begriff der Funktion ist der wichtigste Grundbegriff, mit dem wir zu arbeiten haben; und auf die Funktionen beziehen sich die Begriffe und Operationen der Differential- und Integralrechnung.

Die für Berechnungen geeignetste Art der *Angabe einer Funktion* ist diejenige *vermöge einer Gleichung*, wie z. B.:

$$y = 2x + 7 \quad \text{oder} \quad y = ax^2 + bx + c.$$

Will man unentschieden lassen, welche besondere Funktion y von x ist, so bedient man sich der *symbolischen Schreibweise* $y = f(x)$ und spricht kurz von einer „Funktion $f(x)$". Kommen in einer Betrachtung mehrere Funktionen nebeneinander vor, so unterscheidet man sie durch Gebrauch verschiedener Symbole, wie: $f(x)$, $g(x)$, $F(x)$, $\varphi(x)$ usw.

Die unabhängige Variabele x bezeichnet man auch als „*Argument*" der Funktion.

Ist eine Gleichung, durch welche man eine Funktion gibt, noch nicht nach y aufgelöst, so spricht man von einer *unentwickelten oder impliziten Angabe der Funktion* und nennt in abgekürzter Sprechweise für diesen Fall wohl auch die Funktion selbst eine *unentwickelte* oder *implizite*. Als Beispiel diene die durch die Gleichung:

$$y^2 - x - 6y + 11 = 0$$

gegebene Funktion y von x. Die gleiche Funktion ist als *explizite* oder *entwickelte Funktion* gegeben durch die Gleichung:

$$y = 3 + \sqrt{x - 2}.$$

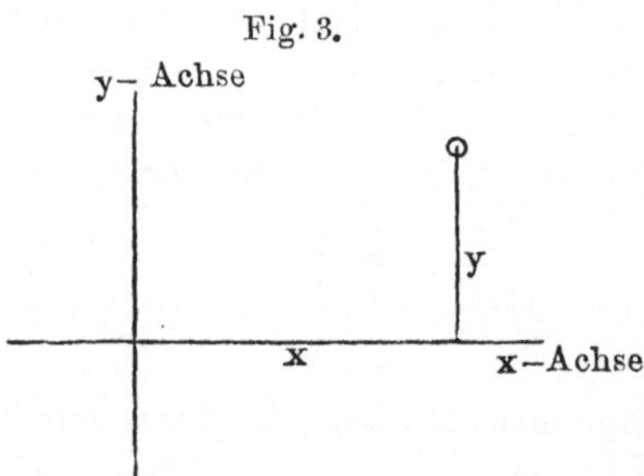

Fig. 3.

Als symbolische Schreibweisen unentwickelter Funktionen dienen Gleichungen der Gestalt $f(x, y) = 0$, $F(x, y) = 0$ usw.

Um eine *geometrische Versinnlichung der Funktionen* zu gewinnen, kann man ein rechtwinkliges Koordinatensystem in der Ebene benutzen, wie es in der analytischen Geometrie gebräuchlich ist. Der einzelne Punkt der Ebene bekommt eine *Abszisse* x und eine *Ordinate* y (vgl. Fig. 3), die wir auch zusammenfassend die *Koordinaten* x, y des Punktes nennen. Alle Punkte, deren Koordinaten x, y eine Gleichung $y = f(x)$ oder $F(x, y) = 0$ befriedigen, bilden eine in der Ebene gelegene Kurve, wie in der analytischen Geometrie gezeigt wird.

Lehrsatz: Deutet man x und y als rechtwinklige Koordinaten in einer Ebene, so stellt die Gleichung $y = f(x)$ oder $F(x, y) = 0$ eine in dieser Ebene gelegene Kurve dar; diese Kurve benutzt man als geometrisches Bild der durch $y = f(x)$ oder $F(x, y) = 0$ gegebenen Funktion.

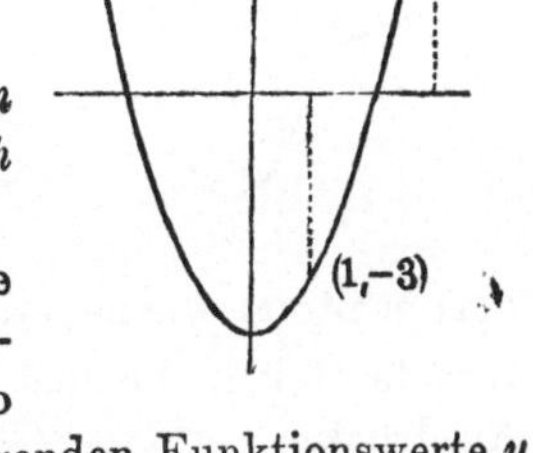

Fig. 4.

So ist z. B. in Fig. 4 die Kurve gezeichnet, welche das geometrische Bild der Funktion $y = x^2 - 4$ ist. Für zwei Punkte dieser Kurve sind in der Figur die Werte der Koordinaten in Klammern hinzugesetzt.

Umgekehrt kann man durch irgend eine in der x, y-Ebene gezeichnete Kurve immer auch eine Funktion y von x definieren.

Benutzt man für die Zeichnung der Kurve sog. Millimeterpapier, welches mit einer Einteilung in Quadratmillimeter versehen ist, so kann man die zu den einzelnen Werten x gehörenden Funktionswerte y aus der Zeichnung näherungsweise sehr bequem ablesen.

3. Umkehrung oder Inversion der Funktionen.

Sieht man in der Gleichung $y = f(x)$ nicht wie bisher x, sondern y als die unabhängige Veränderliche an, so wird x eine Funktion von y sein. Um diese Funktion entwickelt darzustellen, haben wir die Gleichung $y = f(x)$ nach x aufzulösen, was $x = \varphi(y)$ geben mag. In dieser letzteren Gleichung wollen wir jetzt noch, damit fortan wieder x als Benennung der unabhängigen Variabelen diene, einen Austausch der Bezeichnungen beider Variabelen vornehmen.

Man wird so zur Funktion $y = \varphi(x)$ geführt, welche die zu $f(x)$ „umgekehrte“ oder „inverse“ Funktion heißt. Der Prozeß des Überganges von $f(x)$ zu $\varphi(x)$ heißt „Umkehrung“ oder „Inversion“ der Funktion $f(x)$.

Das Verhältnis von $f(x)$ zur inversen Funktion $\varphi(x)$ ist offenbar ein gegenseitiges, d. h. zu $\varphi(x)$ ist wiederum $f(x)$ invers.

Zueinander invers sind z. B. die Funktionen $f(x) = x^n$ und $\varphi(x) = \sqrt[n]{x}$ oder $f(x) = x^2 - 1$ und $\varphi(x) = \sqrt{x + 1}$ usw.

Die zu $y = f(x)$ gehörende Kurve liefert dadurch die Werte der Funktion $x = \varphi(y)$, daß man für gegebene Ordinaten y die Werte x der zugehörigen Abszissen an der Kurve abmißt. Der nachherige Austausch der Bezeichnungen beider Veränderlichen und damit der Übergang zur Gleichung $y = \varphi(x)$ ergibt folgende Vorschrift:

Um aus der Kurve einer Funktion $f(x)$ das geometrische Bild der inversen Funktion $\varphi(x)$ zu gewinnen, hat man jene Kurve um die Halbierungslinie des von der positiven x-Achse und der positiven y-Achse gebildeten Winkels umzuklappen.

Fig. 5.

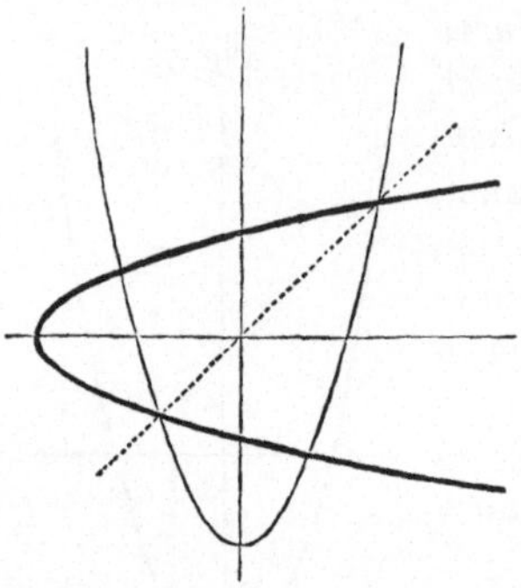

Für die in Fig. 4 dargestellte Kurve der Funktion $(x^2 - 4)$ ist diese Umklappung in Fig. 5 ausgeführt; die neue Kurve, welche somit der Funktion $\sqrt{x + 4}$ zugehört, ist stärker ausgezogen. Man sieht, daß bei der letzteren Kurve zu jeder Abszisse $x > -4$ zwei einander genau entgegengesetzte Ordinaten y gehören. Letzteres entspricht dem Umstande, daß wir die Quadratwurzel $\sqrt{x + 4}$ sowohl mit dem positiven wie negativen Zeichen versehen dürfen. Die hierin liegende Zweideutigkeit kommt in der Formel $y = \pm \sqrt{x + 4}$ direkt zum Ausdruck.

4. Die rationalen und die irrationalen Funktionen.

I. Die einfachste Funktion, welche man bilden kann, ist die *Potenz* $y = x^n$ mit ganzem positiven Exponenten n.

Man betrachte weiter die Funktion:

$$y = a x^5 + b x^7 - c x + d.$$

Dieselbe ist aus x und den Konstanten a, b, c, d durch die Operationen der Addition, Subtraktion und Multiplikation zu berechnen.

Erklärung: *Eine Funktion y, welche aus x und gegebenen Konstanten durch die Operationen der Addition, Subtraktion und Multiplikation berechenbar ist, heißt eine „ganze rationale Funktion" oder kurz eine „ganze Funktion".*

Die größte als Exponent von x auftretende ganze Zahl heißt der *„Grad" der ganzen Funktion.* Ist der Grad gleich 1, so spricht man auch von einer *„linearen"* ganzen Funktion.

Eine ganze rationale Funktion wird „geordnet", indem man die Glieder mit gleichen Potenzen von x zusammenfaßt und sodann alle Glieder etwa nach ansteigenden Potenzen von x anordnet.

Lehrsatz: *Eine ganze rationale Funktion n^{ten} Grades von x hat die geordnete Gestalt:*

$$(1) \qquad y = a_0 + a_1 x + a_2 x^2 + \cdots + a_n x^n,$$

wo a_0, a_1, ..., a_n konstante Koeffizienten sind.

II. Man betrachte ferner die Funktion:

$$y = \frac{1}{a\,x - b} + \frac{1 - \dfrac{1}{x}}{x + c}.$$

Dieselbe ist aus x und den Konstanten a, b, c zu berechnen durch die Operationen der Addition, Subtraktion, Multiplikation und Division, welche man unter der Benennung der *„rationalen Operationen"* zusammenfaßt.

Erklärung: *Eine Funktion, welche aus x und gegebenen Konstanten durch rationale Operationen berechenbar ist, heißt eine „rationale Funktion".*

Die Gattung der rationalen Funktionen umfaßt diejenige der ganzen rationalen Funktionen als Spezialfall.

Die soeben als Beispiel angegebene rationale Funktion kann man auch so schreiben:

$$y = \frac{1}{a\,x - b} + \frac{x - 1}{x^2 + c\,x} = \frac{x^2 + c\,x + (x - 1)\,(a\,x - b)}{(a\,x - b)\,(x^2 + c\,x)},$$

d. h. sie kann als Quotient zweier ganzen Funktionen dargestellt werden. Allgemein gilt der

Lehrsatz: *Eine rationale Funktion von x hat die geordnete Gestalt:*

$$(2) \qquad y = \frac{a_0 + a_1\,x + a_2\,x^2 + \cdots + a_n\,x^n}{b_0 + b_1\,x + b_2\,x^2 + \cdots + b_m\,x^m},$$

wo die a und b konstante Koeffizienten sind.

Die größere unter den beiden ganzen Zahlen m und n oder, falls beide gleich sind, eine von ihnen liefert den *„Grad" der rationalen Funktion.* Ist der Grad gleich 1, so spricht man auch von einer *„linearen"* Funktion.

III. Die einfachste *„irrationale Funktion"* von x ist $y = x^{\frac{1}{n}} = \sqrt[n]{x}$, unter n eine ganze positive Zahl verstanden.

Ein komplizierteres Beispiel einer irrationalen Funktion von x ist die n^{te} Wurzel aus einer beliebigen rationalen Funktion von x. Allgemein gilt folgende

Erklärung: *Man spricht von einer „irrationalen Funktion" von x, wenn zur Berechnung des Wertes der Funktion aus x und gegebenen Konstanten neben rationalen Rechnungsarten noch eine oder mehrere Wurzelziehungen auszuüben sind.*

Beispiele irrationaler Funktionen sind:

$$y = \sqrt[3]{a\,x + b}, \quad y = \sqrt[n]{\frac{1 + \sqrt{x}}{1 - \sqrt{x}}}, \quad y = \sqrt{A\,x^2 + 2\,B\,x + C}, \cdots$$

5. Eindeutigkeit und Mehrdeutigkeit der Funktionen.

Erklärung: *Eine Funktion $y = f(x)$ heißt für einen speziellen Wert des Argumentes „n-deutig", wenn die durch den Ausdruck von $f(x)$ gegebene Vorschrift zur Berechnung von y für jenen Wert des Argumentes x im ganzen n verschiedene Werte y als zugehörig liefert.*

So ist z. B. die Funktion $y = \sqrt{x-1}$ für alle x, die > 1 sind, zweideutig, da man das Vorzeichen des Zahlwertes der Quadratwurzel sowohl positiv als negativ nehmen kann. Für $x = 1$ ist die Funktion $\sqrt{x-1}$ eindeutig, für $x < 1$ muß diese Funktion als „nulldeutig" bezeichnet werden, weil die durch $f(x)$ gegebene Rechenvorschrift hier auf keinen (reellen) Wert y führt [1]).

Ist $y = f(x)$ für einen besonderen Wert x n-deutig, so liefert die zu $f(x)$ gehörende Kurve für die Abszisse x im ganzen n Ordinaten y.

Lehrsatz: *Die rationalen Funktionen sind für alle Werte des Argumentes x eindeutig. Die irrationalen Funktionen liefern Beispiele mehrdeutiger Funktionen.*

6. Exponentialfunktion und Logarithmus.

I. Ist die Konstante $a > 0$, so hat a^x für jeden Wert x einen bestimmten *positiven* Wert.

Erklärung und Lehrsatz: *Die Funktion $y = a^x$ heißt „Exponentialfunktion" mit der Basis a, für welche $a > 0$ gelte. Die Exponentialfunktion ist für jeden Wert x eindeutig und hat beständig positiven Zahlwert.*

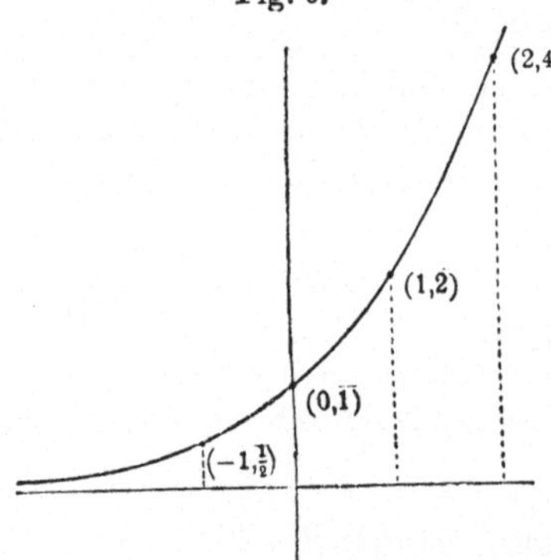

Fig. 6.

Als Beispiel diene $a = 2$, wo die *Exponentialfunktion* den in Fig. 6 angegebenen Verlauf zeigt. An einigen Punkten der Kurve sind die zugehörigen Werte der Koordinaten in Klammern beigefügt.

II. Erklärung: *Die zur Exponentialfunktion inverse Funktion ist $y = {}^a\!\log x$ und heißt „Logarithmus" mit der Basis a.*

Die aus Fig. 6 nach der Regel von S. 4 hergestellte *Logarithmuskurve* für die Basis 2 ist in Fig. 7 stärker ausgezogen.

Lehrsatz: *Die Funktion $y = {}^a\!\log x$ ist für alle positiven x eindeutig, für alle negativen x nulldeutig.*

---

[1]) Imaginäre und komplexe Werte der Variabelen und Funktionen werden erst unten (im Anhange) zugelassen und näher untersucht.

Dies tritt in Fig. 7 direkt hervor: Die Logarithmuskurve verläuft durchaus rechts von der y-Achse und liefert hierselbst für jedes x ein und nur ein y.

Es gilt:

$$(1) \quad {}^a\!log\, 1 = 0,$$

sowie, falls $a > 1$ zutrifft:

$$(2) \begin{cases} {}^a\!log\, 0 = -\infty, \\ {}^a\!log\, (+\infty) = +\infty. \end{cases}$$

Ist $a > 1$, so hat die Funktion ${}^a\!log\, x$ für $0 < x < 1$ negative Werte, für $x > 1$ dagegen positive.

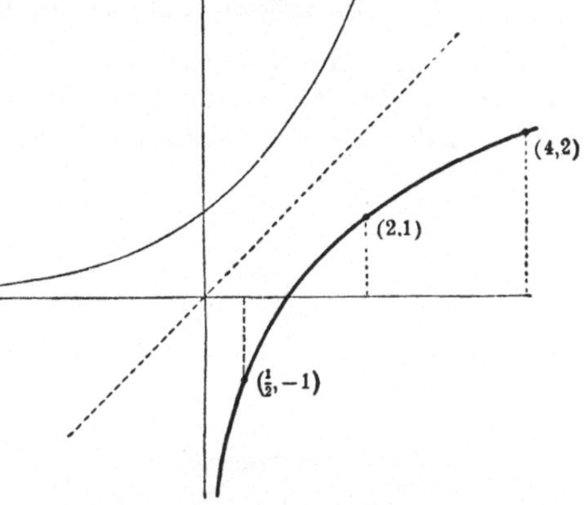

7. Gradmaß und Bogenmaß der Winkel.

Statt des in der Elementarmathematik gebräuchlichen Gradmaßes der Winkel benutzt man in der höheren Mathematik gewöhnlich das sogenannte „*Bogenmaß*" derselben.

Erklärung: *Ein Winkel wird gemessen durch die Länge desjenigen Kreisbogens vom Radius 1, zu welchem der Winkel als Zentriwinkel gehört.*

Hat ein Winkel von α Grad in Bogenmaß die Größe s (vgl. Fig. 8), so gilt die Gleichung:

$$(1) \ldots \ldots s = \frac{\pi\alpha}{180}.$$

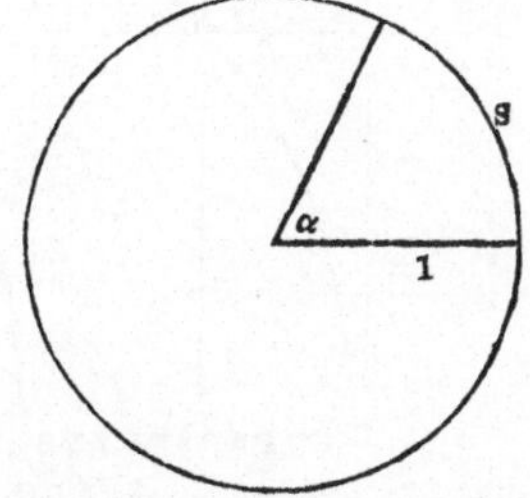

Hieraus ergibt sich folgende Tabelle:

α	$1'$	90^0	180^0	270^0	360^0
s	$\dfrac{\pi}{180}$	$\dfrac{\pi}{2}$	π	$\dfrac{3\pi}{2}$	2π

Neben der Kreisperipherie legen wir jetzt auch noch die „Zahlenlinie" (siehe S. 1) zur Deutung der hier als unbeschränkt geltenden Variabelen s vor. Man denke sich zu diesem Zwecke die Kreisperipherie von $s = 0$ beginnend sowohl nach der positiven als der negativen Seite der Zahlenlinie unendlich oft abgewickelt.

Lehrsatz: *Bei der letzteren Auffassung gewinnt ein und derselbe Winkel unendlich viele Maßzahlen s, welche alle aus einer unter ihnen durch Zufügen von beliebigen ganzzahligen Vielfachen der Zahl 2π entstehen.*

So bekommt z. B. ein rechter Winkel die Maßzahlen:

$$\pi/_2, \quad \pi/_2 \pm 2\,\pi, \quad \pi/_2 \pm 4\,\pi \ldots$$

8. Die trigonometrischen Funktionen.

Erklärung: *Als Argument der trigonometrischen Funktionen sin, cos, tg, ctg soll nicht das Gradmaß, sondern das Bogenmaß s des Winkels angesehen werden. Der Gleichmäßigkeit wegen schreiben wir wieder x statt s*

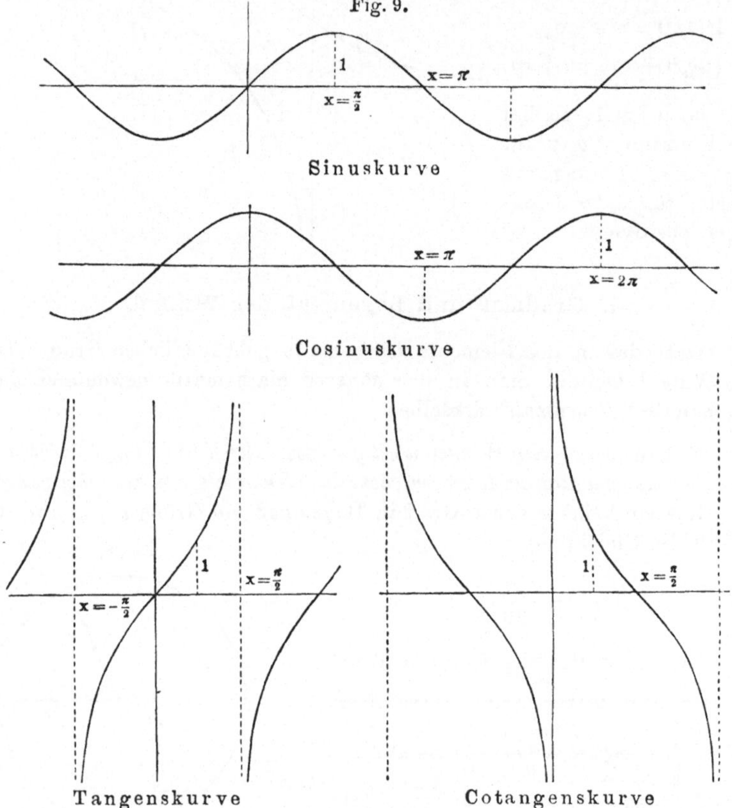

für das Argument der einzelnen trigonometrischen Funktion und legen zur Deutung der Werte s = x sogleich die Zahlenlinie (x-Achse) zugrunde.

Den vier trigonometrischen Funktionen:

$$y = \sin x, \quad y = \cos x, \quad y = tg\,x, \quad y = ctg\,x$$

entsprechen alsdann ebensoviele *„trigonometrische Kurven"*, deren Verlauf durch die vier in Fig. 9 zusammengestellten Zeichnungen veranschaulicht wird.

Die Funktion $tg\,x$ wird bei $x = {}^\pi/_2$ unendlich und zwar wird sie gleich $+\infty$ oder gleich $-\infty$, je nachdem man von links oder von rechts an den Punkt $x = {}^\pi/_2$ der Zahlenlinie herangeht. Gelten diese Funktionswerte $+\infty$ und $-\infty$ als nicht verschieden, so besteht der

Lehrsatz: *Die trigonometrischen Funktionen sind für jeden Wert des Argumentes x eindeutig.*

Die einzelne der in Fig. 9 angedeuteten Kurven liefert entsprechend für jeden Wert x einen und nur einen Funktionswert y.

Zwei Werte x, welche um ein Multiplum von $2\,\pi$ verschieden sind, liefern denselben Winkel und also gleiche Werte der Funktionen.

Lehrsatz: *Die trigonometrischen Funktionen heißen periodische Funktionen, weil sie ihren Wert nicht ändern, falls man das Argument x um $2\,\pi$ vermehrt oder vermindert.*

Die Funktionen $tg\,x$ und $ctg\,x$ bleiben auch bereits bei Vermehrung oder Verminderung des Argumentes x um π unverändert, während die Funktionen $sin\,x$ und $cos\,x$ hierbei das Zeichen wechseln:

$$(1) \quad . \; . \quad sin\,(x \pm \pi) = -\,sin\,x, \quad cos\,(x \pm \pi) = -\,cos\,x,$$
$$(2) \quad . \; . \quad tg\,(x \pm \pi) = tg\,x, \qquad ctg\,(x \pm \pi) = ctg\,x.$$

Man benennt dieserhalb $2\,\pi$ als die „*Periode*" von $sin\,x$ und $cos\,x$, π als diejenige von $tg\,x$ und $ctg\,x$.

9. Die zyklometrischen Funktionen.

Erklärung: *Die zu den vier trigonometrischen Funktionen sin, cos, tg, ctg inversen Funktionen heißen die „zyklometrischen" Funktionen und werden durch:*

$$arc\,sin\,x, \quad arc\,cos\,x, \quad arc\,tg\,x, \quad arc\,ctg\,x$$

bezeichnet.

Es ist also z. B. die Gleichung:

$$(1) \quad . \; . \; . \; . \; . \; . \; . \; . \; . \quad y = arc\,sin\,x$$

gleichbedeutend mit $x = sin\,y$, so daß in der Gleichung (1) der Wert y die Maßzahl eines Bogens bezeichnet, dessen Sinus den Wert x hat.

Die „*zyklometrischen Kurven*" entspringen nach der Regel von S. 4 aus den Kurven der trigonometrischen Funktionen. Den Verlauf der Kurven der Funktionen $arc\,sin\,x$ und $arc\,cos\,x$ zeigt Fig. 10 (a. f. S.). Die $arc\,tg$-Kurve ist in Fig. 11 (a. f. S.) angedeutet. Aus der Gestalt der Kurven entspringt folgender

Lehrsatz: *Die Funktionen $arc\,sin\,x$ und $arc\,cos\,x$ sind für die Werte von x im Intervall von -1 bis $+1$ unendlich vieldeutig, außerhalb dieses Intervalles aber überall nulldeutig. Die Funktionen $arc\,tg\,x$ und $arc\,ctg\,x$ sind für jeden Wert von x unendlich vieldeutig.*

Unter den unendlich vielen Werten, welche die Funktion $arc\,sin\,x$ für ein dem Intervall $-1 \leqq x \leqq +1$ angehörendes x besitzt, wird als „*Hauptwert*" derjenige Wert y angesehen, welcher dem Intervall $-\,{}^{\pi}/_{2} \leqq y \leqq +\,{}^{\pi}/_{2}$ angehört. Aus dem Hauptwerte y berechnen sich alle übrigen Werte dieser Funktion in den Gestalten:

$$y + 2\,k\,\pi \quad \text{und} \quad -\,y + (2\,k + 1)\,\pi,$$

wo beide Male k alle positiven und negativen ganzen Zahlen durchlaufen soll.

Fig. 10.

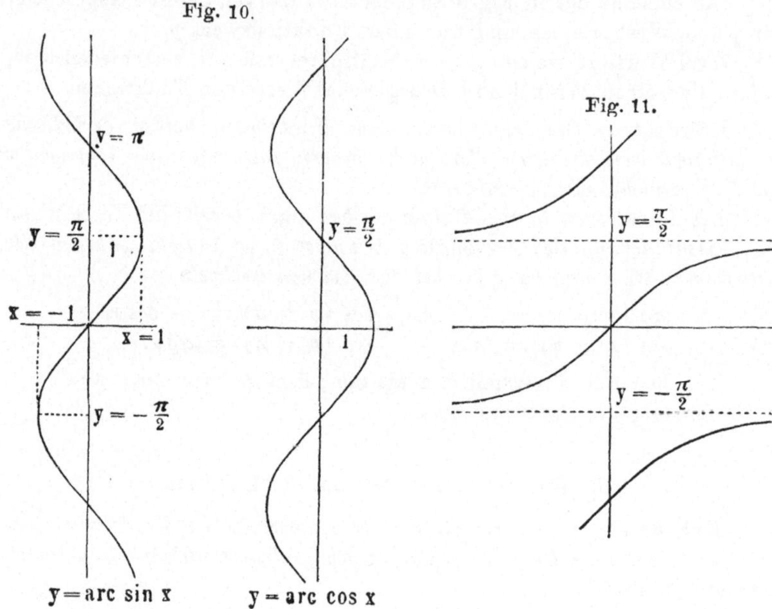

Der „Hauptwert" y der Funktion $arc\,tg\,x$ soll gleichfalls dem Intervalle $-\,{}^{\pi}/_{2} \leqq y \leqq {}^{\pi}/_{2}$ angehören; alle übrigen Werte dieser Funktion berechnen sich dann beim einzelnen x aus dem zugehörigen Hauptwerte y in der Gestalt $(y + k\,\pi)$, wo k in demselben Sinne wie eben gebraucht ist.

Es gelten die Formeln:

$$(2) \quad \cdots\cdots\cdots \quad \begin{cases} arc\,cos\,x = {}^{\pi}/_{2} - arc\,sin\,x, \\ arc\,ctg\,x = {}^{\pi}/_{2} - arc\,tg\,x. \end{cases}$$

Die Funktionen $arc\,cos\,x$ und $arc\,ctg\,x$ sind entbehrlich, da sie nach den Gleichungen (2) stets leicht durch $arc\,sin\,x$ bzw. $arc\,tg\,x$ ausgedrückt werden können.

10. Benennungen der Funktionen.

Die vorstehend besprochenen Funktionen sind sämtlich bereits in der Elementarmathematik bekannt und heißen dieserhalb „*elementare Funktionen*".

Erklärung: *Die in Nr. 4 besprochenen rationalen und irrationalen Funktionen nennt man zusammenfassend „elementare algebraische Funktionen"; die Exponentialfunktionen, die Logarithmen, die trigonometrischen und die zyklometrischen Funktionen heißen „elementare transzendente Funktionen".*

11. Zusammengesetzte Funktionen.

Erklärung: *Setzt man als Argument in die Funktion f nicht x, sondern die Funktion $\varphi(x)$ von x ein, so wird $f[\varphi(x)]$ selbst wieder eine Funktion von x, die wir abgekürzt $F(x)$ nennen wollen:*

$$(1) \quad \ldots \ldots \ldots \quad y = F(x) = f[\varphi(x)]$$

und als eine aus den Funktionen f und φ „zusammengesetzte" Funktion von x bezeichnen.

Ein Beispiel einer solchen zusammengesetzten Funktion ist:

$$y = {}^{10}log\,(sin\,x).$$

Man kann auch weitergehen und $f[\varphi(x)]$ als Argument in eine dritte Funktion einsetzen usw. Hierzu ist ein Beispiel:

$$y = 2^{\,{}^{10}log\,(sin\,x)}.$$

12. Der Begriff der Grenze.

Erklärung: *Will man bei einer (positiven oder negativen) Zahl a vom Vorzeichen absehen, so sagt man, die Zahl a solle „absolut genommen" werden; der hierbei sich ergebende „absolute Betrag" der Zahl a wird durch $|a|$ bezeichnet.*

Bildet man die Zahlenreihe:

$$(1) \quad \ldots \ldots \quad a_1 = 0,3, \quad a_2 = 0,33, \quad a_3 = 0,333, \text{ usw.,}$$

so kann man ein a_n mit so großem Index n angeben, daß sowohl a_n wie alle folgenden Zahlen $a_{n+1}, a_{n+2}, \ldots$ von dem Werte $^1/_3$ so wenig, als man will, verschieden sind. Dieserhalb heißt $^1/_3$ die „*Grenze*" der Zahlenreihe (1).

Dasselbe Sachverhältnis kann man auch so aussprechen: Wählt man eine „beliebig kleine" Zahl δ, die jedoch > 0 sein soll, so läßt sich eine zu diesem δ gehörende „endliche" ganze Zahl n angeben, so daß für alle Indizes $m \geqq n$ die Ungleichung $|\,^1/_3 - a_m\,| < \delta$ gilt.

Erklärung: *Es sei irgend eine unendliche Zahlenreihe:*

$$(2) \quad \ldots \ldots \ldots \ldots \quad a_1, a_2, a_3, a_4, \ldots$$

vorgelegt, und es existiere eine endliche Zahl g von folgender Art: Nach Auswahl einer „beliebig" kleinen Zahl δ, die jedoch > 0 ist, soll es stets einen zu diesem δ gehörenden „endlichen" Index n geben, so daß für jeden Index $m \geqq n$ der absolute Betrag $|g - a_m| < \delta$ ist. Die Zahl g

heißt alsdann die „Grenze" oder der „Limes" der Zahlenreihe (2) und wird durch:

$$(3) \ldots \ldots \ldots \ldots \quad g = \lim_{n=\infty} a_n$$

bezeichnet.

Zusatz: *Ist die Zahlenreihe (2) so beschaffen, daß nach Auswahl eines „beliebig" großen, jedoch „endlichen" Betrages ω stets ein zugehöriger endlicher Index n angegeben werden kann, so daß für alle Indizes $m \geq n$ die Ungleichung $a_m > \omega$ gilt, so sagt man, die Zahlenreihe (2) habe die Grenze ∞ und benutzt die Bezeichnung:*

$$(4) \ldots \ldots \ldots \ldots \quad \lim_{n=\infty} a_n = \infty.$$

Nicht jede Zahlenreihe hat eine Grenze. So hat z. B. die Zahlenreihe $1, \frac{1}{2}, 3, \frac{1}{4}, 5, \frac{1}{6}, 7, \frac{1}{8}, 9, \ldots$ weder eine endliche Grenze g, noch die Grenze ∞.

Folgende Überlegung dient zur Einübung des Grenzbegriffes und zur Vorbereitung späterer Entwickelungen: Vermöge einer fest gewählten Zahl $q > 1$ bilde man die Reihe:

$$(5) \ldots \ldots \ldots \quad a_1 = q, \quad a_2 = q^2, \, a_3 = q^3, \ldots$$

Offenbar ist stets $a_n < a_{n+1}$. Entweder existiert eine endliche Zahl $g = \lim\limits_{n=\infty} a_n$ oder es ist $\lim\limits_{n=\infty} a_n = \infty$.

Gesetzt, der erste Fall treffe zu, so ist für *jedes* endliche l notwendig $a_l < g$. Nun kann man wegen $q > 1$ eine Zahl δ so wählen, daß

$$0 < \delta < g \left(1 - \frac{1}{q} \right) \quad \text{und also} \quad q \, (g - \delta) > g$$

zutrifft. Dann läßt sich ein endlicher Index m angeben, so daß $g - a_m < \delta$ oder also $a_m > g - \delta$ ist. Durch Multiplikation mit der positiven Zahl q folgt:

$$q \, a_m = a_{m+1} > q \, (g - \delta) > g,$$

so daß a_{m+1} der Annahme entgegen bereits g übertrifft.

Der angenommene Fall einer *endlichen* Grenze $\lim . a_n$ ist demnach unhaltbar, vielmehr gilt:

$$\lim_{n=\infty} a_n = \lim_{n=\infty} q^n = \infty.$$

Ist $0 < r < 1$, so ist $\dfrac{1}{r} = q > 1$, und man hat:

$$r^n = \frac{1}{q^n}, \quad \text{sowie} \quad \lim_{n=\infty} r^n = \lim_{n=\infty} \frac{1}{q^n} = 0.$$

Lehrsatz: *Ist $q > 1$, so ist $\lim\limits_{n=\infty} q^n = \infty$. Ist $0 < r < 1$, so ist $\lim\limits_{n=\infty} r^n = 0$.*

13. Stetigkeit einer Variabelen und stetige Annäherung an eine Grenze.

Erklärung: *Führt der Bildpunkt einer Veränderlichen x auf der Zahlenlinie irgend welche Bewegungen im gewöhnlichen Sinne des Wortes aus, so bezeichnet man die hierdurch gegebenen Veränderungen der Variabelen x als „stetige" und nennt x eine „stetige Variabele".*

Wächst eine stetige Variabele um einen endlichen Betrag oder nimmt sie um einen solchen ab, so wird sie *alle* zwischen dem Anfangs- und Endwerte liegenden Zahlwerte *in der natürlichen Folge* durchlaufen.

Die in Nr. 12 betrachtete Annäherung der Zahlen der Reihe a_1, a_2, a_3, ... an eine Grenze g heißt *„unstetig"*, weil hier sprungweise von der einzelnen Zahl a zur folgenden übergegangen wird.

Dem gegenüber gilt folgende

Erklärung: *Man spricht von einer „stetigen" Annäherung der Variabelen x an eine endliche Grenze g, falls x solche „stetige" Veränderungen erfährt, daß nach Auswahl einer beliebig kleinen Größe δ, die jedoch > 0 sein soll, im Laufe der Veränderung des x die Ungleichung $|g - x| < \delta$ gültig wird und weiterhin gültig bleibt.*

Eine stetige Veränderliche x kann zufolge der gegebenen Erklärung der Stetigkeit den Wert ∞ nicht annehmen. Indessen kann man mit x solche stetige Veränderungen vornehmen, daß nach Auswahl einer beliebig großen, aber endlichen Zahl ω im Laufe der Veränderung des x die Ungleichung $x > \omega$ gültig wird und weiterhin gültig bleibt. Man spricht dann von *einer stetigen Annäherung des x an die Grenze ∞.*

In diesem Falle wird sich der reziproke Wert $1/x$ stetig der Grenze 0 annähern.

14. Einführung der Zahl *e*.

Sind a und b irgend zwei den Bedingungen:

$$(1) \quad \ldots \ldots \ldots \ldots \quad a > b > 0$$

genügende Zahlen, und ist n eine positive ganze Zahl, so gilt:

$$\frac{a^{n+1} - b^{n+1}}{a - b} = a^n + a^{n-1}b + a^{n-2}b^2 + \cdots + b^n < (n+1)a^n.$$

Hieraus folgt:

$$a^{n+1} - b^{n+1} < (a - b)(n+1)a^n,$$

sowie weiter durch Transposition:

$$(2) \quad \ldots \ldots \quad a^n[a - (a - b)(n+1)] < b^{n+1}.$$

Der Bedingung (1) genügen die Zahlen:

$$a = 1 + \frac{1}{n}, \quad b = 1 + \frac{1}{n+1}.$$

Für diese liefert Gleichung (2):

$$(3) \quad \ldots \quad \left(1 + \frac{1}{n}\right)^{n} < \left(1 + \frac{1}{n+1}\right)^{n+1}.$$

Desgleichen genügen der Bedingung (1) die Zahlen:

$$a = 1 + \frac{1}{2n}, \quad b = 1.$$

Für diese ergibt die Gleichung (2):

$$(4) \quad \ldots \quad \left(1 + \frac{1}{2n}\right)^{n} \cdot \frac{1}{2} < 1 \quad \text{und also} \quad \left(1 + \frac{1}{2n}\right)^{2n} < 4.$$

Setzt man nunmehr $a_n = \left(1 + \frac{1}{n}\right)^{n}$, so folgt aus (3), daß in der Reihe der positiven Zahlen $a_1 = 2$, a_2, $a_3 \ldots$ jede Zahl größer als die voraufgehende ist. Die Ungleichung (4) zeigt weiter, daß keine Zahl a_n den Betrag 4 erreicht oder überschreitet.

Wir schließen auf die Existenz einer Grenze $g = \lim_{n=\infty} a_n$, welche zwischen 2 und 4 gelegen ist. Diese Grenze trägt die besondere Bezeichnung e.

Lehrsatz: *Unter der Zahl e versteht man die Grenze der Zahlenreihe a_1, a_2, a_3, $\ldots$, bei welcher a_n den Zahlwert $\left(1 + \frac{1}{n}\right)^{n}$ bedeutet:*

$$(5) \quad \ldots \ldots \ldots \quad e = \lim_{n=\infty} \left(1 + \frac{1}{n}\right)^{n}.$$

Die Zahl e ist irrational und angenähert gegeben durch:

$$(6) \quad \ldots \ldots \ldots \quad e = 2{,}718\,2818 \ldots$$

Ist x eine stetige Variabele, die > 1 ist, so sei n die größte ganze Zahl, welche nicht größer als x ist. Aus $n \leqq x < n + 1$ folgt:

$$1 + \frac{1}{n} \geqq 1 + \frac{1}{x} > 1 + \frac{1}{n+1},$$

$$\left(1 + \frac{1}{n}\right)^{x} \geqq \left(1 + \frac{1}{x}\right)^{x} > \left(1 + \frac{1}{n+1}\right)^{x}.$$

Setzt man nun $x - n = \sigma$, $n + 1 - x = \tau$, so gilt $0 \leqq \sigma < 1$, $0 < \tau \leqq 1$; und man hat:

$$\left(1 + \frac{1}{n}\right)^{n+\sigma} \geqq \left(1 + \frac{1}{x}\right)^{x} > \left(1 + \frac{1}{n+1}\right)^{n+1-\tau}$$

$$(7) \quad \left[\left(1 + \frac{1}{n}\right)^{n}\right]^{\left(1+\frac{\sigma}{n}\right)} \geqq \left(1 + \frac{1}{x}\right)^{x} > \left[\left(1 + \frac{1}{n+1}\right)^{n+1}\right]^{\left(1-\frac{\tau}{n+1}\right)}$$

Nähert sich jetzt x der Grenze ∞ an, so gilt dasselbe von der ganzen Zahl n; und man erhält demnach:

$$\lim. \frac{\sigma}{n} = 0, \qquad \lim. \frac{\tau}{n+1} = 0.$$

In (7) haben somit die rechte und die linke Seite übereinstimmend die Grenze e; der in der Mitte der Ungleichung (7) stehende Ausdruck hat also gleichfalls e zur Grenze.

Lehrsatz: *Auch wenn x als „stetige" Variabele sich der Grenze ∞ nähert, gilt die Gleichung:*

$$(8) \quad \ldots \ldots \ldots \ldots \ldots \lim_{x=\infty} \left(1 + \frac{1}{x}\right)^{x} = e.$$

15. Stetigkeit und Unstetigkeiten der Funktionen.

Erklärung: *Eine Funktion $y = f(x)$ heißt „stetig", wenn bei stetiger Veränderung des Argumentes x auch die Funktion y stetig variabel ist.*

Ist die Funktion $y = f(x)$ in einem Intervall $a < x < b$ überall stetig, so verläuft die Kurve dieser Funktion daselbst *zusammenhängend*.

Die elementaren Funktionen können nur für vereinzelte Werte x aufhören, stetig zu sein. Tritt für $y = f(x)$ etwa bei $x = a$ eine Unterbrechung der Stetigkeit ein, so sagt man, *die Funktion $f(x)$ sei bei $x = a$ „unstetig"*. Der Punkt $x = a$ der Zahlenlinie heißt eine *„Unstetigkeitsstelle"* oder ein *„Unstetigkeitspunkt"* der Funktion.

Man unterscheidet *zwei* Arten von Unstetigkeiten:

I. Da eine Variabele y, so lange sie stetig ist, notwendig endlich bleibt, so wird eine Funktion $y = f(x)$ für alle diejenigen Werte von x unstetig werden, für welche sie unendlich wird. So wird z. B. die Funktion $y = \dfrac{1}{x - a}$ für $x = a$ unstetig und zwar in der Weise, daß sich y als „stetige" Variabele der Grenze ∞ annähert, falls x sich stetig der Grenze a nähert.

Fig. 12.

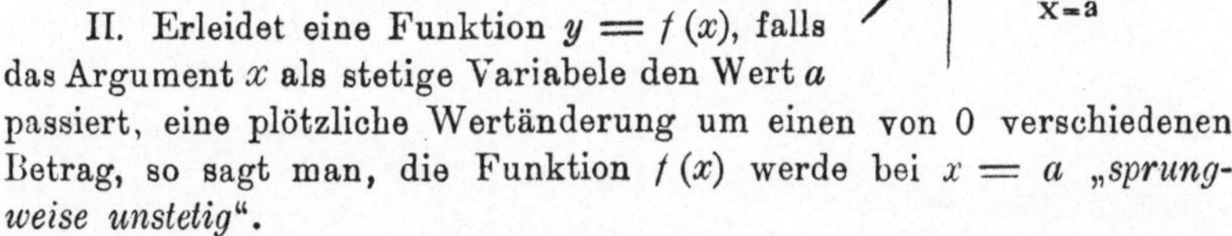

Eine Unstetigkeit dieser Art bezeichnet man als eine *„Unstetigkeit durch Unendlichwerden"*. Es wird im vorliegenden Falle der reziproke Wert $\dfrac{1}{y}$, welcher für $x = a$ verschwindet, an dieser Stelle eine *stetige* Funktion von x bleiben.

II. Erleidet eine Funktion $y = f(x)$, falls das Argument x als stetige Variabele den Wert a passiert, eine plötzliche Wertänderung um einen von 0 verschiedenen Betrag, so sagt man, die Funktion $f(x)$ werde bei $x = a$ *„sprungweise unstetig"*.

In Fig. 12 ist ein Beispiel für diese Art der Unstetigkeit graphisch dargestellt.

2*

16. Werte der Funktionen für $x = \infty$.

Bei manchen Funktionen kann man sagen, daß sie für $x = +\infty$ (bzw. $x = -\infty$) einen bestimmten Wert besitzen. Dies ist der Fall, wenn bei Vollziehung des Grenzüberganges zu $x = +\infty$ (bzw. $-\infty$) oder, wie wir kurz sagen wollen, für *lim.* $x = +\infty$ (bzw. $= -\infty$) die Funktion y sich einer bestimmten endlichen Grenze oder der Grenze $+\infty$ oder $-\infty$ annähert.

So wird die Funktion $y = 2^x$ für $x = +\infty$ selber $+\infty$, für $x = -\infty$ aber gleich 0 (vgl. Fig. 6, S. 6).

Demgegenüber nähert sich die einzelne trigonometrische Funktion für $x = \pm\infty$ keiner festen Grenze an, hat demnach weder für $x = +\infty$ noch für $x = -\infty$ einen bestimmten Wert.

Grundlagen der Differentialrechnung.

Erstes Kapitel.

Erklärung und Berechnung des Differentialquotienten einer Funktion $f(x)$.

1. Der Differenzenquotient einer Funktion $f(x)$.

Es sei $y = f(x)$ eine „*elementare*" Funktion von x, die als eindeutig und stetig vorausgesetzt wird. Es seien ferner x und x_1 irgend zwei endliche und voneinander verschiedene Argumente, denen die Werte $y = f(x)$ und $y_1 = f(x_1)$ der Funktion zugehören.

Wir führen alsdann die Differenzen ein:

$$(1) \quad \ldots \ldots \quad x_1 - x = \varDelta x, \quad y_1 - y = \varDelta y$$

und knüpfen an dieselben folgende

Erklärung: *Der Quotient der Differenzen $\varDelta y$ und $\varDelta x$:*

$$(2) \quad \frac{\varDelta y}{\varDelta x} = \frac{y_1 - y}{x_1 - x} = \frac{f(x_1) - f(x)}{x_1 - x} = \frac{f(x + \varDelta x) - f(x)}{\varDelta x}$$

heißt Differenzenquotient der Funktion $f(x)$ für das Argumentenpaar x, x_1 oder kurz „Differenzenquotient von $f(x)$".

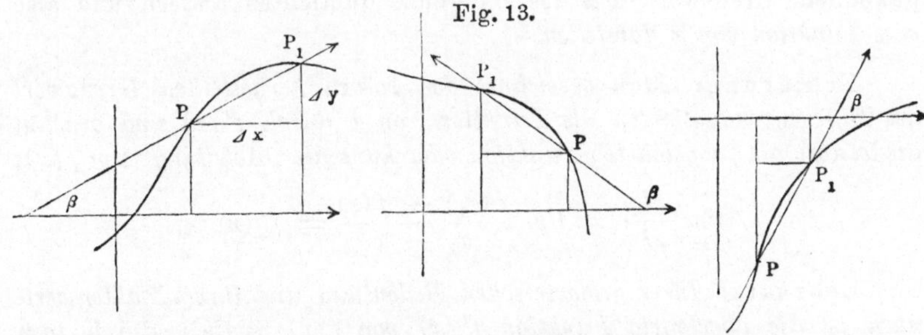

Fig. 13.

Zur geometrischen Deutung des Differenzenquotienten markiere man auf der zur vorgelegten Funktion gehörenden Kurve die Punkte P

und P_1 der Koordinaten x, y und x_1, y_1 und versehe die Sekante PP_1 mit einem „nicht nach unten" [1]) gerichteten Pfeile.

Lehrsatz: *Der Differenzenquotient ist gleich $tg\,\beta$, wenn β der Winkel zwischen der Pfeilrichtung der Sekante PP_1 und der positiven Richtung der x-Achse ist.*

Fig. 13 erläutert dies in einigen Fällen; im ersten und dritten Falle ist $x_1 > x$ und also $\varDelta x > 0$, im zweiten ist $x_1 < x$ und also $\varDelta x < 0$.

2. Die abgeleitete Funktion $f'(x)$ von $f(x)$.

Während x zunächst festbleiben soll, möge sich x_1 als stetige Variabele der Grenze x annähern.

Die Sekante PP_1 nähert sich hierbei stetig der im Punkte P an die Kurve zu ziehenden *Tangente* als „Grenzlage" an. *Der Differenzenquotient nähert sich somit als stetige Veränderliche dem Werte $tg\,\alpha$ an, wo α der Winkel zwischen der nicht nach unten gerichteten Kurventangente im Punkte P und der positiven Richtung der x-Achse ist* (vgl. Fig. 14).

Fig. 14.

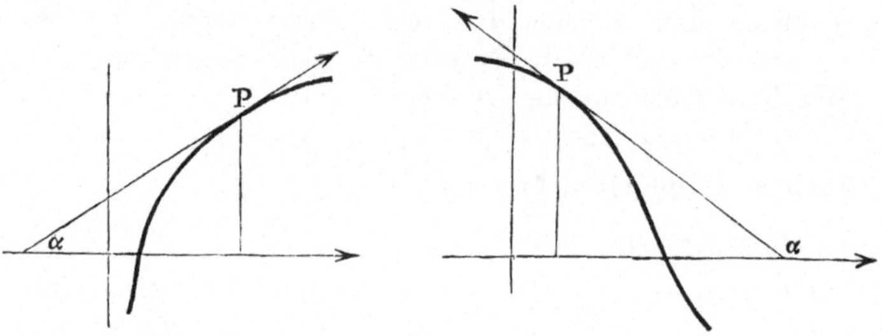

P   P
α   α

Gestatten wir jetzt der bisher fest gedachten Größe x irgend welche Veränderungen zu erfahren, so wird sich dementsprechend der gewonnene Grenzwert $tg\,\alpha$ des Differenzenquotienten ändern und also *eine Funktion von x darstellen.*

Erklärung: *Man bezeichnet den soeben hergestellten Grenzwert des Differenzenquotienten als Funktion von x durch $f'(x)$ und benennt die letztere als „abgeleitete" Funktion oder kurz als „Ableitung" von $f(x)$:*

$$\lim_{\varDelta x \,=\, 0} \frac{\varDelta y}{\varDelta x} = \lim_{x_1 \,=\, x} \frac{f(x_1) - f(x)}{x_1 - x} = f'(x).$$

Lehrsatz: *Ihrer geometrischen Bedeutung und ihrem Zahlenwerte nach ist die abgeleitete Funktion $f'(x)$ von $f(x)$ gegeben durch $tg\,\alpha$,*

---

[1]) Diese Ausdrucksweise bezieht sich auf die Zeichnung an der Wandtafel, wo die „negative" y-Achse nach unten gerichtet ist.

wo α der Winkel zwischen der „nicht nach unten gerichteten" Tangente der Kurve von f(x) in dem zum fraglichen x gehörenden Punkte P und der positiven Richtung der x-Achse ist.

3. Die Differentiale und der Differentialquotient.

Bei dem in Nr. 2 vollzogenen Grenzübergange lassen wir die veränderliche Differenz $\varDelta x$ *als stetige Größe der Grenze 0 sich nähern, ohne daß $\varDelta x$ mit 0 identisch wird.* Es soll somit $\varDelta x$ *ohne Ende klein* oder, wie man sagt, *„unendlich klein"* werden.

Erklärung: *Um die so gedachte Differenz von x kurz bezeichnen zu können, schreibt man sie dx und nennt sie ein „Differential".*

Die verbreitete Ausdrucksweise: *„dx sei unendlich klein"*, an Stelle von: *„dx werde unendlich klein"*, entstammt der zwar nicht genauen, aber praktisch brauchbaren Vorstellung, daß man sich das Differential dx als „konstante" und „außerordentlich kleine Zahl" denkt.

An dx, das „Differential der unabhängigen Variabelen oder des Argumentes der Funktion $y = f(x)$", reihen wir jetzt folgende

Erklärung: *Das Produkt $f'(x) \cdot dx$ der abgeleiteten Funktion $f'(x)$ und des Differentials dx der unabhängigen Variabelen bezeichnen wir als das „Differential $dy = df(x)$ der Funktion $y = f(x)$":*

$$(1) \quad \ldots \ldots \ldots \quad dy = df(x) = f'(x)\, dx.$$

Dasselbe wird zugleich mit dx unendlich klein.

Lehrsatz: *Der Quotient der beiden Differentiale $dy = df(x)$ der Funktion und dx des Argumentes, den wir kurz den Differentialquotienten der Funktion $y = f(x)$ nennen, ist gleich der Ableitung $f'(x)$ und also gleich der Grenze des Differenzenquotienten:*

$$(2) \quad \ldots \ldots \quad \frac{dy}{dx} = \frac{df(x)}{dx} = f'(x) = \lim_{\varDelta x = 0} \frac{\varDelta y}{\varDelta x}.$$

Das Produkt $\dfrac{\varDelta y}{\varDelta x} \cdot \dfrac{dx}{dy}$ wird hiernach bei dem vorgeschriebenen Übergange den Grenzwert 1 bekommen. Da wir nun bei diesem Grenzübergange $\varDelta x = dx$ setzen wollten, so folgt:

$$\lim \frac{\varDelta y}{dy} = 1.$$

Lehrsatz: *Für unendlich klein werdenden Zuwachs $\varDelta x = dx$ des Argumentes x wird der Zuwachs $\varDelta y$ der Funktion $y = f(x)$ schließlich gleich dem Differential $dy = f'(x)\, dx$ derselben.*

Die Ableitung $f'(x)$ und damit das Differential $df(x) = f'(x)\, dx$ von $f(x)$ berechnen (die *„Differentiation"* von $f(x)$ ausführen) heiße fortan kurz: *„f(x) in bezug auf x oder nach x differenzieren".*

4. Unstetigkeiten der abgeleiteten Funktion.

Aus der geometrischen Bedeutung des Differentialquotienten ergibt sich folgender

Lehrsatz: *Die abgeleitete Funktion $f'(x)$ wird für $x = a$ unstetig durch Unendlichwerden, falls die Kurve $y = f(x)$ im Punkte der Koordinaten $x = a$, $y = f(a)$ eine zur y-Achse parallele Tangente besitzt.*

Fig. 15.

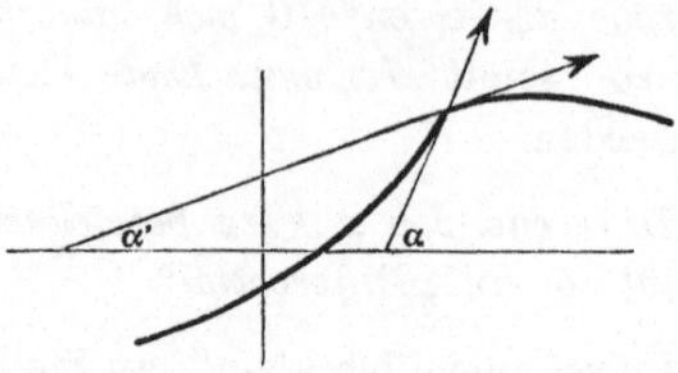

Die Ableitung $f'(x)$ wird bei $x = a$ sprungweise unstetig, falls die zu $y = f(x)$ gehörende Kurve im Punkte $x = a$, $y = f(a)$ eine Einknickung erfährt (vgl. Fig. 15).

5. Differentiation einer Summe und eines Produktes mit einem konstanten Faktor.

Ist $f(x) = \varphi(x) + \psi(x)$, so folgt:

$$(1) \quad \frac{f(x_1) - f(x)}{x_1 - x} = \frac{\varphi(x_1) - \varphi(x)}{x_1 - x} + \frac{\psi(x_1) - \psi(x)}{x_1 - x}.$$

Für *lim.* $x_1 = x$ ergibt sich:

$$(2) \quad f'(x) = \varphi'(x) + \psi'(x), \quad \frac{d f(x)}{d x} = \frac{d \varphi(x)}{d x} + \frac{d \psi(x)}{d x}.$$

Lehrsatz: *Eine Summe von zwei Funktionen wird differenziert, indem man jedes Glied differenziert und die Summe der so entspringenden Ableitungen bildet.*

Die Regel gilt unverändert auch für Summen von mehr als zwei Funktionen.

Ist $f(x) = a \cdot \varphi(x)$, so ist:

$$(3) \quad \frac{f(x_1) - f(x)}{x_1 - x} = a \cdot \frac{\varphi(x_1) - \varphi(x)}{x_1 - x} \quad \text{und also } f'(x) = a \cdot \varphi'(x).$$

Lehrsatz: *Die Ableitung eines Produktes $a \cdot \varphi(x)$ aus einer Konstanten a und einer Funktion $\varphi(x)$ ist $a \cdot \varphi'(x)$. Der konstante Faktor a darf vor das Differentialzeichen gesetzt werden:*

$$(4) \quad \frac{d[a \cdot \varphi(x)]}{d x} = a \frac{d \varphi(x)}{d x} \quad \text{oder } d[a \cdot \varphi(x)] = a \cdot d \varphi(x).$$

6. Differentiation der Potenz und der ganzen rationalen Funktion.

Ist $y = f(x) = x^n$ mit ganzem positiven n, so ist:

$$\frac{\varDelta y}{\varDelta x} = \frac{x_1^n - x^n}{x_1 - x} = x_1^{n-1} + x_1^{n-2} x + x_1^{n-3} x^2 + \cdots + x^{n-1},$$

und also folgt:

$$\lim_{x_1 = x} \left(\frac{x_1^n - x^n}{x_1 - x} \right) = n\, x^{n-1}.$$

Diese Gleichung bleibt auch für $n = 0$ gültig.

Lehrsatz: *Die Ableitung der Potenz* $y = x^n$ *mit ganzem, nicht-negativen Exponenten* n *ist* $n\, x^{n-1}$:

$$(1)\quad \cdot\cdot\quad \frac{dy}{dx} = \frac{d(x^n)}{dx} = n\, x^{n-1} \quad oder \quad d(x^n) = n\, x^{n-1}\, dx.$$

Vermöge Nr. 5 folgt hieraus der

Lehrsatz: *Die Ableitung der ganzen rationalen Funktion* n^{ten}
Grades:

$$(2)\quad \cdot\cdot\cdot\quad y = f(x) = a_0 + a_1 x + a_2 x^2 + \cdots + a_n x^n$$

ist gegeben durch:

$$\frac{dy}{dx} = f'(x) = a_1 + 2\, a_2 x + 3\, a_3 x^2 + \cdots + n\, a_n x^{n-1}.$$

Speziell für $n = 1$ und $n = 0$ gilt der

Lehrsatz: *Die Ableitung einer linearen ganzen Funktion ist konstant, die Ableitung einer Konstanten ist gleich Null.*

7. Differentiation des Logarithmus. Der natürliche Logarithmus.

Für die S. 6 eingeführte Funktion $y = {}^a\!\log x$ gilt:

$$\frac{\Delta y}{\Delta x} = \frac{{}^a\!\log(x + \Delta x) - {}^a\!\log x}{\Delta x} = \frac{1}{\Delta x}\, {}^a\!\log\left(\frac{x + \Delta x}{x} \right),$$

$$\frac{\Delta y}{\Delta x} = \frac{1}{x} \cdot \frac{x}{\Delta x}\, {}^a\!\log\left(1 + \frac{\Delta x}{x} \right).$$

Setzt man demnach abkürzend $\dfrac{x}{\Delta x} = v$, so gilt:

$$\frac{\Delta y}{\Delta x} = \frac{1}{x} \cdot {}^a\!\log\left[\left(1 + \frac{1}{v} \right)^v \right].$$

Man wähle Δx positiv und beachte, daß nach S. 7 für das Argument des Logarithmus die Ungleichung $x > 0$ gelten muß. Für $\lim. \Delta x = 0$ hat man somit $\lim. v = +\infty$, und also liefert die letzte Gleichung zufolge (8) S. 15:

$$(1)\quad \cdot\cdot\quad \frac{d\, {}^a\!\log x}{dx} = \frac{1}{x} \cdot {}^a\!\log\left[\lim_{v = \infty}\left(1 + \frac{1}{v} \right)^v \right] = \frac{1}{x} \cdot {}^a\!\log e.$$

Man setze den rechts auftretenden Faktor ${}^a\!\log e = b$; dann ist:

$$(2)\quad \cdot\cdot\cdot\cdot\quad a^b = e \quad und\ also \quad b \cdot {}^e\!\log a = {}^e\!\log e = 1.$$

Erklärung: *Der Logarithmus einer positiven Zahl* c *zur Basis* e
heißt der "natürliche" Logarithmus von c *und wird kurz durch* $\ln c$
(*Abkürzung von "Logarithmus naturalis"*) *bezeichnet.*

Aus (1) und (2) folgt der

Lehrsatz: *Die Differentiation des Logarithmus ist geleistet durch:*

$$(3) \quad \ldots \quad \frac{d\,{}^a\!\log x}{dx} = \frac{1}{x \cdot \ln a} \quad oder \quad d\,{}^a\!\log x = \frac{dx}{x \cdot \ln a}.$$

Speziell folgt für den natürlichen Logarithmus von x:

$$(4) \quad \ldots \ldots \quad \frac{d\,\ln x}{dx} = \frac{1}{x} \quad oder \quad d\,\ln x = \frac{dx}{x}.$$

Die Einfachheit dieser Formel rechtfertigt die Benennung „natürlicher" Logarithmus.

Die Beziehung der Logarithmen von der Basis a zu den natürlichen Logarithmen wird durch folgende Überlegung aufgeklärt. Setzt man:

$$y = {}^a\!\log x, \qquad z = \ln x,$$

so ist $x = a^y$ und also:

$$z = \ln(a^y) = y \cdot \ln a, \qquad {}^a\!\log x = \left(\frac{1}{\ln a}\right) \cdot \ln x.$$

Erklärung: *Den reziproken Wert des natürlichen Logarithmus von a nennt man den „Modul des Logarithmensystems der Basis a" und bezeichnet ihn durch M_a·*

$$(5) \quad \ldots \ldots \ldots \ldots \quad M_a = \frac{1}{\ln a}.$$

Lehrsatz: *Der Logarithmus irgend einer positiven Zahl im Logarithmensystem der Ba is a entsteht aus dem natürlichen Logarithmus derselben Zahl durch Multiplikation mit dem Modul M_a:*

$$(6) \quad \ldots \ldots \ldots \ldots \quad {}^a\!\log x = M_a \cdot \ln x.$$

Für die Briggschen Logarithmen gilt:

$$(7) \quad \ldots \ldots \ldots \ldots \quad M_{10} = 0{,}43429448 \ldots$$

8. Differentiation der Exponentialfunktion.

Setzt man y statt x in (3), Nr. 7, so folgt:

$$y \ln a \cdot d\,{}^a\!\log y = dy.$$

Schreibt man hier ${}^a\!\log y = x$ und also $y = a^x$, so ist:

$$d(a^x) = a^x \cdot \ln a \cdot dx.$$

Lehrsatz: *Die Differentiation der Exponentialfunktion $y = a^x$ ist geleistet durch:*

$$(1) \quad \ldots \quad \frac{d(a^x)}{dx} = a^x \ln a \quad oder \quad d(a^x) = a^x \ln a \cdot dx.$$

Speziell für die Funktion $y = e^x$ folgt:

$$(2) \quad \ldots \ldots \quad \frac{d(e^x)}{dx} = e^x \quad oder \quad d(e^x) = e^x dx.$$

Erklärung und Lehrsatz: *Die zum natürlichen Logarithmus inverse Funktion $y = e^x$ nennen wir die „natürliche" Exponentialfunktion. Die Ablcitung der Funktion e^x ist mit e^x selbst gleich.*

9. Differentiation der trigonometrischen Funktionen
$\sin x$ und $\cos x$.

Vorbemerkung: In Fig. 16 sei $\overset{\frown}{CD} = s$ ein zwischen 0 und $\pi/_2$ gelegener Kreisbogen vom Radius 1, so daß die Gleichungen gelten:

$$\overline{AB} = \cos s, \quad \overline{BD} = \sin s, \quad \overline{CE} = tg\,s.$$

Die Inhalte des Dreiecks ABD, des Kreisausschnittes ACD und des Dreiecks ACE liefern die Ungleichungen:

$$\sin s \cdot \cos s < s < tg\,s,$$

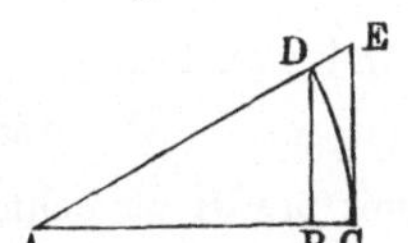

oder da $\sin s > 0$ ist:

$$\cos s < \frac{s}{\sin s} < \frac{1}{\cos s}.$$

Wird s unendlich klein, so nähern sich die beiden äußeren Seiten dieser fortlaufenden Ungleichung übereinstimmend der Grenze 1 an:

Lehrsatz: *Der Quotient $\dfrac{\sin s}{s}$ nähert sich für unendlich kleines s der Grenze 1:*

$$(1) \quad \ldots \ldots \ldots \quad \lim_{s\,=\,0}\left(\frac{\sin s}{s}\right) = 1.$$

Zur Differentiation von $y = \sin x$ knüpfe man an:

$$\sin x_1 - \sin x = 2 \cos \frac{x_1 + x}{2} \cdot \sin \frac{x_1 - x}{2},$$

woraus sich, falls man $x_1 = x + \varDelta x$ setzt, ergibt:

$$(2) \quad \ldots \ldots \quad \frac{\varDelta y}{\varDelta x} = \cos \left(x + \frac{\varDelta x}{2}\right) \cdot \frac{\sin \left(\dfrac{\varDelta x}{2}\right)}{\left(\dfrac{\varDelta x}{2}\right)}.$$

Setzt man hier $\varDelta x = 2\,s$, so ist für $\lim. \varDelta x = 0$:

$$\lim_{s\,=\,0} (x + s) = x, \quad \lim_{s\,=\,0}\left(\frac{\sin s}{s}\right) = 1;$$

aus (2) folgt also für $\dfrac{dy}{dx}$ der Wert $\cos x$.

Für die Differentiation von $y = \cos x$ gründe man auf:

$$\cos x_1 - \cos x = -2 \sin \frac{x_1 + x}{2} \cdot \sin \frac{x_1 - x}{2}$$

eine entsprechende Rechnung.

Lehrsatz: *Die Ableitungen bzw. die Differentiale der trigonometrischen Funktionen $\sin x$ und $\cos x$ sind:*

$$(3) \quad \cdots \cdots \quad \frac{d \sin x}{d x} = \cos x, \qquad d \sin x = \cos x \, d x,$$

$$(4) \quad \cdots \cdots \quad \frac{d \cos x}{d x} = - \sin x, \qquad d \cos x = - \sin x \, d x.$$

10. Differentiation der zyklometrischen Funktionen
$arc \sin x$ und $arc \cos x$.

Schreibt man in (3) Nr. 9 y statt x und versteht unter y einen innerhalb der Grenzen $-\dfrac{\pi}{2} \leqq y \leqq \dfrac{\pi}{2}$ gelegenen Wert, so ist $\cos x \geqq 0$, und man hat:

$$d \sin y = \cos y \cdot d y = \sqrt{1 - \sin^2 y} \cdot d y$$

mit *positiv* zu nehmender Wurzel.

Setzt man nun $\sin y = x$ und also $y = arc \sin x$, so ist $-1 \leqq x \leqq +1$, und y bedeutet den *Hauptwert* der zyklometrischen Funktion $arc \sin x$ (vgl. S. 10); wir erhalten für denselben:

$$d x = + \sqrt{1 - x^2} \cdot d \, arc \sin x.$$

Der Hauptwert von $arc \cos x$ sei durch (2), S. 10, gegeben, unter $arc \sin x$ den Hauptwert letzterer Funktion verstanden; dann berechnet sich die Ableitung von $arc \cos x$ aus der von $arc \sin x$ einfach vermöge der Regeln in Nr. 5 und 6, S. 20 u. f.

Lehrsatz: *Die Ableitungen bzw. die Differentiale der zyklometrischen Funktionen $arc \sin x$ und $arc \cos x$ sind, wenn die Hauptwerte dieser Funktionen gemeint sind:*

$$(1) \quad \frac{d \, arc \sin x}{d x} = + \frac{1}{\sqrt{1 - x^2}}, \qquad d \, arc \sin x = + \frac{d x}{\sqrt{1 - x^2}}$$

$$(2) \quad \frac{d \, arc \cos x}{d x} = - \frac{1}{\sqrt{1 - x^2}}, \qquad d \, arc \cos x = - \frac{d x}{\sqrt{1 - x^2}}.$$

11. Differentiation des Produktes und des Quotienten zweier Funktionen.

I. Ist $y = f(x) = \varphi(x) \cdot \psi(x)$, handelt es sich also um Differentiation des Produktes zweier Funktionen, so knüpfe man an:

$$f(x_1) - f(x) = \varphi(x_1)\,\psi(x_1) - \varphi(x_1)\,\psi(x) + \varphi(x_1)\,\psi(x) - \varphi(x)\,\psi(x),$$

$$\frac{\varDelta y}{\varDelta x} = \varphi(x_1) \cdot \frac{\psi(x_1) - \psi(x)}{x_1 - x} + \psi(x) \cdot \frac{\varphi(x_1) - \varphi(x)}{x_1 - x}.$$

Für *lim.* $x_1 = x$ ergibt sich hieraus:

$$(1) \quad \cdots \quad \begin{cases} \dfrac{d\left[\varphi(x)\,\psi(x)\right]}{dx} = \varphi(x)\dfrac{d\psi(x)}{dx} + \psi(x)\dfrac{d\varphi(x)}{dx} \\[2mm] = \varphi(x)\cdot\psi'(x) + \psi(x)\cdot\varphi'(x). \end{cases}$$

Für das Differential des Produktes $\varphi\cdot\psi$ folgt aus (1):

$$(2) \quad \cdots\cdots\cdots \quad d(\varphi\cdot\psi) = \varphi\cdot d\psi + \psi\cdot d\varphi,$$

wo die Argumente x der Kürze halber ausgelassen sind.

Lehrsatz: *Das Produkt zweier Funktionen wird differenziert, indem man jede Funktion mit der Ableitung der anderen multipliziert und beide Produkte addiert.*

II. Zur Berechnung der Ableitung von $y = f(x) = \dfrac{\varphi(x)}{\psi(x)}$ differenziere man $\varphi(x) = \psi(x)\cdot f(x)$, was nach (1) liefert:

$$\varphi'(x) = \psi(x)\cdot f'(x) + f(x)\cdot\psi'(x).$$

Hieraus ergibt sich:

$$(3)\ f'(x) = \frac{d\left[\dfrac{\varphi(x)}{\psi(x)}\right]}{dx} = \frac{\varphi'(x) - f(x)\,\psi'(x)}{\psi(x)} = \frac{\psi(x)\,\varphi'(x) - \varphi(x)\,\psi'(x)}{[\psi(x)]^2}.$$

Für das Differential des Quotienten folgt (wieder bei Auslassung der Argumente):

$$(4) \quad \cdots\cdots\cdots \quad d\left(\frac{\varphi}{\psi}\right) = \frac{\psi\cdot d\varphi - \varphi\cdot d\psi}{\psi^2}.$$

Lehrsatz: *Der Quotient zweier Funktionen wird differenziert, indem man das Produkt des Nenners und der Ableitung des Zählers um das Produkt des Zählers und der Ableitung des Nenners vermindert und die Differenz durch das Quadrat des Nenners dividiert.*

12. Differentiation der rationalen Funktionen, speziell der Funktion x^{-n}.

Der letzte Lehrsatz und die Regel der Differentiation einer ganzen rationalen Funktion (21) leisten die *Differentiation der gebrochenen rationalen Funktionen* [siehe Formel (2), S. 5].

Speziell für die Funktion:

$$y = x^{-n} = \frac{1}{x^n}.$$

mit ganzer positiver Zahl n hat man $\varphi = 1$, $\varphi' = 0$, $\psi = x^n$, $\psi' = n\,x^{n-1}$ in (3), Nr. 11, einzutragen und findet:

$$\frac{dy}{dx} = \frac{-n\,x^{n-1}}{x^{2n}} = -n\,x^{-n-1}.$$

Lehrsatz: *Bedeutet m eine ganze positive oder negative Zahl oder Null, so gilt stets:*

$$(1) \quad \cdots\cdots \quad \frac{d(x^m)}{dx} = m\,x^{m-1}, \quad d(x^m) = m\,x^{m-1}\,dx.$$

13. Differentiation der trigonometrischen Funktionen $tg\,x$ und $ctg\,x$.

Da $tg\,x = \dfrac{sin\,x}{cos\,x}$ und $ctg\,x = \dfrac{cos\,x}{sin\,x}$ ist, so leistet Formel (3), S. 25, im Verein mit (3) und (4), S. 24, die Differentiation von $tg\,x$ und $ctg\,x$.

Für $f(x) = tg\,x$ trage man in (3), S. 25, ein:

$$\varphi(x) = sin\,x, \quad \varphi'(x) = cos\,x, \quad \psi(x) = cos\,x, \quad \psi'(x) = -\,sin\,x.$$

Er ergibt sich:

$$f'(x) = \frac{cos^2 x + sin^2 x}{cos^2 x} = \frac{1}{cos^2 x} = 1 + tg^2 x.$$

Indem man entsprechend für $ctg\,x$ verfährt, ergibt sich der

Lehrsatz: *Die Ableitungen und Differentiale der trigonometrischen Funktionen $tg\,x$ und $ctg\,x$ sind:*

$$(1) \qquad \frac{d\,tg\,x}{d\,x} = \frac{1}{cos^2 x} = 1 + tg^2 x, \qquad\qquad d\,tg\,x = \frac{d\,x}{cos^2 x},$$

$$(2) \qquad \frac{d\,ctg\,x}{d\,x} = -\,\frac{1}{sin^2 x} = -\,(1 + ctg^2 x), \quad d\,ctg\,x = -\,\frac{d\,x}{sin^2 x}.$$

14. Differentiation der zyklometrischen Funktionen $arc\,tg\,x$ und $arc\,ctg\,x$.

Schreibt man in (1), Nr. 13, y statt x, so folgt:

$$d\,tg\,y = (1 + tg^2 y)\,d\,y.$$

Setzt man nun $tg\,y = x$ und also $y = arc\,tg\,x$, so folgt:

$$d\,x = (1 + x^2) \cdot d\,arc\,tg\,x.$$

Zur Erledigung von $arc\,ctg\,x$ benutze man entsprechend Formel (2), Nr. 13, oder auch Gleichung (2), S. 10.

Lehrsatz: *Die abgeleiteten Funktionen und Differentiale der zyklometrischen Funktionen $arc\,tg\,x$ und $arc\,ctg\,x$ sind:*

$$(1) \cdots \quad \frac{d\,arc\,tg\,x}{d\,x} = \frac{1}{1 + x^2}, \qquad d\,arc\,tg\,x = \frac{d\,x}{1 + x^2}$$

$$(2) \cdots \quad \frac{d\,arc\,ctg\,x}{d\,x} = -\,\frac{1}{1 + x^2}, \qquad d\,arc\,ctg\,x = -\,\frac{d\,x}{1 + x^2}.$$

15. Differentiation zusammengesetzter Funktionen.

Ist $y = F(x) = f[\varphi(x)]$ eine aus f und φ zusammengesetzte Funktion (vgl. S. 11), so führe man zur Differentiation von $F(x)$ die „*Hilfsvariabele*" $z = \varphi(x)$ ein und setze also:

$$y = f(z), \qquad z = \varphi(x).$$

Vermöge (1), S. 19, folgt hieraus:

$$dy = f'(z)\,dz, \qquad dz = \varphi'(x)\,dx.$$

Hier ist dz das zu dx gehörende Differential von z, und dy gehört zu dz und dadurch mittelbar zu dx.

Durch Elimination von dz folgt:

(1) . . . . $dy = f'(z)\,\varphi'(x)\,dx,$

sowie hieraus weiter:

(2) . . . . . . $\dfrac{dy}{dx} = f'(z) \cdot \varphi'(x) = f'[\varphi(x)] \cdot \varphi'(x).$

Lehrsatz: *Ist $y = f[\varphi(x)]$ eine zusammengesetzte Funktion, so führe man zur Differentiation derselben die Hilfsvariabele $z = \varphi(x)$ ein, differenziere $y = f(z)$ nach z und multipliziere das Ergebnis mit der Ableitung von $z = \varphi(x)$ nach x.*

Zusatz: *Ist $\varphi(x)$ selber eine zusammengesetzte Funktion, so hat man zur Berechnung des letzten Faktors $\varphi'(x)$ in (2) die gleiche Regel ein zweites Mal, sowie nötigenfalls noch öfter anzuwenden.*

Ist z. B. $y = \sin(ax)$, so setze man $ax = z$; nach (2) ist:

$$\frac{dy}{dx} = \cos z \cdot \frac{d(ax)}{dx} = a\cos(ax).$$

Für $y = \ln \sin x$ setze man $z = \sin x$ und hat:

$$\frac{dy}{dx} = \frac{d\ln z}{dz} \cdot \frac{dz}{dx} = \frac{1}{z} \cdot \frac{d\sin x}{dx} = \frac{\cos x}{\sin x} = \operatorname{ctg} x.$$

16. Differentiation der Funktion $\sqrt[q]{x^p}$.

In $y = \sqrt[q]{x^p}$ sei q eine positive ganze Zahl und p eine positive oder negative ganze Zahl oder 0.

Da y^q und x^p gleich sind, so sind auch die nach x genommenen Ableitungen dieser beiden Funktionen gleich:

$$q\,y^{q-1} \cdot \frac{dy}{dx} = p\,x^{p-1}.$$

Hieraus folgt weiter:

$$\frac{dy}{dx} = \frac{p}{q} \cdot \frac{x^{p-1}}{y^{q-1}} = \frac{p}{q}\,x^{\frac{p}{q}-1}.$$

Lehrsatz: *Ist m irgend ein positiver oder negativer rationaler Bruch, die sämtlichen ganzen Zahlen eingeschlossen, so gilt:*

$$\frac{d(x^m)}{dx} = m\,x^{m-1} \quad oder \quad d(x^m) = m\,x^{m-1}\,dx.$$

Die Regeln in Nr. 15 und 16 leisten die *Differentiation der irrationalen Funktionen.*

17. Erklärung und Differentiation der hyperbolischen Funktionen.

Erklärung: *Die hyperbolischen Funktionen* $\mathfrak{Sin}\, x$, $\mathfrak{Cof}\, x$, $\mathfrak{Tg}\, x$, $\mathfrak{Ctg}\, x$ *(„Sinus hyperbolicus" oder „hyperbolischer Sinus" usw.) kann man mittels der Exponentialfunktion* e^x *durch folgende Gleichungen erklären:*

$$(1) \cdots \begin{cases} \mathfrak{Sin}\, x = \dfrac{e^x - e^{-x}}{2}, & \mathfrak{Cof}\, x = \dfrac{e^x + e^{-x}}{2}, \\[2ex] \mathfrak{Tg}\, x = \dfrac{e^x - e^{-x}}{e^x + e^{-x}}, & \mathfrak{Ctg}\, x = \dfrac{e^x + e^{-x}}{e^x - e^{-x}}. \end{cases}$$

Diese Funktionen entsprechen in ihren Eigenschaften den trigonometrischen Funktionen $sin\, x$, $cos\, x$, $tg\, x$, $ctg\, x$, worüber unten nähere Erläuterungen folgen. Auch die Benennung „hyperbolisch" findet dort ihre Erklärung.

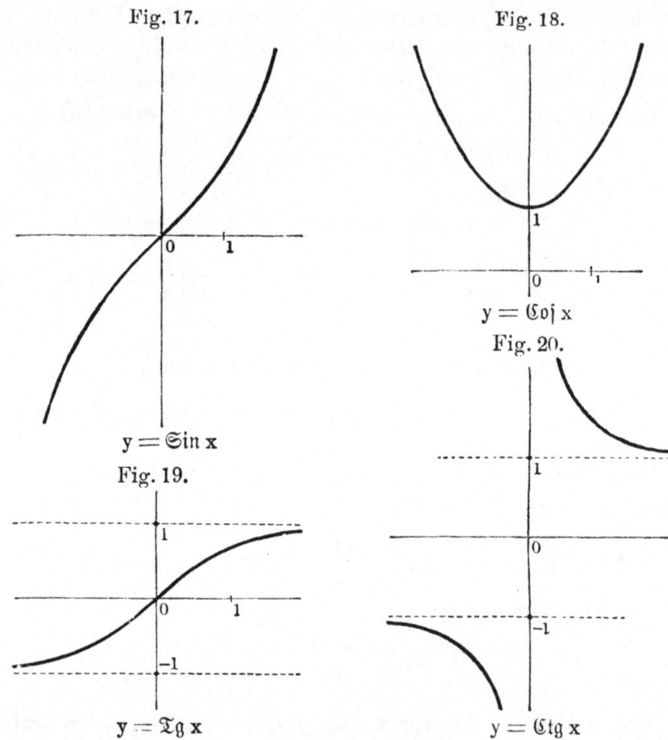

Aus den Formeln (1) ergibt sich leicht der

Lehrsatz: *Zwischen den hyperbolischen Funktionen bestehen die Relationen:*

$$(2) \cdots \mathfrak{Cof}^2\, x - \mathfrak{Sin}^2\, x = 1, \quad \mathfrak{Tg}\, x = \frac{1}{\mathfrak{Ctg}\, x} = \frac{\mathfrak{Sin}\, x}{\mathfrak{Cof}\, x}.$$

An den Kurven der Funktionen $\mathfrak{Sin}\,x$ und $\mathfrak{Cof}\,x$ (Fig. 17 und 18) mache man sich die aus (1) entspringenden Gleichungen:

$$\mathfrak{Sin}\,0 = 0,\ \mathfrak{Cof}\,0 = 1,\ \mathfrak{Sin}\,(-x) = -\mathfrak{Sin}\,x,\ \mathfrak{Cof}\,(-x) = +\mathfrak{Cof}\,x,$$
$$\lim_{x=+\infty}\mathfrak{Sin}\,x = +\infty, \qquad \lim_{x=+\infty}\mathfrak{Cof}\,x = +\infty$$

deutlich. Entsprechend kommen an den Kurven von $\mathfrak{Tg}\,x$ und $\mathfrak{Ctg}\,x$ (Fig. 19 und 20) die Regeln zum Ausdruck:

$$\mathfrak{Tg}\,0 = 0,\ \mathfrak{Ctg}\,0 = \infty,\ \mathfrak{Tg}\,(-x) = -\mathfrak{Tg}\,x,\ \mathfrak{Ctg}\,(-x) = -\mathfrak{Ctg}\,x$$
$$\lim_{x=+\infty}\mathfrak{Tg}\,x = 1, \qquad \lim_{x=+\infty}\mathfrak{Ctg}\,x = 1.$$

Lehrsatz: *Die hyperbolischen Funktionen sind für alle Werte von x eindeutige Funktionen.*

Die Differentiation der hyperbolischen Funktionen kann auf Grund der Formeln (1) nach Nrn. 5 und 8 ff. leicht geleistet werden:

Lehrsatz: *Die Differentiationsregeln der hyperbolischen Funktionen:*

$$(3)\ \cdots\ \begin{cases} \dfrac{d\,\mathfrak{Sin}\,x}{dx} = \mathfrak{Cof}\,x, & \dfrac{d\,\mathfrak{Cof}\,x}{dx} = \mathfrak{Sin}\,x, \\[3mm] \dfrac{d\,\mathfrak{Tg}\,x}{dx} = \dfrac{1}{\mathfrak{Cof}^2 x}, & \dfrac{d\,\mathfrak{Ctg}\,x}{dx} = -\dfrac{1}{\mathfrak{Sin}^2 x} \end{cases}$$

entsprechen denen der trigonometrischen Funktionen (vgl. Nrn. 9 und 13).

18. Die logarithmische Differentiation.

Erklärung: *Bei manchen Funktionen $y = f(x)$ ist es zur Berechnung der Ableitung zweckmäßig, zunächst von $f(x)$ den natürlichen Logarithmus $\ln f(x)$ zu bilden und diesen nach x zu differenzieren. Man nennt diese Operation die „logarithmische Differentiation" von $f(x)$.*

Hierzu zwei Beispiele:

I. Es sei die Funktion $y = f(x) = [\varphi\,(x)]^{\psi\,(x)}$ zu differenzieren[1]. Zu diesem Zwecke differenziere man:

$$\ln y = \ln f(x) = \psi\,(x) \cdot \ln \varphi\,(x)$$

auf Grund der Regeln (1), Nr. 11 und (2), Nr. 15. Es folgt:

$$\frac{1}{y} \cdot \frac{dy}{dx} = \psi\,(x) \cdot \frac{\varphi'\,(x)}{\varphi\,(x)} + \psi'\,(x) \cdot \ln \varphi\,(x),$$

$$(1)\ \cdots\cdots\ \frac{dy}{dx} = y \cdot \left[\psi\,(x)\,\frac{\varphi'\,(x)}{\varphi\,(x)} + \psi'\,(x)\,\ln \varphi\,(x)\right].$$

---

[1] Um die Bildung dieser Funktion zu verstehen, schreibe man:
$$y = e^{\ln y} = e^{\psi\,(x)\,\cdot\,\ln \varphi\,(x)}.$$

Bei der Bildung von y als Funktion von x kommen also neben $\varphi\,(x)$ und $\psi\,(x)$ noch der natürliche Logarithmus, eine Multiplikation und die Exponentialfunktion zur Geltung.

II. Es sei $f(x)$ als Produkt von n Funktionen gegeben:

$$f(x) = \varphi_1(x) \cdot \varphi_2(x) \cdots \varphi_n(x).$$

Zur Berechnung von $f'(x)$ differenziere man:

$$ln\, f(x) = \sum_{\nu=1}^{n} ln\, \varphi_\nu(x).$$

Auf Grund von Nr. 15 folgt:

$$(2) \cdots \quad \frac{f'(x)}{f(x)} = \sum_{\nu=1}^{n} \frac{\varphi_\nu'(x)}{\varphi_\nu(x)}, \quad f'(x) = \sum_{\nu=1}^{n} \frac{f(x)}{\varphi_\nu(x)} \cdot \varphi_\nu'(x).$$

Lehrsatz: *Ein Produkt von n Funktionen wird differenziert, indem man die Ableitung jeder Funktion mit den übrigen (n — 1) Funktionen multipliziert und die n Produkte addiert.*

Zweites Kapitel.

Die Ableitungen und Differentiale höherer Ordnung einer Funktion $f(x)$.

---

1. Die Ableitungen höherer Ordnung einer Funktion $f(x)$.

Die Ableitung $f'(x)$ von $f(x)$, welche wieder eine Funktion von x ist, soll jetzt aufs neue differenziert werden. Man schreibt:

$$(1) \quad \begin{cases} \dfrac{d\,f(x)}{d\,x} = f'(x), \quad \dfrac{d\,f'(x)}{d\,x} = f''(x), \quad \dfrac{d\,f''(x)}{d\,x} = f'''(x), \ldots, \\[2mm] \qquad\qquad \dfrac{d\,f^{(n-1)}(x)}{d\,x} = f^{(n)}(x). \end{cases}$$

Erklärung: *Die in (1) ausgeübten n Differentiationen führen von $f(x)$ zur Funktion $f^{(n)}(x)$. Letztere heißt die abgeleitete Funktion oder die Ableitung „der n^{ten} Ordnung" von $f(x)$; man sagt auch kurz, $f^{(n)}(x)$ sei „die n^{te} Ableitung" von $f(x)$.*

Ableitung schlechthin ist somit dasselbe wie „erste Ableitung".

Beispiel I. Ist $f(x) = x^n$ mit positivem ganzen n, so ist:

$$(2) \quad \begin{cases} f'(x) = n\,x^{n-1}, \; f''(x) = n\,(n-1)\,x^{n-2}, \ldots, \\ f^{(n-1)}(x) = n\,(n-1) \cdots 2 \cdot x, \; f^{(n)}(x) = n\,(n-1) \cdots 2 \cdot 1, \\ f^{(n+1)}(x) = 0, \ldots \end{cases}$$

Betreffs der ganzen rationalen Funktionen findet man mit Hilfe der Regeln von S. 20 und 21 den

Lehrsatz: *Die n^{te} Ableitung einer ganzen rationalen Funktion n^{ten} Grades ist konstant, alle höheren Ableitungen verschwinden.*

Beispiel II. Für $f(x) = e^{kx}$ hat man:

$$(3) \qquad f'(x) = k\,e^{kx},\; f''(x) = k^2\,e^{kx},\; \ldots,\; f^{(n)}(x) = k^n\,e^{kx},\; \ldots$$

2. Die n^{te} Ableitung eines Produktes zweier Funktionen.

Ist $f(x) = \varphi(x) \cdot \psi(x)$, so findet man durch wiederholte Anwendung der Formel (1), S. 25:

$$\begin{aligned}
f' &= \varphi\,\psi' + \varphi'\,\psi, \\
f'' &= \varphi\,\psi'' + 2\,\varphi'\,\psi' + \varphi''\,\psi, \\
f''' &= \varphi\,\psi''' + 3\,\varphi'\,\psi'' + 3\,\varphi''\,\psi' + \varphi'''\,\psi,
\end{aligned}$$

$$\cdots\cdots\cdots\cdots\cdots\cdots\cdots\cdots\cdots,$$

wo der Kürze halber die Argumente x ausgelassen sind.

Hier ist die Summe der Ordnungen der Ableitungen in jedem rechts stehenden Gliede gleich der Ordnung der links stehenden Ableitung. Die rechter Hand auftretenden Koeffizienten sind durchweg ganze positive Zahlen; Anfangs- und Endglied haben insbesondere den Koeffizienten 1.

Diese Angaben bleiben auch bei den weiter folgenden Ableitungen $f^{(4)}$, $f^{(5)}$, ... gültig. Für $f^{(n)}$ haben wir somit den Ansatz zu machen:

$$(1) \qquad \left\{ \begin{aligned}
f^{(n)} &= \varphi\,\psi^{(n)} + \binom{n}{1}\varphi'\,\psi^{(n-1)} + \cdots + \binom{n}{k}\varphi^{(k)}\,\psi^{(n-k)} + \cdots \\
&\qquad\qquad + \varphi^{(n)}\,\psi.
\end{aligned} \right.$$

Hierin ist $\binom{n}{k}$ eine symbolische Schreibweise für diejenige ganze Zahl, welche angibt, wie oft das Glied $\varphi^{(k)}\,\psi^{(n-k)}$ mit $1 < k < n$ im entwickelten Ausdrucke von $f^{(n)}$ auftritt.

Zur Bestimmung dieser Anzahl $\binom{n}{k}$ setze man im speziellen:

$$\varphi(x) = x^k,\quad \psi(x) = x^{n-k},\quad f(x) = x^n.$$

Dann gilt zufolge (2), Nr. 1:

$$\psi^{(n)} = 0,\quad \psi^{(n-1)} = 0,\; \ldots,\quad \psi^{(n-k+1)} = 0,$$
$$\psi^{(n-k)} = (n-k)\,(n-k-1)\,\cdots 2\cdot 1,$$

$$\varphi^{(n)} = 0,\quad \varphi^{(n-1)} = 0,\; \ldots,\quad \varphi^{(k-1)} = 0,$$
$$\varphi^{(k)} = k\,(k-1)\,\cdots 2\cdot 1$$

und $f^{(n)} = n\,(n-1)\,\cdots 2\cdot 1$. Aus (1) ergibt sich somit:

$$1\cdot 2\cdot 3\cdots n = \binom{n}{k}\cdot 1\cdot 2\cdot 3\cdots k\cdot 1\cdot 2\cdot 3\cdot (n-k).$$

Lehrsatz: *Die n^{te} Ableitung des Produktes zweier Funktionen $f(x) = \varphi(x) \cdot \psi(x)$ stellt sich in den Ableitungen der beiden Faktoren durch die Formel (1) dar, wobei die Anzahl $\binom{n}{k}$ durch:*

$$(2) \quad \ldots \ldots \quad \binom{n}{k} = \frac{n(n-1)\cdots(n-k+1)}{1 \cdot 2 \cdots k}$$

gegeben ist. Die hiermit gewonnene Vorschrift zur Berechnung von $f^{(n)}(x)$ heißt „die Leibnizsche Regel".

3. Beweis des binomischen Lehrsatzes.

Man setze in die Formel (1), Nr. 2, folgende spezielle Funktionen ein:

$$\varphi(x) = e^{bx}, \quad \psi(x) = e^{ax}, \quad f(x) = e^{(a+b)x}.$$

Für diese Funktionen folgt aus (3), S. 31:

$$\varphi^{(k)} = b^k \cdot e^{bx}, \quad \psi^{(n-k)} = a^{n-k} \cdot e^{ax}, \quad f^{(n)} = (a+b)^n \cdot e^{(a+b)x}.$$

Nach Eintragung in (1), Nr. 2, und Forthebung von $f(x)$ folgt:

$$(1) \quad (a+b)^n = a^n + \binom{n}{1} a^{n-1} b + \cdots + \binom{n}{k} a^{n-k} b^k + \cdots + b^n.$$

Erklärung: *Diese Formel bringt den „binomischen Lehrsatz" zum Ausdruck. Die in (2), Nr. 2, dargestellte Zahl $\binom{n}{k}$ heißt demgemäß „der k^{te} Binomialkoeffizient der n^{ten} Potenz".*

Durch direkte Rechnung zeigt man:

$$(2) \quad \cdot \cdot \quad \binom{n}{k} + \binom{n}{k-1} = \binom{n+1}{k}, \quad \binom{n}{k} = \binom{n}{n-k},$$

Formeln, die auch noch für $k = 0$ und $k = n$ gelten, wenn man, der Gleichung (1) entsprechend, $\binom{n}{0} = \binom{n}{n} = 1$ setzt.

4. Die Differenzenquotienten höherer Ordnung von $f(x)$.

Erklärung: *Sieht man den Differenzenquotienten von $y = f(x)$:*

$$\frac{\varDelta y}{\varDelta x} = \frac{\varDelta f(x)}{\varDelta x} = \frac{f(x + \varDelta x) - f(x)}{\varDelta x}$$

bei konstantem $\varDelta x$ als Funktion von x an und bildet von dieser Funktion aufs neue den Differenzenquotienten für die gleiche Änderung $\varDelta x$ von x, so erhält man den Differenzenquotienten 2ter Ordnung, oder kurz den 2ten Differenzenquotienten von $f(x)$. Entsprechend gelangt man zum 3ten, 4ten, $\ldots$, allgemein zum n^{ten} Differenzenquotienten.

Für den zweiten Differenzenquotienten berechnet man:

$$(1) \quad \begin{cases} \dfrac{1}{\varDelta x}\left[\dfrac{f(x+2\,\varDelta x)-f(x+\varDelta x)}{\varDelta x}-\dfrac{f(x+\varDelta x)-f(x)}{\varDelta x}\right] \\[2mm] \qquad = \dfrac{f(x+2\,\varDelta x)-2f(x+\varDelta x)+f(x)}{\varDelta x^2}, \end{cases}$$

wobei abkürzend $\varDelta x^2$ für $(\varDelta x)^2$ geschrieben ist.

Allgemein gilt der

Lehrsatz: *Der Ausdruck des n^{ten} Differenzenquotienten von* $f(x)$ *ist:*

$$(2) \quad \begin{cases} \dfrac{1}{\varDelta x^n}\left\{f(x+n\cdot\varDelta x)-\dbinom{n}{1}f(x+[n-1]\cdot\varDelta x)\right. \\[2mm] \left. +\dbinom{n}{2}f(x+[n-2]\cdot\varDelta x)-\cdots+(-1)^n f(x)\right\}, \end{cases}$$

unter $\varDelta x^n$ die n^{te} Potenz von $\varDelta x$ verstanden.

Dies wird durch den Schluß der „vollständigen Induktion" bewiesen. Man nehme an, der Satz sei richtig bis zu irgend einer Ordnung, die wir mit n bezeichnen. Alsdann zeigt die Berechnung des $(n+1)^{ten}$ Differenzenquotienten aus dem n^{ten} auf Grund der ersten Regel (2) Nr. 3, daß der Satz auch noch für die Ordnung $(n+1)$ gilt. Da er nun für $n=2$ in (1) bewiesen ist, so gilt er allgemein.

Der Zähler des Ausdrucks (2), d. i. das in der großen Klammer stehende Aggregat, heißt *Differenz n^{ter} Ordnung* oder *n^{te} Differenz* von $y=f(x)$ und wird durch $\varDelta^n y$ oder $\varDelta^n f(x)$ bezeichnet.

Lehrsatz: *Der n^{te} Differenzenquotient einer Funktion $y=f(x)$ stellt sich als Quotient der n^{ten} Differenz der Funktion und der n^{ten} Potenz der Differenz $\varDelta x$ des Argumentes dar.*

5. Die Grenzwerte der Differenzenquotienten.

Es gilt der

Lehrsatz: *Der Grenzwert des Differenzenquotienten n^{ter} Ordnung für lim. $\varDelta x = 0$ ist gleich der Ableitung n^{ter} Ordnung $f^{(n)}(x)$:*

$$(1) \quad \cdots\cdots\cdots \lim_{\varDelta x=0}\frac{\varDelta^n y}{\varDelta x^n}=f^{(n)}(x).$$

Diese Behauptung kann man mittels eines Satzes beweisen, dessen Richtigkeit aus dem in Abschn. II, Kap. 3, Nr. 5 (S. 59) darzutuenden Mittelwertsatze unmittelbar folgt:

Ist die Funktion $F(x)$ samt ihrer Ableitung $F'(x)$ im Intervall von x bis $(x+\varDelta x)$ eindeutig und stetig, so gilt die Gleichung:

$$(2) \quad \frac{F(x+\varDelta x)-F(x)}{\varDelta x}=\frac{\varDelta F(x)}{\varDelta x}=F'(x+\vartheta\cdot\varDelta x),\ 0<\vartheta<1,$$

wo ϑ eine dem Intervall $0 < \vartheta < 1$ angehörende Zahl ist, deren Wert durch die Funktion F, das Argument x und die Differenz $\varDelta x$ bedingt ist.

Wir nehmen an, daß die zu betrachtenden Funktionen den genannten Bedingungen der Eindeutigkeit und Stetigkeit genügen.

Da wir bei der folgenden Rechnung mehrere echte Brüche ϑ gebrauchen müssen, so sollen dieselben durch Indizes voneinander unterschieden werden.

Man verstehe nun unter $F(x)$ die Funktion:

$$(3) \ldots \ldots \quad F(x) = \frac{f(x + \varDelta x) - f(x)}{\varDelta x},$$

betrachtet in Abhängigkeit von x bei feststehendem $\varDelta x$. Alsdann gilt:

$$F'(x) = \frac{f'(x + \varDelta x) - f'(x)}{\varDelta x},$$

und man erhält aus Formel (2):

$$\frac{\varDelta^2 f(x)}{\varDelta x^2} = \frac{f'(x + \vartheta \cdot \varDelta x + \varDelta x) - f'(x + \vartheta \cdot \varDelta x)}{\varDelta x}.$$

Die rechte Seite gestalte man wieder vermöge (2) um, indem man in die Gleichung (2) $F(x) = f'(x + \vartheta \cdot \varDelta x)$ einträgt. Es folgt:

$$(4) \quad \frac{\varDelta^2 f(x)}{\varDelta x^2} = f''(x + \vartheta \cdot \varDelta x + \vartheta' \cdot \varDelta x) = f''(x + 2\,\vartheta_1 \cdot \varDelta x),$$

wobei $\vartheta + \vartheta' = 2\,\vartheta_1$ gesetzt ist.

Für $lim.\ \varDelta x = 0$ folgt aus (4) die Formel (1) für $n = 2$.

Bildet man Formel (4) für $F(x)$ anstatt $f(x)$ und setzt demnächst für $F(x)$ den Ausdruck (3), so folgt in entsprechender Überlegung:

$$\frac{\varDelta^3 f(x)}{\varDelta x^3} = f'''(x + 3\,\vartheta_2 \cdot \varDelta x)$$

und damit der Beweis von (1) für $n = 3$ usw.

6. Die Differentiale und Differentialquotienten höherer Ordnung.

In Nr. 3 des voraufgehenden Kapitels bezeichneten wir eine veränderliche unendlich klein werdende Differenz der Variabelen x durch $\varDelta x$ und nannten sie ein „Differential". Im Anschluß an die a. a. O. (S. 19) geschehenen Entwickelungen und den Lehrsatz über den Grenzwert des Differenzenquotienten n^{ter} Ordnung geben wir folgende

Erklärung: Als „*Differential* n^{ter} *Ordnung*" oder kurz „n^{tes} *Differential*" $d^n y = d^n f(x)$ der Funktion $y = f(x)$ bezeichnen wir das Produkt $f^{(n)}(x) \cdot dx^n$ der n^{ten} Ableitung $f^{(n)}(x)$ und der n^{ten} Potenz dx^n vom Differential dx des Argumentes:

$$(1) \ldots \ldots \quad d^n y = d^n f(x) = f^{(n)}(x) \cdot dx^n.$$

Daraufhin gilt alsdann der

Lehrsatz: *Der Quotient des Differentials $d^n y = d^n f(x)$ und der n^{ten} Potenz dx^n von dx, den wir „Differentialquotient n^{ter} Ordnung" oder kurz „n^{ten} Differentialquotienten" der Funktion $y = f(x)$ nennen, ist gleich der n^{ten} Ableitung $f^{(n)}(x)$ und damit gleich dem Grenzwerte des n^{ten} Differenzenquotienten:*

$$(2) \quad \ldots \ldots \quad \frac{d^n y}{dx^n} = \frac{d^n f(x)}{dx^n} = f^{(n)}(x) = \lim_{\varDelta x = 0} \frac{\varDelta^n y}{\varDelta x^n}.$$

Das Produkt $\dfrac{\varDelta^n y}{\varDelta x^n} \cdot \dfrac{dx^n}{d^n y}$ wird hiernach bei dem vorgeschriebenen Übergange den Grenzwert 1 bekommen. Da wir nun bei diesem Grenzübergange $\varDelta x = dx$ setzen wollten, so folgt:

$$\lim \frac{\varDelta^n y}{d^n y} = 1.$$

Lehrsatz: *Für unendlich klein werdenden Zuwachs $\varDelta x = dx$ des Argumentes x wird die n^{te} Differenz $\varDelta^n y$ der Funktion $y = f(x)$ schließlich gleich dem n^{ten} Differential $d^n y = d^n f(x)$ der Funktion.*

7. Die unendlich kleinen Größen höherer Ordnung.

Es sei ε eine „unendlich kleine Größe", d. h. eine Größe, welche sich als stetige Variabele der Null nähert, ohne mit Null identisch zu werden.

Erklärung: *Hängt eine zweite Größe ζ derart von ε ab, daß $\dfrac{\zeta}{\varepsilon^n}$ für $\lim \varepsilon = 0$ sich einer endlichen und von Null verschiedenen Grenze annähert, so sagt man, ζ werde im Vergleich zu ε unendlich klein von der n^{ten} Ordnung, oder man spricht auch, so oft es keine Zweideutigkeit hervorruft, schlechthin von einer „unendlich kleinen Größe der n^{ten} Ordnung".*

Da $f^{(n)}(x)$ für gewöhnlich nur für vereinzelte Werte von x gleich 0 oder ∞ wird, so folgt aus Formel (2), Nr. 6, der

Lehrsatz: *Das n^{te} Differential $d^n y = d^n f(x)$ einer Funktion $y = f(x)$ ist im allgemeinen unendlich klein von der n^{ten} Ordnung, sofern dx unendlich klein von der ersten Ordnung ist.*

8. Vergleich unendlich kleiner Größen verschiedener Ordnungen.

Es sei ζ unendlich klein von der n^{ten} und η unendlich klein von der m^{ten} Ordnung, und es sei $m > n$ und also $l = m - n > 0$. Dann gilt:

$$\lim_{\varepsilon = 0} \left(\frac{\eta}{\zeta} \right) = \lim_{\varepsilon = 0} \left(\frac{\eta}{\varepsilon^m} \cdot \frac{\varepsilon^n}{\zeta} \cdot \varepsilon^l \right) = 0.$$

Hält man daran fest, daß ε, ζ, η unendlich klein werdende Größen sein sollen, so kann man in der Schreibweise der Formeln das Zeichen *lim.* auslassen; alsdann ergibt sich: $\dfrac{\eta}{\zeta} = 0,\ \dfrac{\zeta + \eta}{\zeta} = 1$ oder, was dasselbe besagen soll:

$$\zeta + \eta = \zeta.$$

Dies Ergebnis drückt man aus durch den

Lehrsatz: *Eine unendlich kleine Größe höherer Ordnung ist im Vergleich zu einer solchen niederer Ordnung selber verschwindend oder unendlich klein und kann neben jener vernachlässigt werden.*

Eine zwar ungenaue, aber nützliche Veranschaulichung dieser Verhältnisse gewinnt man dadurch, daß man die unendlich kleine Größe ε durch eine konstante und sehr kleine Zahl ersetzt:

I. Ist $\varepsilon = \dfrac{1}{1000}$, so ist ε^2 als tausendster Teil von ε im Vergleich zu ε sehr klein.

II. Teilt man den Würfel von der Kubikeinheit, wie Fig. 21 andeutet, durch äquidistante Horizontalebenen in n Scheiben der Höhen

Fig. 21.   Fig. 22.   Fig. 23.

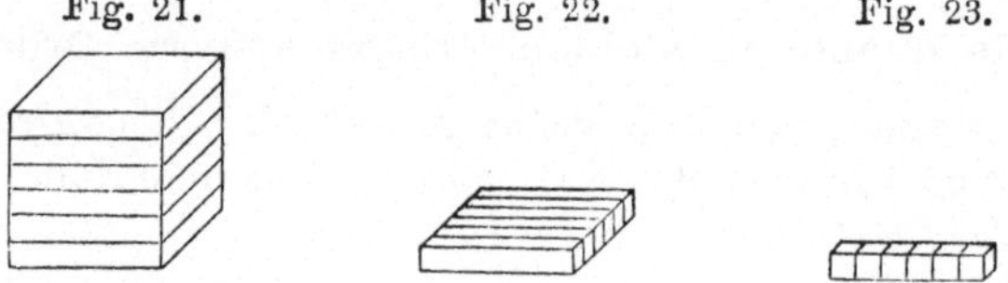

$\varepsilon = \dfrac{1}{n}$, so wird der Kubikinhalt der einzelnen Scheibe gleich ε und ist somit bei sehr großem n selber sehr klein.

Teilt man die einzelne Scheibe, wie Fig. 22 zeigt, durch n äquidistante Vertikalebenen in n Prismen, so ist der Kubikinhalt des einzelnen Prismas gleich ε^2 und offenbar im Vergleich zum Volumen der Scheibe selber sehr klein.

Teilt man endlich das Prisma in n kongruente Würfel (vgl. Fig. 23), so wird der Kubikinhalt eines einzelnen Würfels ε^3 wiederum gegenüber dem des Prismas sehr klein.

Eine Versinnlichung der unendlich kleinen Größen noch höherer Ordnung würde man gewinnen, wenn man den Würfel des Inhaltes ε^3 erneut dem am ursprünglich vorgelegten Würfel vollzogenen Teilungsprozeß unterwerfen würde.

Zweiter Abschnitt.

Anwendungen der Differentialrechnung.

Erstes Kapitel.

Bestimmung der Maxima und Minima einer Funktion $f(x)$.

1. Satz über das Vorzeichen der Ableitung $f'(x)$.

Unter $y = f(x)$ verstehen wir, wie bisher, irgend eine „elementare" Funktion. Dieselbe sei für die weiterhin in Betracht kommenden Werte ihres Argumentes durchweg stetig.

Erklärung: *Die Funktion $y = f(x)$ heißt mit x „gleichändrig"* *oder „ungleichändrig", je nachdem sie mit stetig wachsendem x gleich-* *falls wächst oder abnimmt.*

So ist z. B. die Funktion $y = x^2 - 2$ für alle positiven Werte des Argumentes x mit diesem gleichändrig, für alle negativen Werte von x dagegen mit x ungleichändrig. Die Funktion $sin\,x$ ist zwischen $x = -\,^\pi/_2$ und $x = +\,^\pi/_2$ mit x gleichändrig, im Intervall von $^\pi/_2$ bis $^{3\pi}/_2$ mit x ungleichändrig usw.

Lehrsatz: *Eine Funktion $f(x)$ ist für alle diejenigen Werte ihres* *Argumentes x mit letzterem gleichändrig (ungleichändrig), für welche die* *Ableitung $f'(x)$ positive (negative) Zahlenwerte hat.*

Der Beweis entspringt aus der geometrischen Bedeutung des Differentialquotienten (vgl. Fig. 14, S. 18). Der daselbst mit α bezeichnete Winkel, welcher $tg\,\alpha = f'(x)$ liefert, ist spitz oder stumpf, je nachdem an der betrachteten Stelle die Funktion $f(x)$ mit x gleichändrig ist oder nicht.

2. Die Maxima und Minima einer Funktion $f(x)$.

Erklärung: *Hört $f(x)$, wenn x als stetig wachsende Größe den* *Wert $x = a$ durchläuft, auf, mit x gleichändrig zu sein, um demnächst* *mit x ungleichändrig zu werden, so wird $f(x)$ für $x = a$ zu einem „Maximum". Hört $f(x)$, wenn x als stetig wachsende Größe den Wert $x = a$ durchläuft, auf, mit x ungleichändrig zu sein, um demnächst mit x gleichändrig zu werden, so wird $f(x)$ für $x = a$ zu einem „Minimum".*

Fig. 24 erläutert den Fall des Maximums bei $x = a$.

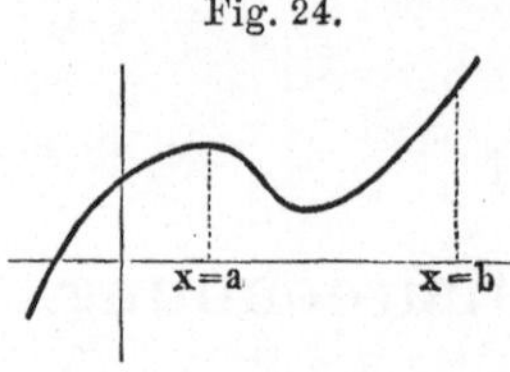

Fig. 24.

Zufolge der Erklärung werden hier die Werte der Funktion nur für solche Argumente x miteinander verglichen, welche in der nächsten Nachbarschaft oder, wie man sagt, in der „*Umgebung*" von $x = a$ liegen. Es darf somit in Fig. 24 sehr wohl $f(b)$ größer als der Maximalwert $f(a)$ sein.

Lehrsatz: *Eine Funktion $f(x)$ wird stets und nur dann für $x = a$ zu einem Maximum (Minimum), falls ihre Ableitung $f'(x)$ in dem Augenblicke, daß x als stetig wachsende Größe den Wert a durchläuft, von positiven zu negativen (negativen zu positiven) Zahlenwerten übergeht.*

Der Beweis ergibt sich sofort aus Nr. 1.

Der Vorzeichenwechsel der Zahlenwerte von $f'(x)$ kann auf drei Arten vor sich gehen:

I. *Ist die Ableitung $f'(x)$ in der Umgebung von $x = a$ stetig, so kann dieselbe nur vermöge des „Durchganges durch 0" bei $x = a$ von positiven zu negativen Werten oder umgekehrt gelangen.*

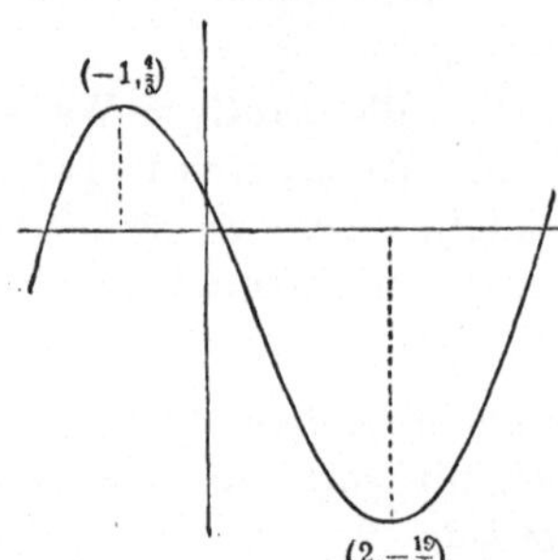

Fig. 25.

In diesem Falle hat die zu $y = f(x)$ gehörende Kurve im Punkte der Koordinaten $x = a$, $y = f(a)$ eine parallel zur x-Achse verlaufende Tangente.

Als Beispiel diene die Funktion:

$$f(x) = \tfrac{1}{3} x^3 - \tfrac{1}{2} x^2 - 2x + \tfrac{1}{6},$$

deren Ableitung:

$$f'(x) = x^2 - x - 2 = (x + 1)(x - 2)$$

für alle endlichen Werte x stetig ist. Hier geht $f'(x)$ von positiven zu negativen Werten über, falls x als wachsende Größe den Wert -1 durchläuft; andererseits geht $f'(x)$ stetig von negativen zu positiven Werten, wenn x wachsend die Stelle $x = 2$ durchläuft. Somit ist $f(-1) = \tfrac{4}{3}$ ein Maximum und $f(2) = -\tfrac{19}{6}$ ein Minimum; der in Fig. 25 gezeichnete Verlauf der Kurve der vorliegenden Funktion bringt dies zur Anschauung.

II. *Zweitens kann $f'(x)$ bei $x = a$ vermöge des „Durchganges durch ∞" von positiven zu negativen Werten oder umgekehrt gelangen.*

Ein Beispiel liefert die Funktion:

$$f(x) = 5 - 3 \sqrt[5]{(x-2)^2},$$

deren Ableitung:

$$f'(x) = -\frac{6}{5 \sqrt[5]{(x-2)^3}}$$

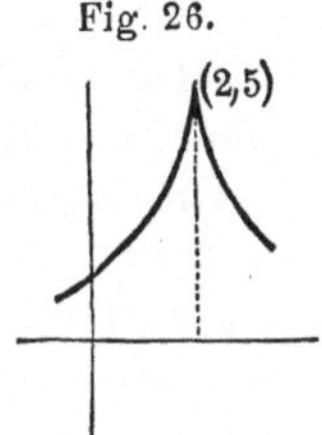

bei $x = 2$ durch ∞ von positiven zu negativen Werten übergeht. Es ist somit $f(2) = 5$ ein Maximum der Funktion, wie Fig. 26 bestätigt. —

Durchläuft man die Stelle $x = a$ in der Richtung wachsender x, so geht der S. 18 mit α bezeichnete Winkel stetig wachsend durch $\pi/2$ hindurch, wobei dann $tg\,\alpha = f'(x)$ vermöge des Durchgangs durch ∞ von positiven zu negativen Werten oder umgekehrt gelangt. Die Kurve besitzt im Punkte $x = a$, $y = f(a)$ einen sogenannten „*Rückkehrpunkt*" (cf. Abschn. IV, Kap. 3, Nr. 2).

III. *Endlich kann $f'(x)$ bei $x = a$* „*sprungweise unstetig*" *sein und hierbei von positiven zu negativen Werten oder umgekehrt gelangen.*

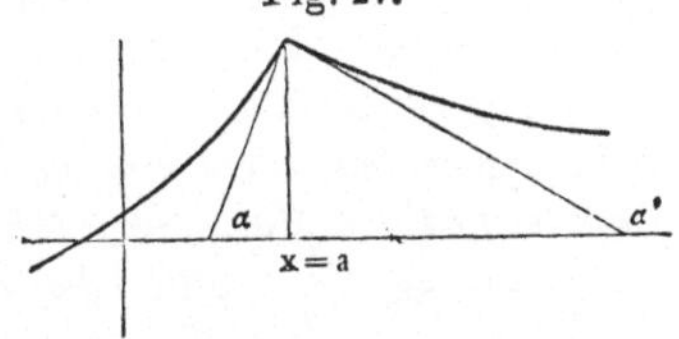

Fig. 27 veranschaulicht ein hierher gehörendes Beispiel.

3. Gebrauch höherer Ableitungen zur Bestimmung der Maxima und Minima von $f(x)$.

Es gelte jetzt die spezielle Annahme, daß $f(x)$, $f'(x)$, ..., $f^{(n)}(x)$ in der Umgebung von $x = a$ *stetig* und (was nicht immer besonders gesagt wird) eindeutig seien; n bedeutet irgend eine positive ganze Zahl.

Soll $f(x)$ für $x = a$ zu einem Maximum (Minimum) werden, so muß $f'(a) = 0$ sein (Nr. 2, Fall I), und $f'(x)$ muß in der Umgebung von $x = a$ mit x ungleichändrig (gleichändrig) sein. Diese zwei Bedingungen sind umgekehrt auch hinreichend für ein Maximum (Minimum) $f(a)$.

Die zweite Forderung ist nach Nr. 1 erfüllt, wenn $f''(x)$ in der Umgebung von $x = a$ negativ (positiv) ist. Weiß man, daß für $x = a$ selbst $f''(a) < 0$ (bzw. > 0) zutrifft, so kann wegen der Stetigkeit von $f''(x)$ in der nächsten Nachbarschaft von $x = a$ die Funktion $f''(x)$ weder $= 0$ noch > 0 (bzw. < 0) sein. Man kann also im Falle $f''(a) < 0$ (bzw. > 0) die fragliche Umgebung so klein wählen, daß in ihr durchweg $f''(x) < 0$ (bzw. > 0) gilt.

Diese Überlegung liefert den

Lehrsatz: *Sind $f(x)$, $f'(x)$, $f''(x)$ in der Umgebung von $x = a$ stetig und verschwindet $f'(x)$ für $x = a$, während $f''(a) < 0$ (bzw. > 0) ist, so wird $f(x)$ für $x = a$ zu einem Maximum (Minimum).*

Weitere Untersuchung erfordert der Fall, daß auch $f''(a) = 0$ ist. Es sei sogleich:

$$(1) \qquad f'(a) = 0,\ f''(a) = 0,\ \ldots,\ f^{(n-1)}(a) = 0,\ f^{(n)}(a) \gtrless 0,$$

d. h. alle Ableitungen bis zur n^{ten} exklusive sollen für $x = a$ verschwinden.

Ist z. B. $f^{(n)}(a) < 0$, so ergibt sich aus dem letzten Lehrsatze, daß $f^{(n-2)}(a) = 0$ ein Maximum von $f^{(n-2)}(x)$ ist, und daß somit $f^{(n-2)}(x)$ in der Umgebung von $x = a$, von dieser Stelle selbst abgesehen, negativ ist.

Dies zeigt nach Nr. 1, daß $f^{(n-3)}(x)$ in der ganzen Umgebung von $x = a$ mit x ungleichändrig ist und also [wegen $f^{(n-3)}(a) = 0$] von positiven zu negativen Werten geht, wenn x wachsend den Wert a durchläuft. Hieraus folgt wieder, daß $f^{(n-4)}(a) = 0$ ein Maximum von $f^{(n-4)}(x)$ ist.

Durch Fortsetzung dieser Schlußweise und Ausdehnung auf den Fall $f^{(n)}(a) > 0$ ergibt sich der

Lehrsatz: *Es seien $f(x)$, $f'(x)$, $\ldots$, $f^{(n)}(x)$ in der Umgebung von $x = a$ stetig, und es mögen die $(n-1)$ ersten Ableitungen $f'(x)$, $\ldots$, $f^{(n-1)}(x)$ für $x = a$ verschwinden, während $f^{(n)}(a) \gtrless 0$ sei. Man hat zu unterscheiden, ob n eine gerade oder ungerade Zahl ist. Im ersteren Falle ist $f(a)$ ein Maximum (Minimum) von $f(x)$, wenn $f^{(n)}(a) < 0\ (> 0)$ gilt. Ist aber n ungerade, so ist $f(a)$ weder ein Maximum noch ein Minimum von $f(x)$.*

Fig. 28.

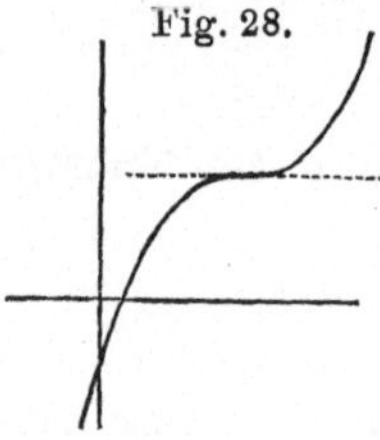

Die Tangente der Kurve $y = f(x)$ im Punkte $x = a$, $y = f(a)$ ist wegen $f'(a) = 0$ parallel zur x-Achse. Ist n ungerade, so bleibt die Funktion $f(x)$, nachdem x den Wert a durchlaufen hat, mit x gleichändrig (ungleichändrig), wie sie es vorher war. Die Kurve $y = f(x)$ hat bei $x = a$, $y = f(a)$, wie Fig. 28 andeutet, einen sogenannten „*Wendepunkt*" mit einer zur x-Achse parallelen „Wendetangente" (s. Nr. 6 des folg. Kap.).

<hr>

Zweites Kapitel.

Betrachtung des Verlaufes ebener Kurven.

1. Tangenten und Normalen einer ebenen Kurve.

In der Ebene sei eine Kurve gegeben, deren Gleichung in rechtwinkeligen Koordinaten x, y die Gestalt $y = f(x)$ habe. Die Kurve werde kurz K genannt; $f(x)$ sei eine elementare eindeutige oder mehrdeutige Funktion. Wir formulieren zunächst folgende schon oben (S. 18) als bekannt vorausgesetzte

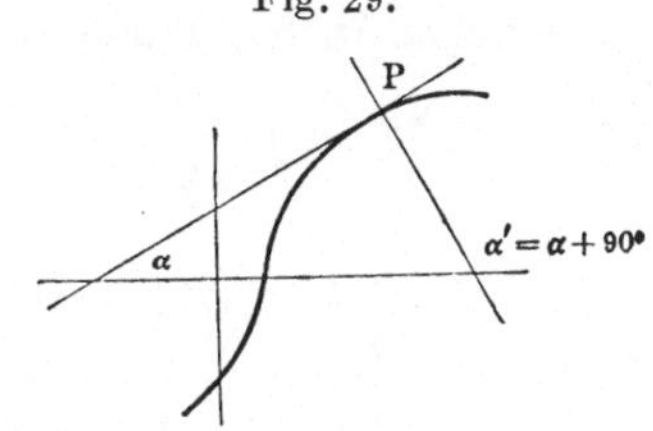

Fig. 29.

Erklärung: *Sind P und P_1 zwei Punkte der Kurve K, so bezeichnet man die Grenzlage, welcher die durch P und P_1 hindurchlaufende Gerade zustrebt, wenn P_1 dem Punkte P auf K ohne Ende oder unendlich nahe kommt, als „Tangente" der Kurve K im Punkte P.*

Die Tangente gibt die Richtung der Kurve im Punkte P an.

Erklärung: *Eine im Punkte P die Tangente und also die Kurve senkrecht schneidende Gerade heißt „Normale" von K im Punkte P.*

Um die Gleichungen für Tangente und Normale aufzustellen, seien ξ, η die Koordinaten der Punkte auf einer dieser Geraden, während x und $y = f(x)$ die Koordinaten des Punktes P von K sind.

Als „Richtungskoeffizienten" $tg\,\alpha$ und $tg\,\alpha'$ der Gleichungen von Tangente und Normale hat man (cf. Fig. 29):

$$tg\,\alpha = \frac{dy}{dx} = f'(x), \quad tg\,\alpha' = tg\,(\alpha + 90^0) = -\frac{1}{tg\,\alpha} = \frac{-1}{f'(x)}.$$

Lehrsatz: *Die Gleichung der Tangente der Kurve K im Punkte P der Koordinaten x, y = f(x) ist:*

$$(1) \qquad \eta - y = \frac{dy}{dx}\,(\xi - x) \quad \text{oder} \quad \eta - y = f'(x)\,(\xi - x).$$

Die Gleichung der Normalen von K im Punkte P ist:

$$(2) \quad (\xi - x) + \frac{dy}{dx}\,(\eta - y) = 0 \quad \text{oder} \quad (\xi - x) + f'(x)\,(\eta - y) = 0.$$

2. Tangenten, Normalen, Subtangenten und Subnormalen der Kurve K.

Erklärung: *Die auf der Tangente und Normale durch den Berührungspunkt und die x-Achse eingegrenzten Strecken heißen „Tangente und Normale im engeren Sinne" und werden durch T und N bezeichnet. Hat es keine Zweideutigkeit zur Folge, so nennt man T und N auch wohl schlechthin „Tangente" und „Normale".*

Die Projektionen der Strecken T und N auf die x-Achse heißen „Subtangente" und „Subnormale" und werden durch St und Sn bezeichnet.

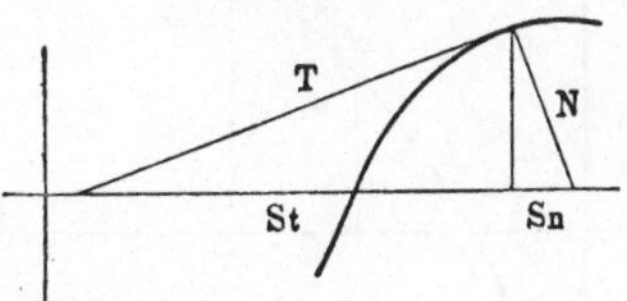

Fig. 30.

Fig. 30 bringt diese Verhältnisse in dem Falle zur Darstellung, daß für den Berührungspunkt die Ordinate y positiv und $f(x)$ mit x gleichändrig ist.

Durch Diskussion der in Fig. 30 auftretenden Dreiecke folgt der

Lehrsatz: *Für die zum einzelnen Punkte unserer Kurve gehörenden Strecken St, Sn, T und N gelten die Gleichungen:*

$$(1) \ldots St = y\,\frac{dx}{dy} = \frac{y}{f'(x)}, \quad Sn = y\,\frac{dy}{dx} = y\,f'(x),$$

$$(2) \ldots \begin{cases} T = y\,\sqrt{1 + \left(\dfrac{dx}{dy}\right)^2} = y\,\sqrt{1 + \left(\dfrac{1}{f'(x)}\right)^2}, \\[2ex] N = y\,\sqrt{1 + \left(\dfrac{dy}{dx}\right)^2} = y\,\sqrt{1 + [f'(x)]^2}. \end{cases}$$

Diese Gleichungen bleiben auch bei anderer Gestalt und Lage der Kurve K bestehen; nur muß man vorkommendenfalls die rechten Seiten der Gleichungen im Zeichen wechseln, damit für T, N, St, Sn *positive* Zahlenwerte entspringen.

3. Bogendifferential der Kurve K.

Die *Bogenlänge* der durch $y = f(x)$ gegebenen Kurve K, von einem beliebig gewählten Anfangspunkte auf K bis zum Punkte P von der Abszisse x gemessen, werde durch s bezeichnet. Die Maßzahlen s sollen auf K von jenem Anfangspunkte aus nach der einen Seite positiv, nach der anderen negativ gerechnet werden.

Die Bogenlänge s der Kurve erscheint hierbei als Funktion von x. Wir nennen dieselbe $s = g(x)$ und wollen die Aufgabe lösen, den Differentialquotienten $\dfrac{ds}{dx} = \dfrac{dg(x)}{dx}$ dieser Funktion zu berechnen.

Erklärung: *Das im Zähler dieses Quotienten stehende unendlich kleine Stückchen ds der Kurve K heißt Bogenelement oder Bogendifferential.*

Zur Berechnung von $\dfrac{ds}{dx}$ markiere man auf K zunächst einen zweiten Punkt P_1 der Abszisse $x + \varDelta x$, zu welcher die Bogenlänge $s_1 = s + \varDelta s$ gehöre; dann ist $\varDelta s$ der dem Zuwachs $\varDelta x$ entsprechende Zuwachs von s.

Fig. 31.

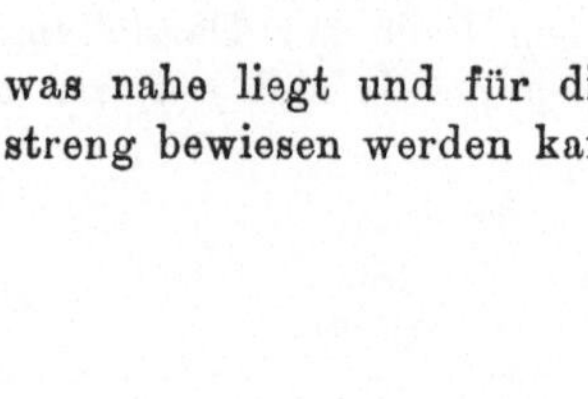

In Fig. 31 ist auch noch die P und P_1 verbindende Sehne $\overline{PP_1}$ der Kurve gezogen. Kommt P_1 dem Punkte P ohne Ende nahe, so gilt:

$$(1) \ldots \lim. \left(\frac{\varDelta s}{\overline{PP_1}}\right) = 1,$$

was nahe liegt und für die bei uns in Betracht kommenden Kurven streng bewiesen werden kann.

Wir haben nun:

$$\frac{ds}{dx} = lim. \ \frac{\Delta s}{\Delta x} = lim. \left(\frac{\Delta s}{\overline{PP_1}} \cdot \frac{\overline{PP_1}}{\Delta x} \right),$$

und also infolge von (1):

$$\frac{ds}{dx} = lim. \left(\frac{\overline{PP_1}}{\Delta x} \right) = lim. \ \frac{\sqrt{\Delta x^2 + \Delta y^2}}{\Delta x}$$

$$= lim. \ \sqrt{1 + \left(\frac{\Delta y}{\Delta x} \right)^2} = \sqrt{1 + \left(\frac{dy}{dx} \right)^2}.$$

Dieses Ergebnis kleiden wir in folgenden

Lehrsatz: *Das Bogendifferential ds von K ist gegeben durch:*

$$(2) \ \ldots \ldots \ldots ds = dx \ \sqrt{1 + \left(\frac{dy}{dx} \right)^2} = \sqrt{dx^2 + dy^2}$$

oder, mit Hilfe der Kurvengleichung $y = f(x)$ ausgedrückt:

$$(3) \ \ldots \ldots \ldots \ldots ds = dx \ \sqrt{1 + f'(x)^2}.$$

Diese Gleichungen setzen übrigens voraus, daß $s = g(x)$ mit x gleichändrig ist. Anderenfalls hat man die Quadratwurzeln mit negativen Vorzeichen zu versehen.

Mit Hilfe des Bogendifferentials schreiben sich die Gleichungen (2) Nr. 2 für T und N:

$$4) \ \ldots \ldots \ldots T = y \ \frac{ds}{dy}, \quad N = y \ \frac{ds}{dx}.$$

4. Beispiele zur Berechnung der Tangenten, Normalen usw.

I. Die in Fig. 32 dargestellte *Parabel* hat die Gleichung:

$$(1) \ \ldots \ldots \ldots y^2 = 2px \quad \text{oder} \quad y = \pm \sqrt{2px}.$$

Der in der Figur gewählte Punkt P hat positives y, so daß man findet:

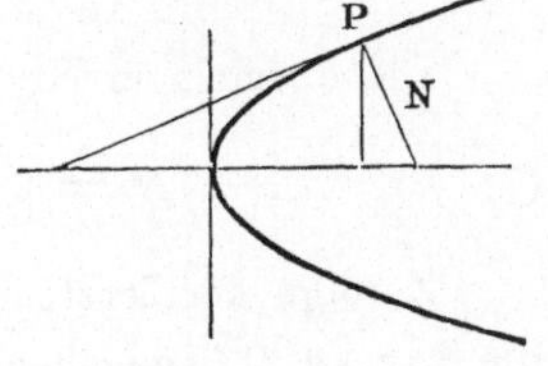

$$(2) \ \frac{dy}{dx} = f'(x) = \frac{\sqrt{2p}}{2\sqrt{x}} = \frac{p}{\sqrt{2px}} = \frac{p}{y}.$$

Aus (1), Nr. 2, folgt also für St und Sn:

$$(3) \ \ St = \frac{y^2}{p} = 2x, \quad Sn = y \cdot \frac{p}{y} = p.$$

Lehrsatz: *Bei der Parabel ist die Subtangente des einzelnen Punktes P gleich der doppelten Abszisse von P (s. Fig. 32), die Subnormale aber ist konstant gleich p.*

II. **Erklärung**: *Läßt man einen Kreis auf einer Geraden rollen, so beschreibt ein einzelner Punkt des Kreises eine sogenannte „Zykloide".*

Der Kreis habe den Radius a; die Gerade, auf welcher der Kreis rollt, werde die x-Achse; der Berührungspunkt der x-Achse und des

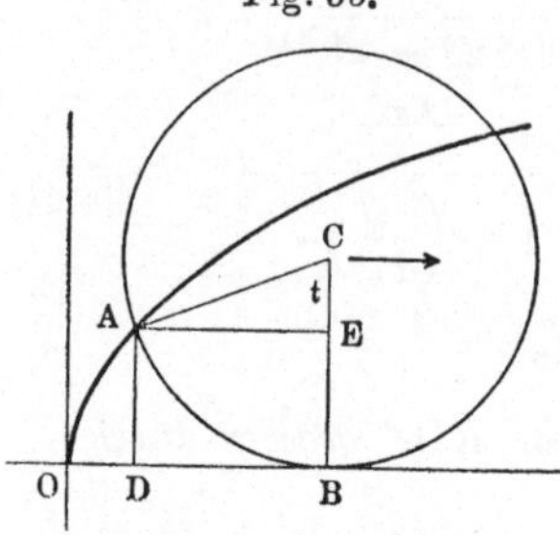
Fig. 33.

Kreises in der Anfangslage des letzteren sei der Nullpunkt O. Indem der Kreis etwa nach rechts rollt, beschreibt der anfängliche Berührungspunkt die in Fig. 33 angedeutete Zykloide.

Bei der in Fig. 33 festgehaltenen Lage des rollenden Kreises hat der die Zykloide beschreibende Punkt die Stelle A erreicht. Der Kreis hat bis dahin um seinen Mittelpunkt eine Drehung erfahren, die durch den Winkel $\angle\, A\,C\,B = t$, den sogenannten „*Wälzungswinkel*", gemessen werden kann.

Für die Koordinaten $\overline{OD} = x$, $\overline{AD} = y$ des Punktes A der Zykloide liefert die Diskussion der Fig. 33:

$$(4) \quad \ldots \ldots \quad x = a\,(t - \sin t), \quad y = a\,(1 - \cos t).$$

Durch Elimination von t findet man als Gleichung zwischen x und y:

$$(5) \quad \ldots \ldots \quad x = -\sqrt{2\,a\,y - y^2} + a \cdot \arccos\left(\frac{a-y}{a}\right).$$

Lehrsatz: *In (5) ist die Gleichung der Zykloide gewonnen. Meistens ist es indessen einfacher, die Zykloide durch das Gleichungenpaar (4) darzustellen, wobei die Koordinaten x, y des einzelnen Zykloidenpunktes als Funktionen der unabhängigen Variabelen t erscheinen.*

Aus (4) ergibt sich leicht:

$$(6) \quad \frac{dx}{dt} = a\,(1 - \cos t), \quad \frac{dy}{dt} = a \sin t, \quad \frac{dy}{dx} = \operatorname{ctg}\left(\frac{t}{2}\right), \quad \frac{ds}{dx} = \frac{1}{\sin\left(\dfrac{t}{2}\right)}.$$

Die Formeln in Nr. 2 liefern:

$$(7) \quad \ldots \ldots \quad N = 2\,a \sin\left(\frac{t}{2}\right), \qquad Sn = a \sin t.$$

Zufolge der letzten Formel ist die Subnormale in Fig. 33 durch die Strecke $\overline{DB}$ gegeben.

Lehrsatz: *Bei der Zykloide läuft die Normale des einzelnen Punktes A durch den Berührungspunkt B des zugehörigen Kreises mit der x-Achse (s. Fig. 33) hindurch.*

5. Konkavität und Konvexität der Kurven.

Man ziehe im Punkte P der Kurve K die Tangente und nehme an, daß letztere nicht parallel zur y-Achse läuft.

Erklärung: *Liegt die Kurve K in der nächsten Umgebung von P unterhalb* [1]) *der Tangente, so heißt die Kurve bei P „nach unten konkav" (nach oben konvex); liegt indes K in der nächsten Umgebung von P oberhalb der Tangente, so heißt die Kurve bei P „nach unten konvex" (nach oben konkav).*

In Fig. 14, S. 18, welche zur Erläuterung der geometrischen Bedeutung von $f'(x)$ diente, liegt in der Umgebung des Punktes P beide Male Konkavität nach unten vor. In diesem Falle ist, wie man sich an der genannten Figur veranschauliche, $f'(x) = tg\,\alpha$ mit x ungleichändrig und also $f''(x)$ negativ (s. den Lehrsatz S. 37). Allgemein gilt der

Lehrsatz: *Ist die Kurve K in der Umgebung des Punktes P nach unten konkav (konvex), so hat die zweite Ableitung $f''(x)$ daselbst negative (positive) Zahlenwerte und umgekehrt.*

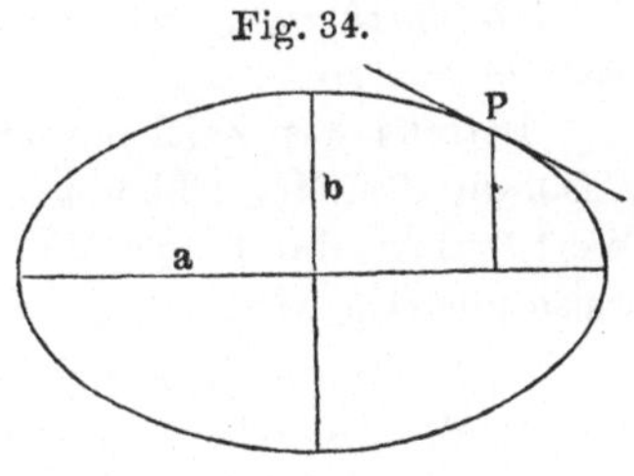
Fig. 34.

Für die in Fig. 34 dargestellte Ellipse ist:

$$(1) \quad \cdots \quad \frac{x^2}{a^2} + \frac{y^2}{b^2} = 1, \qquad y = +\frac{b}{a}\sqrt{a^2 - x^2}.$$

Das obere Zeichen gilt, wenn der Punkt P oberhalb der x-Achse liegt. Für diesen Fall ist:

$$(2) \quad \cdots \quad \frac{dy}{dx} = -\frac{b\,x}{a\sqrt{a^2 - x^2}}, \qquad \frac{d^2 y}{dx^2} = -\frac{a\,b}{\left(\sqrt{a^2 - x^2}\right)^3}.$$

Die Ellipse ist in der Umgebung von P nach unten konkav, was in Übereinstimmung mit dem negativen Zeichen des Zahlenwertes von $\dfrac{d^2 y}{d x^2}$ bei P ist.

In die vorstehende Betrachtung ist der Fall, daß die Tangente in P mit der y-Achse parallel ist, nicht einbegriffen. Für diesen Fall sehe man x als Funktion von y an und diskutiere zur Bestimmung der konkaven Seite der Kurve das Vorzeichen von $\dfrac{d^2 x}{d y^2}$.

6. Wende- oder Inflexionspunkte einer Kurve.

Man nehme zunächst wieder an, daß die Tangente von K im Punkte P nicht zur y-Achse parallel sei.

---

[1]) Vgl. die Fußnote S. 18.

Erklärung: *Ist die Kurve K auf der einen Seite des Punktes P nach unten konkav und auf der anderen Seite nach unten konvex, so heißt der Punkt P ein Wende- oder Inflexionspunkt der Kurve und die Tangente der Kurve in P heißt Wende- oder Inflexionstangente.*

Fig. 35.

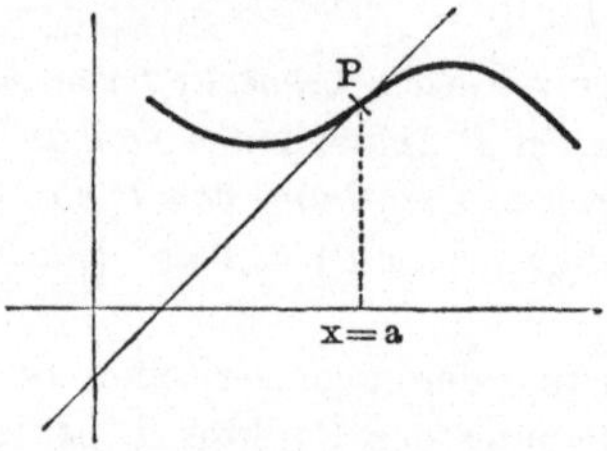

Dieses Vorkommnis ist in Fig. 35 erläutert.

Aus Nr. 5 folgt der

Lehrsatz: *Die Kurve K hat an der Stelle $x = a$, $y = f(a)$ stets und nur dann einen Wendepunkt, wenn die zweite Ableitung $f''(x)$, falls x den Wert a durchläuft, von positiven zu negativen Zahlenwerten übergeht oder umgekehrt.*

Betreffs des Zeichenwechsels von $f''(x)$ hat man, wie S. 38 bei $f'(x)$, die drei Möglichkeiten, daß $f''(x)$ an der Stelle $x = a$ durch den Wert 0 oder durch den Wert ∞ hindurchläuft, oder endlich sprungweise unstetig wird. Der erste Fall ist der wichtigste; ihm gilt der

Lehrsatz: *Ist $f''(x)$ in der Umgebung von $x = a$ stetig, so gilt für die Abszisse a eines Wendepunktes der Kurve stets $f''(a) = 0$.*

Für $y = \sin x$ ist $f''(x) = -\sin x$; sämtliche Schnittpunkte der x-Achse und der Sinuslinie sind Wendepunkte der letzteren (vgl. Fig. 9, S. 8).

Einen etwaigen Wendepunkt mit einer zur y-Achse parallelen Tangente macht man der Rechnung in der Weise zugänglich, daß man x als Funktion von y ansieht und die Werte von $\dfrac{d^2 x}{d y^2}$ auf Vorzeichenwechsel untersucht.

7. Die Krümmungskreise einer Kurve.

Man lege durch die drei Punkte P, P_1, P_2 der Kurve K einen Kreis. Rückt P_1 dem Punkte P unendlich nahe, so werden die Kurve K und der Kreis im Punkte P gemeinsame Tangente gewinnen und also *einander berühren*. Rückt überdies auch noch P_2 dem Punkte P unendlich nahe, so geht der Kreis hierbei in eine Grenzlage über, in welcher man ihn als *„Krümmungskreis"* der Kurve K im Punkte P bezeichnet.

Lehrsatz: *Der Krümmungskreis der Kurve K im Punkte P hat mit der Kurve bei P drei unmittelbar aufeinander folgende Punkte oder, wie man sagt, drei „konsekutive" Punkte gemein.*

Erklärung: *Der Mittelpunkt des Krümmungskreises heißt Krümmungszentrum oder Krümmungsmittelpunkt, der Radius desselben Krümmungsradius der Kurve K an der Stelle P.*

Unter allen die Kurve K im Punkte P berührenden Kreisen schmiegt sich der Krümmungskreis der Kurve am engsten an; er ist dieserhalb geeignet, ein „Maß für die Krümmung" der Kurve K bei P abzugeben.

Die Krümmung des Kreises ist längs der ganzen Peripherie dieselbe, und sie ist übrigens um so geringer, je größer der Radius ist. Als „*Krümmungsmaß*" des Kreises benutzt man demnach den reziproken Wert des Radius.

Lehrsatz: *Das Krümmungsmaß der Kurve K an der Stelle P ist durch den reziproken Wert des Krümmungsradius gegeben.*

Das Krümmungszentrum liegt auf der zu P gehörenden Normalen der Kurve K.

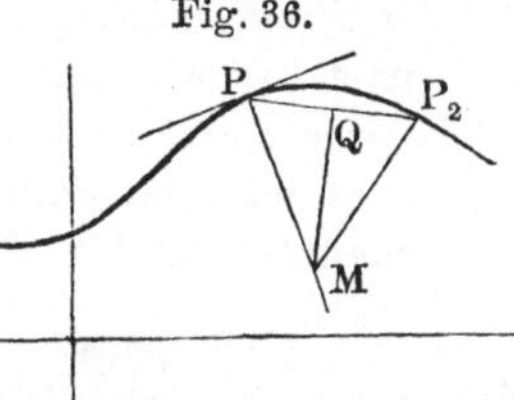

In Fig. 36 gilt die Annahme, daß von den drei zunächst getrennt liegenden Punkten P, P_1, P_2 die beiden ersten bereits zusammenfallen. Man findet dann den Mittelpunkt M des Kreises durch P, P_1, P_2 vermittelst der in der Figur ausgeführten Konstruktion, bei welcher MQ das Mittellot der Strecke $\overline{PP_2}$ ist. Rückt jetzt auch P_2 dem Punkte P ohne Ende nahe, so wird QM zu einer mit PM „konsekutiven" Normale.

Lehrsatz: *Das Krümmungszentrum ist die Grenzlage des Schnittpunktes der zu P gehörenden Normalen der Kurve mit einer zweiten Normalen, deren Fußpunkt dem Punkte P ohne Ende nahe kommt.*

8. Berechnung des Krümmungszentrums und Krümmungsradius.

Der letzte Lehrsatz liefert ein Mittel zur Berechnung der Koordinaten des Krümmungszentrums.

Sind x, y die Koordinaten des Punktes P, ferner $x + \Delta x$, $y + \Delta y$ diejenigen eines nahe bei P gelegenen Punktes P' von K und endlich ξ, η diejenigen des Schnittpunktes der zu P und P' gehörenden Normalen der Kurve, so gilt nach (2), S. 41:

$$(\xi - x) + f'(x)(\eta - y) = 0,$$
$$(\xi - x - \Delta x) + f'(x + \Delta x)(\eta - y - \Delta y) = 0.$$

Durch Subtraktion der zweiten Gleichung von der ersten folgt:

$$1 - (\eta - y) \cdot \frac{f'(x + \Delta x) - f'(x)}{\Delta x} + f'(x + \Delta x) \cdot \frac{\Delta y}{\Delta x} = 0.$$

Für *lim.* $\Delta x = 0$ ergibt die Fortsetzung der Rechnung den

Lehrsatz: *Die Koordinaten ξ, η des zum Punkte P gehörenden Krümmungszentrums, sowie der Krümmungsradius ϱ stellen sich vermöge der Koordinaten x, y von P und der Kurvengleichung $y = f(x)$, wie folgt, dar:*

$$(1) \quad \xi = x - \frac{f'(x) + [f'(x)]^3}{f''(x)}, \quad \eta = y + \frac{1 + [f'(x)]^2}{f''(x)},$$

$$(2) \quad \varrho = \pm \frac{\{1 + [f'(x)]^2\}^{\frac{3}{2}}}{f''(x)}.$$

Gleichung (2) folgt aus (1), insofern ϱ gleich der Entfernung des Punktes (ξ, η) vom Punkte (x, y) ist. Das Vorzeichen in (2) rechts ist so zu wählen, daß ϱ positiven Wert bekommt.

Ist P ein Wendepunkt, in dem $f''(x) = 0$ ist, so wird $\varrho = \infty$. Hier artet der Krümmungskreis in die zugehörige Wendetangente aus, welche somit drei konsekutive Punkte mit der Kurve K gemein hat.

Setzt man im Falle der *Ellipse* in (1) und (2) die in (2), S. 45, gegebenen Werte von $f'(x)$, $f''(x)$ ein, so ergibt die Rechnung:

$$(3) \quad \xi = \frac{e^2 x^3}{a^4}, \quad \eta = -\frac{e^2 y^3}{b^4}, \quad \varrho = \frac{(a^4 y^2 + b^4 x^2)^{\frac{3}{2}}}{a^4 b^4},$$

unter $e^2 = a^2 - b^2$ das Quadrat der Exzentrizität verstanden.

Für die *Zykloide* liefern die dritte und erste Formel (6), S. 44:

$$(4) \quad \frac{d^2 y}{d x^2} = \frac{d\, ctg\left(\frac{t}{2}\right)}{d t} \cdot \frac{d t}{d x} = -\frac{1}{4\, a\, sin^4\left(\frac{t}{2}\right)}.$$

Die Entwickelung der Formeln (1) und (2) ergibt hier:

$$(5) \quad \xi = a\,(t + sin\,t), \quad \eta = -a\,(1 - cos\,t), \quad \varrho = 4\,a\,sin\left(\frac{t}{2}\right).$$

Durch Vergleich mit der ersten Formel (7), S. 44, entspringt der

Lehrsatz: *Für den einzelnen Punkt der Zykloide ist der Krümmungsradius ϱ doppelt so groß als die Normale N.*

In Fig. 33, S. 44, ist somit der zum Punkte A gehörende Krümmungshalbmesser die über B um sich selbst verlängerte Strecke $\overline{A\,B}$.

9. Die Evoluten und Evolventen.

Erklärung: *Der geometrische Ort aller zu einer Kurve K gehörenden Krümmungsmittelpunkte stellt eine neue Kurve dar, welche man als „Krümmungsmittelpunktskurve" oder „Evolute" der gegebenen Kurve K bezeichnet.*

In Fig. 37 sind für einige, einander nahe gelegene Punkte P, P_1, P_2, ... von K die Normalen errichtet und je zwei aufeinander folgende unter ihnen in Q, Q_1, Q_2, ... zum Durchschnitt gebracht. Diese Punktreihe zeigt uns ungefähr den Verlauf der Evolute an.

Speziell veranschaulicht Fig. 37 folgenden

Lehrsatz: *Die Normale von K im Punkte P ist Tangente der Evolute in dem P entsprechenden Punkte Q.*

Zum genauen Beweise dieses Lehrsatzes haben wir die Formeln (1), Nr. 8, heranzuziehen, in denen die Koordinaten ξ, η von Q als Funktionen der Koordinate x des Punktes P dargestellt sind.

Fig. 37.

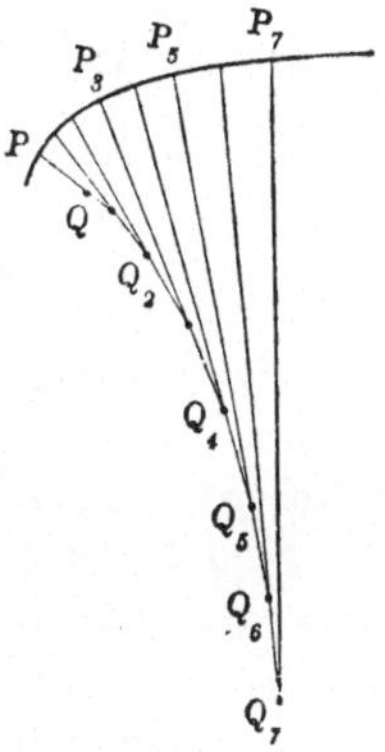

Aus diesen Formeln ergibt sich:

$$(1) \cdots \begin{cases} \dfrac{d\xi}{dx} = -f' \cdot \dfrac{3f'f''^2 - f''' - f'^2 f'''}{f''^2}, \\[2ex] \dfrac{d\eta}{dx} = \dfrac{3f'f''^2 - f''' - f'^2 f'''}{f''^2}, \end{cases}$$

wo der Kürze halber die Argumente x bei f', f'', f''' fortgelassen sind.

Aus (1) folgt weiter:

$$(2) \quad \frac{d\xi}{dx} = -f'(x) \cdot \frac{d\eta}{dx}, \qquad \frac{d\eta}{d\xi} = -\frac{1}{f'(x)}.$$

Braucht man nun den Winkel α im Sinne von Fig. 14, S. 18, und nennt den entsprechenden Winkel bei der Evolute α', so folgt aus (2):

$$(3) \quad \frac{d\eta}{d\xi} = tg\,\alpha' = -\frac{1}{f'(x)} = -\frac{1}{tg\,\alpha} \text{ und also } \alpha' = \alpha \pm \frac{\pi}{2},$$

womit der aufgestellte Lehrsatz bewiesen ist.

Des weiteren veranschauliche man sich an Fig. 37 den

Lehrsatz: *Das Bogendifferential $d\sigma$ der Evolute ist, absolut genommen, gleich dem entsprechenden (d. i. zu demselben dx gehörenden) Differential $d\varrho$ des Krümmungsradius.*

Aus (1) ergibt sich nämlich:

$$\left(\frac{d\sigma}{dx}\right)^2 = \left(\frac{d\xi}{dx}\right)^2 + \left(\frac{d\eta}{dx}\right)^2 = (1 + f'^2)\left(\frac{3f'f''^2 - f''' - f'^2 f'''}{f''^2}\right)^2,$$

und zu dem gleichen Ausdrucke gelangt man von (2), S. 48, aus für $\left(\dfrac{d\varrho}{dx}\right)^2$, so daß in der Tat $d\sigma = \pm d\varrho$ gilt.

Denkt man die Tangente $\overline{QP}$ der Evolute als gespannten Faden, so zeigt der letzte Lehrsatz, daß bei Auf- oder Abwickelung des Fadens auf der Evolute der Endpunkt P des Fadens die ursprüngliche Kurve K beschreibt.

Erklärung: *Die Kurve, welche durch irgend einen Punkt eines längs einer gegebenen Kurve aufgewickelten und gespannten Fadens bei weiterer Auf- oder Abwickelung beschrieben wird, heißt eine Evolvente der gegebenen Kurve.*

Da hierbei die Auswahl des beschreibenden Punktes auf dem Faden willkürlich ist, so hat *jede Kurve unendlich viele Evolventen.*

Lehrsatz: *Das Verhältnis zwischen der ursprünglichen Kurve K und ihrer Evolute kann man hiernach auch so aussprechen, daß K eine unter den Evolventen jener Evolute ist.*

10. Gleichung der Evolute und Beispiele.

Durch die Gleichungen:

$$(1) \ldots \quad \xi = x - \frac{f' + f'^3}{f''} \quad \text{und} \quad \eta = f + \frac{1 + f'^2}{f''}$$

sind die Koordinaten ξ, η des einzelnen Punktes der Evolute in x dargestellt. Die Elimination von x liefert eine Gleichung $F(\xi, \eta) = 0$ zwischen ξ und η, welche somit *die Gleichung der Evolute von K* ist.

Sind ξ und η in x und y ausgedrückt, so muß man zur Elimination von x und y noch die zwischen x und y bestehende Gleichung der ursprünglichen Kurve K heranziehen.

So gelten z. B. im Falle der *Ellipse* die Gleichungen (3), S. 48. Berechnet man aus ihnen x und y und trägt die berechneten Werte in die Gleichung:

Fig. 38.

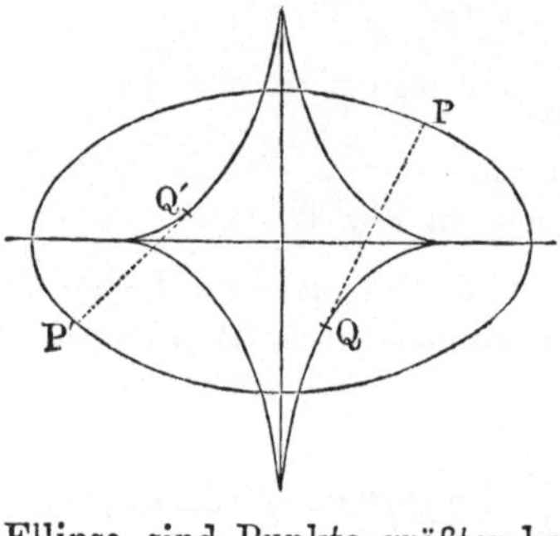

$$\frac{x^2}{a^2} + \frac{y^2}{b^2} = 1$$

der Ellipse ein, so ergibt sich:

$$(2) \ldots \quad (a\,\xi)^{\frac{2}{3}} + (b\,\eta)^{\frac{2}{3}} = e^{\frac{4}{3}}$$

als Gleichung der Evolute der Ellipse.

Die Gestalt dieser Evolute sieht man in Fig. 38. Die Scheitelpunkte der Ellipse sind Punkte größter bzw. kleinster Krümmung; dem entspricht es, daß die ihnen zugehörigen Punkte der Evolute Rückkehrpunkte oder Spitzen (cf. Abschn. IV, Kap. 3, Nr. 2) sind.

Die Evolute der *Zykloide* ist in Fig. 39 dargestellt; es gilt der Satz, *daß die Evolute der Zykloide selbst wieder eine mit der ursprünglichen kongruente Zykloide ist.*

Führt man nämlich das in Fig. 39 angedeutete Koordinatensystem X, Y vermöge:

$$X = \xi + a\pi, \quad Y = \eta + 2a$$

ein und setzt $T = t + \pi$, so nehmen die Gleichungen (5), S. 48, der Evolute der Zykloide die Gestalt an:

$$X = a(T - \sin T), \quad Y = a(1 - \cos T).$$

Hierdurch ist in der Tat eine mit der ursprünglichen kongruente Zykloide dargestellt [vgl. (4), S. 44].

Wickelt man in Fig. 39 den Faden $\overline{Q'''P'''} = 4\,a$ nach links auf der Evolute auf, so beschreibt der Endpunkt des Fadens nach Nr. 9 die ursprüngliche Zykloide. Hieraus folgert man den

Fig. 39.

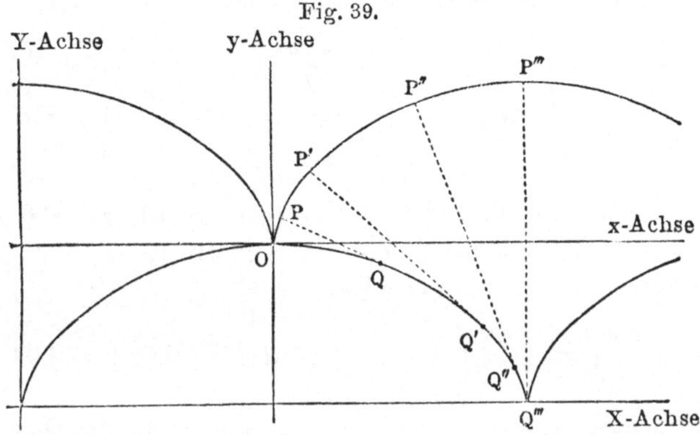

Lehrsatz: *Die Bogenlänge eines einzelnen (zwischen zwei aufeinander folgenden Spitzen gelegenen) Zweiges der Zykloide ist achtmal so groß, wie der Radius a des die Zykloide erzeugenden Kreises.*

11. Gebrauch der Polarkoordinaten.

In Fig. 40 sei O der „Pol" und OA die „Achse" eines Polarkoordinatensystems. Die Polarkoordinaten r, ϑ eines Punktes P sind dann der „*Radius vector*" $r = \overline{OP}$ und die „*Amplitude*" $\vartheta = \angle AOP$.

Es sei eine beliebige Kurve K vorgelegt, deren Gleichung die Gestalt $r = f(\vartheta)$ habe.

Auf K sind zwei Punkte P und P_1 der Koordinaten r, ϑ und $r + \varDelta r$, $\vartheta + \varDelta \vartheta$ fixiert (s. Fig. 40). Man mache $\overline{OQ} = \overline{OP}$, so daß man hat:

Fig. 40.

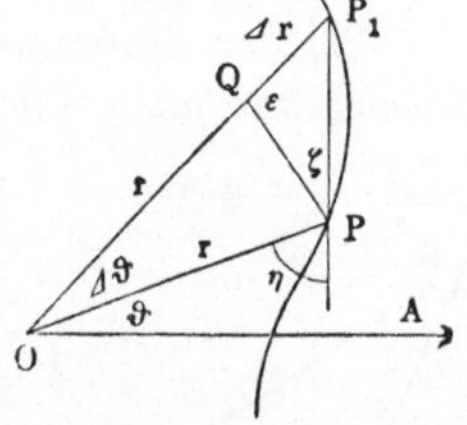

$$(1) \quad\cdots\quad \begin{cases} \overline{PQ} = 2\,r\sin\left(\dfrac{\varDelta\vartheta}{2}\right), \quad \overline{P_1 Q} = \varDelta r, \\[2mm] \angle OPQ = \angle OQP = \dfrac{\pi}{2} - \dfrac{\varDelta\vartheta}{2}. \end{cases}$$

Die Erklärung der Winkel ε, ζ und η entnehme man aus Fig. 40; es gilt:

$$(2) \quad\cdots\quad \varepsilon = \frac{\pi}{2} + \frac{\varDelta\vartheta}{2}, \quad \zeta = \frac{\pi}{2} + \frac{\varDelta\vartheta}{2} - \eta.$$

Durch Betrachtung des Dreieckes PQP_1 ergibt sich vermöge (1) und (2):

$$(3) \cdot \cdot \begin{cases} \overline{PP_1}^2 = \varDelta r^2 + 4\,r^2 \sin^2\left(\dfrac{\varDelta\,\vartheta}{2}\right) + 4\,r\,\varDelta r \sin^2\left(\dfrac{\varDelta\,\vartheta}{2}\right), \\[2mm] \cos\left(\eta - \dfrac{\varDelta\,\vartheta}{2}\right) = \cos\left(\dfrac{\varDelta\,\vartheta}{2}\right) \cdot \dfrac{\varDelta r}{\overline{PP_1}}. \end{cases}$$

Die Division der ersten Gleichung durch $\varDelta\,\vartheta^2$ liefert:

$$(4) \quad \left(\frac{\overline{PP_1}}{\varDelta\,\vartheta}\right)^2 = \left(\frac{\varDelta r}{\varDelta\,\vartheta}\right)^2 + r^2 \left(\frac{\sin\dfrac{\varDelta\,\vartheta}{2}}{\dfrac{\varDelta\,\vartheta}{2}}\right)^2 + r\cdot\varDelta r \cdot \left(\frac{\sin\dfrac{\varDelta\,\vartheta}{2}}{\dfrac{\varDelta\,\vartheta}{2}}\right)^2.$$

Wird jetzt $\varDelta\,\vartheta$ unendlich klein, so schreiben wir $d\,\vartheta$ statt $\varDelta\,\vartheta$ und gewinnen aus der Sehne $\overline{PP_1}$ nach S. 42 das zu $d\,\vartheta$ gehörende Bogendifferential $d\,s$. Aus (4) folgt:

$$(5) \cdot\cdot \left(\frac{d\,s}{d\,\vartheta}\right)^2 = \left(\frac{d\,r}{d\,\vartheta}\right)^2 + r^2 \quad \text{oder} \quad d\,s^2 = d\,r^2 + r^2\,d\,\vartheta^2.$$

Mit Benutzung dieses Resultates folgt aus der zweiten Gleichung (3):

$$(6) \quad \cos\eta = \frac{d\,r}{d\,s}, \quad tg^2\,\eta = \frac{1}{\cos^2\eta} - 1 = \left(\frac{d\,s}{d\,r}\right)^2 - 1 = \left(\frac{r\,d\,\vartheta}{d\,r}\right)^2.$$

Lehrsatz: *In Polarkoordinaten drücken sich das Bogendifferential und die Funktion tg des Winkels η zwischen Radius vector und Tangente der Kurve K im Punkte P, wie folgt, aus:*

$$(7) \ldots\ldots \quad d\,s = \pm\sqrt{d\,r^2 + r^2\,d\,\vartheta^2}, \quad tg\,\eta = \frac{r\,d\,\vartheta}{d\,r}.$$

Bei der Bestimmung des Vorzeichens der rechten Seite der letzten Formel war maßgeblich, daß η spitz oder stumpf ist, je nachdem r mit ϑ gleichändrig bzw. ungleichändrig ist.

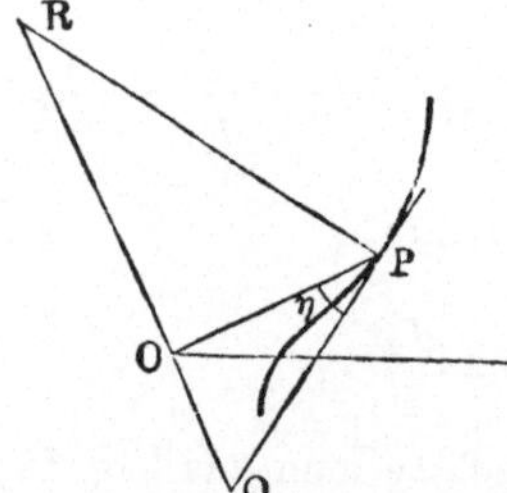
Fig. 41.

12. Erklärung von Polartangente, Polarnormale usw.

In Fig. 41 ist auf dem Radius vector $\overline{OP}$ des Kurvenpunktes P in O die Gerade $\overline{QR}$ senkrecht errichtet; und es sind die Tangente und die Normale der Kurve K im Punkte P bis zu ihren Schnittpunkten Q und R mit jener Senkrechten gezogen.

Erklärung: *Die Strecken $\overline{PQ}$ und $\overline{PR}$ heißen die zum Punkte P der Kurve gehörende „Polartangente" T und „Polarnormale" N; entsprechend heißen die Strecken $\overline{OQ}$ und $\overline{OR}$ „Polarsubtangente" St und „Polarsubnormale" Sn.*

Durch Betrachtung der Dreiecke in Fig. 41 folgt der

Lehrsatz: *Für die Polartangente T usw. gelten die Formeln:*

$$(1) \quad \begin{cases} T = r\dfrac{ds}{dr}, & N = \dfrac{ds}{d\vartheta}, \\[2ex] St = \dfrac{r^2 d\vartheta}{dr}, & Sn = \dfrac{dr}{d\vartheta}. \end{cases}$$

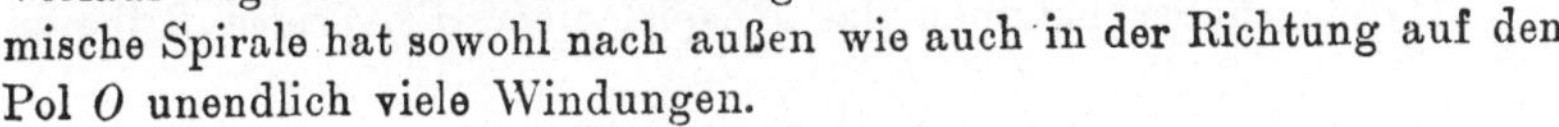

Besonders geeignet sind die Polarkoordinaten zur Untersuchung der *Spiralen.*

Ein Beispiel liefere die durch:

$$(2) \quad \ldots \ldots r = e^{a\vartheta}$$

gegebene *logarithmische Spirale,* deren Verlauf Fig. 42 andeutet. Die logarithmische Spirale hat sowohl nach außen wie auch in der Richtung auf den Pol O unendlich viele Windungen.

Aus (2) ergibt sich für die fragliche Spirale:

$$(3) \quad \cdots \begin{cases} tg\,\eta = \dfrac{1}{a}, & T = r\dfrac{\sqrt{1+a^2}}{a}, & N = r\sqrt{1+a^2}, \\[2ex] St = \dfrac{r}{a}, & Sn = a\,r. \end{cases}$$

Lehrsatz: *Für alle Punkte der logarithmischen Spirale hat der Winkel η den gleichen Wert; die Längen T und ebenso N, St und Sn sind für die verschiedenen Punkte der logarithmischen Spirale mit r proportional.*

<h2 style="text-align:center">Drittes Kapitel.</h2>

<h1 style="text-align:center">Theorie der unendlichen Reihen.</h1>

1. Begriffe der Konvergenz und Divergenz einer Reihe.

Es seien u_0, u_1, u_2, ... positive oder negative Zahlen in unendlicher Anzahl.

Erklärung: *Die aus den „Gliedern" u_0, u_1, u_2, ... aufgebaute unendliche Reihe:*

$$(1) \quad \ldots \ldots \ldots u_0 + u_1 + u_2 + u_3 + \cdots$$

heißt „konvergent", wenn die Summe S_n der n ersten Glieder:

$$(2) \quad \ldots \ldots \ldots S_n = u_0 + u_1 + \cdots + u_{n-1}$$

für $n = 1, 2, 3, \ldots$ *eine Zahlenreihe* $S_1, S_2, S_3, \ldots$ *liefert, die für* $\lim. n = \infty$ *einer "eindeutig bestimmten und endlichen" Grenze* S *zustrebt; ist dies nicht der Fall, so heißt die Reihe "divergent". Im ersten Falle heißt* S *der "Summenwert" oder kurz der "Wert" der Reihe (1).*

Eine *konvergente* Reihe liegt z. B. in der geometrischen Reihe:

$$(3) \quad \ldots \ldots \ldots \quad 1 + \frac{1}{2} + \frac{1}{4} + \frac{1}{8} + \frac{1}{16} + \cdots$$

vor. Man hat hier nämlich:

$$S_n = 1 + \frac{1}{2} + \left(\frac{1}{2}\right)^2 + \cdots + \left(\frac{1}{2}\right)^{n-1} = \frac{1 - \left(\frac{1}{2}\right)^n}{1 - \frac{1}{2}} = 2 - \left(\frac{1}{2}\right)^{n-1},$$

und also ist $S = \lim_{n=\infty} S_n = 2$ (vgl. den Lehrsatz S. 12, unten).

Demgegenüber hat man das Beispiel einer *divergenten* Reihe in:

$$(4) \quad \ldots \ldots \quad 1 + \frac{1}{2} + \frac{1}{3} + \frac{1}{4} + \frac{1}{5} + \frac{1}{6} + \cdots$$

Setzt man nämlich $n = 2^m$, so kann man unter zweckmäßiger Zusammenfassung der Glieder die Summe S_n in folgende Gestalt setzen:

$$S_n = 1 + \left(\frac{1}{2}\right) + \left(\frac{1}{3} + \frac{1}{4}\right) + \left(\frac{1}{5} + \frac{1}{6} + \frac{1}{7} + \frac{1}{8}\right) + \cdots$$
$$+ \left(\frac{1}{2^{m-1} + 1} + \frac{1}{2^{m-1} + 2} + \cdots + \frac{1}{2^m}\right).$$

Hier ist in der einzelnen unter den m Klammern das letzte Glied stets das kleinste. Da in der k^{ten} Klammer aber 2^{k-1} Glieder stehen, so ist der Zahlenwert der einzelnen Klammer $> \frac{1}{2}$. Es folgt:

$$S_n > 1 + \frac{m}{2},$$

so daß für $\lim. n = \infty$ keine endliche Grenze S eintritt.

Divergent ist auch die Reihe:

$$(5) \quad \ldots \ldots \ldots \quad 1 - 1 + 1 - 1 + 1 - 1 + \cdots;$$

denn obschon hier die Zahlen S_n mit wachsendem n nicht über alle Grenzen wachsen, so nähern sie sich doch keiner *bestimmten* Grenze, sind vielmehr abwechselnd gleich 0 und gleich 1.

2. Lehrsätze über konvergente Reihen.

Lehrsatz I: *Für eine konvergente Reihe gilt* $\lim_{n=\infty} u_n = 0$, *d. h. die Glieder der Reihe nähern sich einzeln genommen mit wachsendem Index* n *der Grenze 0.*

Denn es ist $S_{n+1} - S_n = u_n$; und da sich für $lim.\ n = \infty$ links Minuend und Subtrahend der gleichen Grenze S annähern, so ist $lim.\ u_n = 0$.

Die Reihe (4) in Nr. 1 zeigt, daß die Bedingung $\underset{n=\infty}{lim.\ u_n} = 0$ zur Konvergenz nicht ausreicht.

Lehrsatz II: *Eine konvergente (divergente) Reihe bleibt konvergent (divergent), falls man derselben neue Glieder in „endlicher" Anzahl zufügt oder derselben eine „endliche" Anzahl ihrer Glieder nimmt.*

Lehrsatz III: *Für eine Reihe mit ausschließlich positiven Gliedern u_n ist entweder $\underset{n=\infty}{lim.\ S_n} = \infty$, oder die Reihe ist konvergent.*

Da nämlich $S_{n+1} > S_n$ ist, so werden die S_n mit wachsendem Index n entweder unendlich groß, oder es gibt eine bestimmte endliche Grenze S, der die S_n ohne Ende nahe kommen, ohne sie zu überschreiten. —

Streicht man aus einer unendlichen Reihe irgend welche Glieder fort, so heißt die zurückbleibende Reihe ein „*Bestandteil*" der gegebenen Reihe. Wir nehmen an, daß der Bestandteil wieder eine *unendliche* Reihe darstelle.

Lehrsatz IV: *Jeder Bestandteil einer konvergenten Reihe mit ausschließlich positiven Gliedern liefert wieder eine konvergente Reihe.*

Ist nämlich S der Wert der gegebenen Reihe und S_n' die Summe der n ersten Glieder des Bestandteiles, so gilt $S_n' < S$. Der Bestandteil liefert also nach Lehrsatz III eine konvergente Reihe.

Lehrsatz V: *Eine Reihe $u_0 + u_1 + u_2 + \cdots$ ist jedenfalls dann konvergent, wenn die zugehörige Reihe der absoluten Beträge (cf. S. 11):*

$$(1) \qquad |u_0| + |u_1| + |u_2| + |u_3| + \cdots$$

konvergent ist.

Nach Lehrsatz II ist diese Behauptung offenbar richtig, wenn in der gegebenen Reihe entweder nur *endlich viele* negative Glieder oder nur *endlich viele* positive vorkommen.

Treffen diese Fälle nicht zu, so streiche man in (1) alle die Glieder, welche negativen Gliedern u_n entsprechen, und möge so:

$$(2) \qquad v_0 + v_1 + v_2 + \cdots$$

als Bestandteil von (1) gewinnen. Durch Streichung aller Glieder in (1), denen positive Glieder u_n der ursprünglichen Reihe zugehören, folge:

$$(3) \qquad w_0 + w_1 + w_2 + \cdots$$

als Bestandteil der Reihe (1).

Schreibt man $S_l' = v_0 + v_1 + \cdots + v_{l-1}$ und $S_m'' = w_0 + w_1 + \cdots + w_{m-1}$, so gibt es wegen der Konvergenz der Reihe (1) nach Lehrsatz IV zwei bestimmte endliche Grenzen:

$$(4) \qquad S' = \underset{l=\infty}{lim.\ S_l'}, \qquad S'' = \underset{m=\infty}{lim.\ S_m''}.$$

Sind nun unter den n ersten Gliedern der ursprünglichen Reihe l positive und $m = n - l$ negative, so ist:

$$(5) \quad \ldots \quad u_0 + u_1 + \cdots + u_{n-1} = S_n = S_l' - S_m''.$$

Damit ergibt sich vermöge (4) in der Tat eine bestimmte endliche Grenze:

$$(6) \quad \ldots \quad S = \lim_{n = \infty} S_n = \lim_{l = \infty} S_l' - \lim_{m = \infty} S_m'' = S' - S'';$$

denn zufolge der Annahme sollten mit $\lim. n = \infty$ auch l und m über alle Grenzen wachsen.

3. Konvergenzkriterium für Reihen aus positiven Gliedern.

Lehrsatz: *Eine Reihe $u_0 + u_1 + u_2 + \cdots$, deren Glieder sämtlich > 0 sind, ist konvergent, wenn von einem bestimmten endlichen Index m an für alle $k \geqq m$ die Bedingung besteht:*

$$(1) \quad \ldots \ldots \ldots \quad \frac{u_{k+1}}{u_k} \leqq r < 1.$$

Es sollen also die fraglichen Quotienten aufeinander folgender Glieder nicht nur < 1 sein, sondern es soll sich ein echter Bruch r angeben lassen, unterhalb dessen sie alle bleiben.

Zum Beweise des Lehrsatzes entnehmen wir aus (1):

$$u_{m+1} \leqq r\, u_m,$$
$$u_{m+2} \leqq r\, u_{m+1} \leqq r^2\, u_m,$$
$$\cdots$$
$$u_{m+k} \leqq r\, u_{m+k-1} \leqq \cdots \leqq r^k\, u_m,$$
$$\cdots$$

Für $n = m + k$ ergibt sich hieraus:

$$S_n \leqq S_m + u_m (1 + r + r^2 + \cdots + r^{k-1}) = S_m + u_m \cdot \frac{1 - r^k}{1 - r},$$

$$S_n < S_m + \frac{u_m}{1 - r}.$$

Da hiernach $\lim. S_n$ für $n = \infty$ nicht unendlich wird, so konvergiert die gegebene Reihe nach Nr. 2, Lehrsatz III.

Lehrsatz: *Die fragliche Reihe $u_0 + u_1 + u_2 + \cdots$ ist demgegenüber sicher divergent, falls von einem bestimmten endlichen Index m an für alle $k \geqq m$ die Bedingung gültig ist:*

$$(2) \quad \ldots \ldots \ldots \quad \frac{u_{k+1}}{u_k} \geqq 1.$$

In diesem Falle ist nämlich bereits die zur Konvergenz notwendige Bedingung $\lim_{n = \infty} u_n = 0$ nicht erfüllt.

Reihen, bei denen $\lim_{n = \infty} \dfrac{u_{n+1}}{u_n} = 1$ ist, können auf ihre Konvergenz oder Divergenz auf Grund der bisherigen Sätze noch nicht untersucht werden. Hierher gehört z. B. die Reihe (4), S. 54, bei welcher man hat:

$$u_{n+1} = \frac{\cdot 1}{n+2}, \quad u_n = \frac{1}{n+1}, \quad \frac{u_{n+1}}{u_n} = \frac{n+1}{n+2} = \frac{1 + \dfrac{1}{n}}{1 + \dfrac{2}{n}},$$

so daß der Quotient zweier aufeinander folgender Glieder für $lim.\ n = \infty$ in der Tat die Grenze 1 hat.

Von der Aufstellung genauerer Konvergenzkriterien sehen wir hier ab.

4. Begriff der Potenzreihen.

Erklärung: *Ist* $u_n = a_n x^n$, *unter* a_n *einen konstanten Koeffizienten und unter* x *eine Variabele verstanden, so ergibt sich:*

(1) . . . . $a_0 + a_1 x + a_2 x^2 + a_3 x^3 + \cdots$

als Gestalt der unendlichen Reihe. Eine solche Reihe bezeichnet man als eine „Potenzreihe".

Nach Lehrsatz V, S 55, ist die Reihe (1) konvergent, falls die zugehörige Reihe der absoluten Beträge:

(2) . . . . $|a_0| + |a_1 x| + |a_2 x^2| + \cdots$

konvergiert.

Man nehme erstlich an, es gäbe eine *größte positive* und *endliche* Zahl $x = g$, für welche $|a_n| \cdot g^n$ bei dem Grenzübergang $lim.\ n = \infty$ *nicht* unendlich wird. Dann kann man eine bestimmte endliche Zahl h angeben, so daß die Ungleichung:

(3) . . . . $|a_n| g^n < h$

für alle n gilt.

Nun wähle man x so, daß $|x| < g$ und also $\dfrac{|x|}{g} = r < 1$ ist.

Schreibt man alsdann die Reihe (2) in der Gestalt:

(4) . . . . . . $|a_0| + |a_1| g \cdot r + |a_2| g^2 \cdot r^2 + \cdots,$

so folgt für die Summe S_n der ersten n Glieder dieser Reihe aus (3):

$$S_n < h + h r + h r^2 + \cdots + h r^{n-1} < \frac{h}{1-r},$$

wie groß auch n gewählt wird. Nach Lehrsatz III, S. 55, ist also die Reihe konvergent.

Andererseits ist für $|x| > g$ die Reihe (1) divergent, da zufolge der Annahme jetzt $a_n x^n$ für $lim.\ n = \infty$ nicht mehr endlich bleibt und also die notwendige Konvergenzbedingung $\underset{n=\infty}{lim.\ u_n} = 0$ nicht erfüllt ist.

Lehrsatz: *Ist* x *in dem Intervall* $-g < x < +g$ *enthalten, so konvergiert die Reihe (1); außerhalb desselben ist sie divergent. Jenes Intervall heißt dieserhalb das Konvergenzintervall der Potenzreihe (1).*

Zusatz: *Läßt sich für „jedes" positive endliche g eine gleichfalls endliche Zahl h finden, so daß die Ungleichung (3) für alle Indizes n besteht, so ist die Reihe im Intervall $-\infty < x < +\infty$, d. i. für jeden endlichen Wert von x konvergent; sie heißt in diesem Falle eine „unbegrenzt" konvergente Reihe.*

Ob die Potenzreihe auf einer der „Konvergenzgrenzen" $x = g$ oder $x = -g$ noch konvergent ist, muß in jedem Falle durch eine besondere Untersuchung entschieden werden.

Vermöge weiterer (hier nicht auszuführender) Betrachtungen gewinnt man den

Lehrsatz: *Eine Potenzreihe stellt in ihrem Konvergenzintervall eine „stetige" Funktion von x vor; und sie bleibt auch noch bis $x = g$ (oder $x = -g$) „inklusive" stetig, falls für $x = g$ (bzw. $x = -g$) überhaupt noch Konvergenz stattfindet.*

Es besteht auch folgender wichtige

Lehrsatz: *Differenziert man die Reihe (1) gliedweise, so entsteht die Reihe:*

$$(5) \quad \ldots\ldots\ldots \quad a_1 + 2\,a_2\,x + 3\,a_3\,x^2 + 4\,a_4\,x^3 + \cdots$$

Diese Reihe besitzt dasselbe Konvergenzintervall, wie die Reihe (1). Liefert die Reihe (1) in diesem Intervall die Funktion $f(x)$, so ergibt die Reihe (5) eben dort die Ableitung $f'(x)$ von $f(x)$.

5. Mittelwertsatz.

Die Funktionen $\varphi(x)$ und $\psi(x)$, sowie ihre Ableitungen $\varphi'(x)$ und $\psi'(x)$ seien im Intervall $a \leqq x \leqq b$ eindeutig und stetig; $\psi'(x)$ sei für $a < x < b$, d. h. im „Inneren" des Intervalls überall von 0 verschieden.

Entweder gilt im Inneren des Intervalles überall $\psi'(x) > 0$, und dann ist $\psi(x)$ daselbst mit x stets gleichändrig; oder man hat $\psi'(x) < 0$, und dann ist die Funktion $\psi(x)$ im fraglichen Intervall mit x überall ungleichändrig.

Jedenfalls ist $\psi(b)$ nicht gleich $\psi(a)$. Setzt man also:

$$(1) \quad \cdots\cdots\cdots\cdots \quad \frac{\varphi(b) - \varphi(a)}{\psi(b) - \psi(a)} = C,$$

so ist C eine *endliche* Konstante.

Die Funktion:

$$(2) \quad \ldots\ldots \quad F(x) = \varphi(x) - \varphi(a) - C\,[\psi(x) - \psi(a)]$$

und ihre Ableitung $F'(x)$ sind für $a \leqq x \leqq b$ eindeutig und stetig. Aus (2) und (1) folgt aber:

$$F(a) = 0, \qquad F(b) = 0.$$

Nimmt $F(x)$ im Intervall auch von 0 verschiedene Werte an, so gibt es mindestens eine Stelle c im Inneren des Intervalls, wo $F(x)$

einen größten oder einen kleinsten Wert gewinnt. Hier verschwindet nach S. 38, Satz I, $F'(x)$:

$$(3) \quad . \ . \ . \quad F'(c) = \varphi'(c) - C\psi'(c) = 0, \quad a < c < b.$$

Ist aber $F(x)$ im Intervall überall 0, so gilt (3) für eine beliebig gewählte Stelle im Inneren des Intervalls.

Da $\psi'(c) \gtrless 0$ ist, so folgt aus (3):

$$\frac{\varphi'(c)}{\psi'(c)} = C.$$

Durch Gleichsetzung dieses Ausdruckes von C mit dem in (1) entspringt der sogenannte

Mittelwertsatz: *Sind die Funktionen $\varphi(x)$ und $\psi(x)$ samt ihren ersten Ableitungen $\varphi'(x)$ und $\psi'(x)$ im Intervall $a \leq x \leq b$ eindeutig und stetig, und ist $\psi'(x)$ im „Inneren" dieses Intervalls nirgends gleich 0, so gibt es mindestens einen Wert c im „Inneren" des Intervalls, für welchen die Gleichung:*

$$(4) \ \cdot \ . \ . \ . \ . \ . \ . \ . \quad \frac{\varphi(b) - \varphi(a)}{\psi(b) - \psi(a)} = \frac{\varphi'(c)}{\psi'(c)}$$

zutrifft.

Da die linke Seite der Gleichung (4) beim Austausch von a und b ihren Wert nicht ändert, so gilt der aufgestellte Satz im Falle $a > b$ für das Intervall $b \leq x \leq a$ in übrigens unveränderter Form.

Die Funktion:

$$\psi(x) = b^m - (b-x)^m,$$

in welcher m eine ganze Zahl > 0 ist, und für welche:

$$\psi(b) - \psi(a) = (b-a)^m, \quad \psi'(x) = m(b-x)^{m-1}$$

gilt, genügt den Bedingungen des Mittelwertsatzes.

Den Wert c schreiben wir in der Gestalt:

$$c = a + \vartheta(b-a), \quad 0 < \vartheta < 1.$$

Wir haben dann für $\psi'(c)$ den Ausdruck:

$$\psi'(c) = m(1-\vartheta)^{m-1}(b-a)^{m-1}.$$

Die Gleichung (4) liefert daraufhin den

Lehrsatz: *Ist $\varphi(x)$ samt der Ableitung $\varphi'(x)$ im Intervall $a \leq x \leq b$ eindeutig und stetig, und bedeutet m irgend eine ganze Zahl > 0, so gibt es mindestens eine Zahl ϑ im Intervall $0 < \vartheta < 1$, für welche die Gleichung besteht:*

$$(5) \quad . \ . \quad \varphi(b) - \varphi(a) = \frac{b-a}{m(1-\vartheta)^{m-1}} \cdot \varphi'[a + \vartheta(b-a)].$$

Man hat hier natürlich ϑ auch als von m abhängig anzusehen, d. h. eine andere Auswahl von m liefert im allgemeinen auch einen anderen Wert ϑ [1]).

---

[1]) Für $m = 1$, $a = x$, $b = x + \varDelta x$ ergibt sich die oben, S. 33, unter (2) Nr. 5 benutzte Gleichung.

6. Der Taylorsche Lehrsatz für ganze rationale Funktionen.

Gegeben sei die ganze Funktion n^{ten} Grades:

$$(1) \quad \ldots \ldots f(x) = a_0 + a_1 x + a_2 x^2 + \cdots + a_n x^n.$$

Man schreibe $x + h$ an Stelle von x:

$$f(x + h) = a_0 + a_1 (x + h) + a_2 (x + h)^2 + \cdots + a_n (x + h)^n$$

und löse die Klammern rechter Hand nach dem binomischen Lehrsatze (vgl. S. 32). Man ordne sodann die rechte Seite nach Potenzen von h, wobei der Koeffizient der einzelnen Potenz von h eine Funktion von x werden wird:

$$(2) \quad f(x + h) = g_0(x) + g_1(x) \cdot h + g_2(x) \cdot h^2 + \cdots + g_n(x) \cdot h^n.$$

Zur näheren Untersuchung dieser Funktionen $g(x)$ sehe man vorübergehend x als konstant und h als variabel an und differenziere die Gleichung (2) wiederholt nach h:

$$(3) \cdot \cdot \begin{cases} f'(x + h) = g_1(x) + 2 g_2(x) h + 3 g_3(x) h^2 + \cdots \\ \qquad + n g_n(x) h^{n-1}, \\ f''(x + h) = 2 \cdot 1 g_2(x) + 3 \cdot 2 g_3(x) h + \cdots \\ \qquad + n (n - 1) g_n(x) h^{n-2}, \\ \cdot \cdot \cdot \cdot \cdot \cdot \cdot \cdot \cdot \cdot \cdot \cdot \cdot \cdot \cdot \cdot \cdot \end{cases}$$

Trägt man in (3) speziell $h = 0$ ein, so folgt:

$$f'(x) = g_1(x), \quad f''(x) = 2 \cdot 1 g_2(x), \ldots,$$

sowie allgemein für eine beliebige ganze Zahl k des Intervalls $1 \leq k \leq n$:

$$(4) \quad \ldots \ldots f^{(k)}(x) = k (k - 1) \cdots 2 \cdot 1 g_k(x).$$

Erklärung: *Das Produkt $1 \cdot 2 \cdot 3 \cdots k$ der ganzen positiven Zahlen von 1 bis k bezeichnet man mit $k!$ und liest dies Zeichen „k-Fakultät".*

Gleichung (4) liefert daraufhin für $k = 1, 2, \ldots, n$:

$$g_k(x) = \frac{1}{k!} f^{(k)}(x);$$

für $k = 0$ liefert (2) direkt $g_0(x) = f(x)$.

Durch Eintragung der für die Funktionen g gewonnenen Ausdrücke in (2) folgt der

Taylorsche Lehrsatz für ganze rationale Funktionen: *Ist $f(x)$ eine ganze rationale Funktion n^{ten} Grades, so gilt bei Vermehrung des Argumentes x um die Zahl h die Gleichung:*

$$(5) \quad f(x + h) = f(x) + f'(x) \frac{h}{1!} + f''(x) \frac{h^2}{2!} + \cdots + f^{(n)}(x) \frac{h^n}{n!}.$$

Dieser Satz ist der Umkehrung fähig:

Lehrsatz: *Gilt für die Funktion $f(x)$ bei Vermehrung von x um einen „beliebigen" Betrag die Gleichung (5), so ist $f(x)$ eine ganze rationale Funktion, deren Grad $\leq n$ ist.*

Setzt man nämlich in (5) $x = 0$ und schreibt hernach x statt h, so folgt:

$$f(x) = f(0) + f'(0)\frac{x}{1!} + f''(0)\frac{x^2}{2!} + \cdots + f^{(n)}(0)\frac{x^n}{n!}.$$

7. Der Taylorsche Lehrsatz für beliebige Funktionen.

Es sei jetzt $f(x)$ irgend eine unserer elementaren Funktionen, die in einem zu betrachtenden Intervalle, von x bis $x_1 = x + h$, die Grenzen eingeschlossen, samt ihren ersten n Ableitungen $f'(x)$, $f''(x)$, …, $f^{(n)}(x)$ eindeutig und stetig ist.

Man setze im Anschluß an (5), S. 60:

$$(1)\quad R_n = f(x+h) - f(x) - f'(x)\frac{h}{1!} - f''(x)\frac{h^2}{2!} - \cdots - f^{(n-1)}(x)\frac{h^{n-1}}{(n-1)!}.$$

Um die Bedeutung von R_n kennen zu lernen, falls $f(x)$ nicht eine ganze Funktion eines Grades $\leq n$ ist, tragen wir für h seinen Wert $h = x_1 - x$ ein und fassen R_n *bei festgehaltenem Werte von x_1 als Funktion von x* auf:

$$(2)\cdot\cdot\left\{\begin{aligned} R_n = \varphi(x) &= f(x_1) - f(x) - f'(x)\frac{x_1 - x}{1!} \\ &\quad - f''(x)\frac{(x_1 - x)^2}{2!} - \cdots - f^{(n-1)}(x)\frac{(x_1 - x)^{n-1}}{(n-1)!}. \end{aligned}\right.$$

Da $\varphi(x)$ und $\varphi'(x)$ im Intervall von x bis x_1 eindeutig und stetig sind, so finden wir aus dem Mittelwertsatze (5), S. 59, wenn wir $a = x$, $b = x_1$ setzen:

$$\varphi(x_1) - \varphi(x) = \frac{x_1 - x}{m(1-\vartheta)^{m-1}}\,\varphi'\big(x + \vartheta(x_1 - x)\big).$$

Aus Gleichung (2) folgt $\varphi(x_1) = 0$; demnach gilt weiter:

$$(3)\quad\cdot\cdot\cdot\ \varphi(x) = -\frac{x_1 - x}{m(1-\vartheta)^{m-1}}\,\varphi'\big(x + \vartheta(x_1 - x)\big).$$

Hier ist m als ganze Zahl > 0 willkürlich wählbar; *ϑ bedeutet eine von m, x, x_1 abhängige und selbstverständlich durch die vorliegende Funktion $f(x)$ bedingte Zahl des Intervalls $0 < \vartheta < 1$.* Die in (3) rechts auftretende Ableitung φ' berechnet man aus (2) und findet, daß sich bei der Differentiation der rechten Seite von (2) alle Glieder bis auf eines fortheben:

$$\varphi'(x) = -f^{(n)}(x)\frac{(x_1 - x)^{n-1}}{(n-1)!}.$$

Setzen wir hier statt des Argumentes x den im Inneren des Intervalls von x bis x_1 gelegenen Wert $x + \vartheta(x_1 - x)$ ein, so folgt:

$$\varphi'\big(x + \vartheta(x_1 - x)\big)$$
$$= -f^{(n)}\big(x + \vartheta(x_1 - x)\big)\frac{(x_1 - x)^{n-1}(1 - \vartheta)^{n-1}}{(n-1)!}.$$

Die Gleichung (3) rechnet sich darauf um in:

$$\varphi(x) = f^{(n)}\big(x + \vartheta(x_1 - x)\big)\frac{(x_1 - x)^n (1 - \vartheta)^{n-m}}{(n-1)!\,m}.$$

Nach der so durchgeführten Bestimmung von $R_n = \varphi(x)$ setze man wieder h für $x_1 - x$. Aus (1) entspringt dann der

Taylorsche Lehrsatz: *Ist $f(x)$ mit den n ersten Ableitungen $f'(x), \ldots, f^{(n)}(x)$ im Intervall von x bis $(x + h)$, die Grenzen eingeschlossen, eindeutig und stetig, so gilt die Gleichung:*

$$(4) \ldots \left\{ \begin{aligned} f(x+h) &= f(x) + f'(x)\frac{h}{1!} + f''(x)\frac{h^2}{2!} + \cdots \\ &\quad + f^{(n-1)}(x)\frac{h^{n-1}}{(n-1)!} + R_n. \end{aligned} \right.$$

Für das sogenannte „Restglied" R_n gilt die Darstellung:

$$(5) \ldots R_n = f^{(n)}(x + \vartheta h)\frac{h^n(1-\vartheta)^{n-m}}{(n-1)!\,m}, \quad 0 < \vartheta < 1,$$

wo m als ganze Zahl > 0 willkürlich wählbar ist und ϑ eine von m, n, x, h und der Funktion f abhängige, allgemein nicht näher bestimmbare Zahl des Intervalls $0 < \vartheta < 1$ ist.

Besonders wichtig sind die für $m = n$ und für $m = 1$ eintretenden Gestalten des Restgliedes R_n. Die zugehörigen Werte ϑ mögen ϑ_1 und ϑ_2 lauten:

$$(\text{I}) \ldots R_n = f^{(n)}(x + \vartheta_1 h)\frac{h^n}{n!}, \qquad 0 < \vartheta_1 < 1,$$

$$(\text{II}) \ldots R_n = f^{(n)}(x + \vartheta_2 h)\frac{h^n(1-\vartheta_2)^{n-1}}{(n-1)!}, \quad 0 < \vartheta_2 < 1.$$

Die erste Gestalt von R_n wird nach Lagrange, die zweite nach Cauchy benannt.

Die Gestalt (I) liefert im Falle einer ganzen rationalen Funktion $f(x)$ die Gleichung (5), S. 60, da die n^{te} Ableitung einer solchen Funktion $f(x)$ konstant ist und also $f^{(n)}(x + \vartheta_1 h)$ mit $f^{(n)}(x)$ gleich ist.

8. Der Mac Laurinsche Lehrsatz.

Man trage in (4), Nr. 7, $x = 0$ ·ein und setze hernach für h wieder x. Der hierbei eintretende Spezialfall des Taylorschen Lehrsatzes heißt der

Mac Laurinsche Lehrsatz: *Ist die Funktion $f(x)$ mit den n ersten Ableitungen $f'(x)$, $f''(x)$, $\ldots$, $f^{(n)}(x)$ im Intervall von 0 bis x, die Grenzen eingeschlossen, eindeutig und stetig, so gilt:*

$$(1) \ \cdots \ \left\{ \begin{aligned} f(x) &= f(0) + f'(0)\frac{x}{1!} + f''(0)\frac{x^2}{2!} + \cdots \\ &\quad + f^{(n-1)}(0)\frac{x^{n-1}}{(n-1)!} + R_n. \end{aligned} \right.$$

*Für das „Restglied" R_n merken wir insbesondere die beiden aus (I)
und (II), Nr. 7, entspringenden Gestalten an:*

$$(\mathrm{I}) \ \cdot \ \cdot \ R_n = f^{(n)}(\vartheta_1 x)\frac{x^n}{n!}, \qquad 0 < \vartheta_1 < 1,$$

$$(\mathrm{II}) \ \cdot \ \cdot \ R_n = f^{(n)}(\vartheta_2 x)\frac{x^n(1-\vartheta_2)^{n-1}}{(n-1)!}, \qquad 0 < \vartheta_2 < 1.$$

9. Die Reihen von Taylor und MacLaurin.

Die Funktion $f(x)$ sei mit ihren sämtlichen Ableitungen im Intervall von x bis $(x+h)$ eindeutig und stetig. Im Anschluß an (4),
Nr. 7, bilde man die *unendliche* Reihe:

$$(1) \ \cdot \ \cdot \ \cdot \ f(x) + f'(x)\frac{h}{1!} + f''(x)\frac{h^2}{2!} + f'''(x)\frac{h^3}{3!} + \cdots,$$

welche man als die „Taylorsche Reihe" der Funktion $f(x)$ bezeichnet.

Es soll untersucht werden, ob diese Reihe konvergiert, und ob im
Falle der Konvergenz der Summenwert derselben $f(x+h)$ ist.

Zu diesem Zwecke bilde man nach der Erklärung S. 53 (unten)
die Summe S_n der n ersten Glieder von (1) und hat zu fordern, daß
die Werte S_n für $lim.\ n = \infty$ der endlichen und eindeutig bestimmten
Grenze $S = f(x+h)$ zustreben.

Aus (4), Nr. 7, ergibt sich aber $S - S_n = R_n$. Die gestellte Frage
ist also stets und nur dann zu bejahen, wenn $\underset{n=\infty}{lim.}\ R_n = 0$ zutrifft.

Lehrsatz: *Ist die Funktion $f(x)$ mit ihren sämtlichen Ableitungen
im Intervall von x bis $(x+h)$, die Grenzen eingeschlossen, eindeutig
und stetig, und erfüllt das in Nr. 7 dargestellte Restglied R_n für die
vorliegenden Werte x und h die Bedingung $\underset{n=\infty}{lim.}\ R_n = 0$, so ist die auf
der rechten Seite von:*

$$(2) \quad f(x+h) = f(x) + f'(x)\frac{h}{1!} + f''(x)\frac{h^2}{2!} + f'''(x)\frac{h^3}{3!} + \cdots$$

*stehende Taylorsche Reihe konvergent und hat den links stehenden
Summenwert $f(x+h)$.*

Der Spezialfall Nr. 8 liefert den besonderen

Lehrsatz: *Ist die Funktion $f(x)$ mit ihren sämtlichen Ableitungen
im Intervall von 0 bis x, die Grenzen eingeschlossen, eindeutig und stetig*

und erfüllt das in Nr. 8 dargestellte Restglied R_n für den vorliegenden Wert x die Bedingung $\lim\limits_{n=\infty} R_n = 0$, so ist die rechter Hand in:

$$(3) \quad . \quad . \quad f(x) = f(0) + f'(0)\frac{x}{1!} + f''(0)\frac{x^2}{2!} + f'''(0)\frac{x^3}{3!} + \cdots$$

stehende „Mac Laurinsche Reihe" konvergent und hat $f(x)$ zum Summenwerte.

In (3) ist der allgemeine Ansatz der Potenzreihenentwickelung der Funktionen gewonnen (vgl. Nr. 4, S. 57).

Benutzt man die Summe S_n der n ersten Glieder der Reihe (3) als „*Näherungswert*" für $f(x)$, so ist der absolute Betrag $|f(x) - S_n|$ der Differenz zwischen dem genauen Werte $f(x)$ und dem Näherungswerte S_n nicht größer als der größte absolute Betrag, den der in (I) bzw. (II), Nr. 8, rechts stehende Ausdruck annimmt, wenn ϑ das ganze Intervall von 0 bis 1 durchläuft. Das Restglied R_n gestattet uns hiernach die Angabe einer Fehlergrenze, falls wir S_n als Näherungswert der Funktion $f(x)$ benutzen wollen.

10. Reihenentwickelung der Exponentialfunktion.

Ist $f(x)$ die natürliche Exponentialfunktion e^x, so ist auch $f^{(n)}(x) = e^x$. Diese Exponentialfunktion ist mit ihren sämtlichen Ableitungen für alle endlichen Werte x eindeutig und stetig.

Die Konvergenzbedingung $\lim\limits_{n=\infty} R_n = 0$ werde für einen beliebigen, aber fest gewählten positiven oder negativen Wert x untersucht. Man setze zu diesem Zwecke $n = l + m$, indem man unter l eine feste, der Bedingung $l > |x|$ genügende ganze Zahl versteht, während für die ganze Zahl m die Vorschrift $\lim. m = \infty$ gelte.

Die Gestalt I, S. 63, des Restgliedes liefert:

$$(1) \qquad R_n = \frac{e^{\vartheta x} \cdot x^{l+m}}{(l+m)!} = \left(\frac{e^{\vartheta x} \cdot x^l}{l!}\right) \cdot \frac{x}{l+1} \cdot \frac{x}{l+2} \cdots \frac{x}{l+m} \cdot$$

Bei dem rechts in Klammern stehenden Faktor ist $\frac{x^l}{l!}$ nach Auswahl von x und l fest bestimmt und endlich; ferner gilt $e^{\vartheta x} \leqq 1$ oder $< e^x$, je nachdem $x \leqq 0$ oder $x > 0$ ist. Die Faktoren $\frac{x}{l+1}$, $\frac{x}{l+2}$, $\ldots$ sind sämtlich absolut < 1 und nähern sich mehr und mehr der Grenze 0. Also ist $\lim\limits_{n=\infty} R_n = 0$.

Formel (3), Nr. 9, liefert somit den

Lehrsatz: *Die natürliche Exponentialfunktion e^x läßt sich in die für alle endlichen Werte von x konvergente Potenzreihe entwickeln:*

$$(2) \quad . \quad . \quad . \quad e^x = 1 + \frac{x}{1} + \frac{x^2}{1 \cdot 2} + \frac{x^3}{1 \cdot 2 \cdot 3} + \frac{x^4}{1 \cdot 2 \cdot 3 \cdot 4} + \cdots$$

Für $x = 1$ entspringt als *unendliche Reihe für die Zahl e*:

$$(3) \ \ . \ . \ . \ \ e = 1 + \frac{1}{1} + \frac{1}{1 \cdot 2} + \frac{1}{1 \cdot 2 \cdot 3} + \frac{1}{1 \cdot 2 \cdot 3 \cdot 4} + \cdots$$

Da $a^x = e^{x \cdot ln\,a}$ ist, so folgt aus (2) als *Potenzreihe für* a^x:

$$(4) \ \ . \ . \ . \ \ a^x = 1 + \frac{x \cdot ln\,a}{1!} + \frac{(x \cdot ln\,a)^2}{2!} + \frac{(x \cdot ln\,a)^3}{3!} + \cdots$$

11. Reihenentwickelungen der Funktionen $sin\,x$ und $cos\,x$.

Die Funktionen $sin\,x$ und $cos\,x$ sind mit ihren sämtlichen Ableitungen für alle endlichen Werte x eindeutig und stetig.

Für das Restglied schreiben wir genau nach der in Nr. 10 befolgten Überlegung:

$$R_n = \left(\frac{f^{(n)}\,(\vartheta\,x)\,x^l}{l!} \right) \frac{x}{l+1} \cdot \frac{x}{l+2} \cdots \frac{x}{l+m}.$$

Da $|f^{(n)}\,(\vartheta\,x)| \leqq 1$ ist, so ergibt sich $lim.\ R_n = 0$, wie in Nr. 10.
$$\underset{n=\infty}{}$$
Aus (3), S. 64, entspringt somit der

Lehrsatz: *Die Funktionen $sin\,x$ und $cos\,x$ lassen sich in die für alle endlichen Werte x konvergenten Potenzreihen entwickeln:*

$$(1) \ \ . \ . \ . \ . \ . \ sin\,x = x - \frac{x^3}{3!} + \frac{x^5}{5!} - \frac{x^7}{7!} + \frac{x^9}{9!} - \cdots$$

$$(2) \ \ . \ . \ . \ . \ cos\,x = 1 - \frac{x^2}{2!} + \frac{x^4}{4!} - \frac{x^6}{6!} + \frac{x^8}{8!} - \cdots$$

12. Reihenentwickelungen der Funktionen $\mathfrak{Sin}\,x$ und $\mathfrak{Cof}\,x$.

Aus Nr. 10 ergibt sich:

$$e^{-x} = 1 - \frac{x}{1} + \frac{x^2}{1 \cdot 2} - \frac{x^3}{1 \cdot 2 \cdot 3} + \frac{x^4}{1 \cdot 2 \cdot 3 \cdot 4} - \cdots$$

als die für alle endlichen Werte x konvergente Reihendarstellung der Funktion e^{-x}.

Gehen wir auf die in den beiden ersten Gleichungen (1), S. 28, gegebene Erklärung der Funktionen $\mathfrak{Sin}\,x$ und $\mathfrak{Cof}\,x$ zurück, so ergibt sich der

Lehrsatz: *Die hyperbolischen Funktionen $\mathfrak{Sin}\,x$ und $\mathfrak{Cof}\,x$ lassen sich in die für alle endlichen Werte x konvergenten Potenzreihen entwickeln:*

$$(1) \ \ . \ . \ . \ . \ . \ \mathfrak{Sin}\,x = x + \frac{x^3}{3!} + \frac{x^5}{5!} + \frac{x^7}{7!} + \frac{x^9}{9!} + \cdots$$

$$(2) \ \ . \ . \ . \ . \ . \ \mathfrak{Cof}\,x = 1 + \frac{x^2}{2!} + \frac{x^4}{4!} + \frac{x^6}{6!} + \frac{x^8}{8!} + \cdots$$

Die Analogie dieser Entwickelungen zu denen von $sin\,x$ und $cos\,x$ ist unmittelbar ersichtlich.

13. Reihenentwickelung der Funktion $ln\,(1+x)$.

Die Funktion $f(x) = ln\,(1+x)$ ist nach S. 6 für alle endlichen, der Ungleichung $x > -1$ genügenden Werte des Argumentes x eindeutig und stetig. Dasselbe gilt von den Ableitungen:

$$(1) \quad \begin{cases} f'(x) = \dfrac{1}{1+x}, \; f''(x) = -\dfrac{1}{(1+x)^2}, \; f'''(x) = \dfrac{2!}{(1+x)^3}, \; \cdots \\[2ex] \cdots, \; f^{(n)}(x) = (-1)^{n-1} \cdot \dfrac{(n-1)!}{(1+x)^n}, \; \cdots \end{cases}$$

Wählt man demnach ein endliches $x > -1$, so ist $f(x)$ im Intervall von 0 bis x mit allen Ableitungen eindeutig und stetig.

Für das Restglied R_n findet man nach S. 63 im vorliegenden Falle der Funktion $ln\,(1+x)$:

$$(I) \; \ldots \ldots \; R_n = \frac{(-1)^{n-1}}{n} \cdot \left(\frac{x}{1+\vartheta_1 x} \right)^n,$$

$$(II) \; \ldots \ldots \; R_n = \left(\frac{-x+\vartheta_2 x}{1+\vartheta_2 x} \right)^{n-1} \cdot \frac{x}{1+\vartheta_2 x}.$$

Ist $0 < x < 1$, so ist auch $0 < x < 1 + \vartheta_1 x$, sowie

$$0 < \frac{x}{1+\vartheta_1 x} < 1;$$

also folgt aus (I) offenbar $\lim_{n=\infty} R_n = 0$.

Ist $-1 < x < 0$, so ist $0 < -x < 1$ und $x < -x^2$. Es gilt demnach auch:

$$0 < -x(1-\vartheta_2) < -x - \vartheta_2 x^2,$$
$$0 < -x + \vartheta_2 x < -x(1+\vartheta_2 x),$$
$$0 < \frac{-x+\vartheta_2 x}{1+\vartheta_2 x} < -x < 1.$$

Jetzt ergibt sich sonach $\lim_{n=\infty} R_n = 0$ aus Formel (II).

Lehrsatz: *Die Funktion $ln\,(1+x)$ läßt sich in dem Intervall $-1 < x < +1$ in die konvergente Potenzreihe entwickeln:*

$$(2) \; \ldots \ldots \; ln\,(1+x) = \frac{x}{1} - \frac{x^2}{2} + \frac{x^3}{3} - \frac{x^4}{4} + \cdots$$

Daß die Reihe (2) für $|x| > 1$ *nicht* konvergent ist, folgt aus der für diese Reihe geltenden Gleichung:

$$\frac{u_{n+1}}{u_n} = -x \cdot \frac{n}{n+1}.$$

Dieser Quotient nähert sich nämlich für $\lim. n = \infty$ der Grenze $-x$ und ist somit für jedes spezielle x mit $|x| > 1$ von einem bestimmten n

an absolut > 1; die notwendige Konvergenzbedingung $\underset{n=\infty}{lim.}\ u_n = 0$ ist demnach nicht erfüllt.

Zusatz: *Für die Konvergenzgrenze* $x = -1$ *ist die Reihe (2) divergent (vgl. S. 54); für* $x = +1$ *ist sie konvergent und liefert:*

$$(3)\quad \ldots\ldots\quad ln\,2 = 1 - \frac{1}{2} + \frac{1}{3} - \frac{1}{4} + \cdots$$

Diese Konvergenz ergibt sich aus den beiden Schreibarten:

$$\left(1 - \frac{1}{2}\right) + \left(\frac{1}{3} - \frac{1}{4}\right) + \left(\frac{1}{5} - \frac{1}{6}\right) + \cdots,$$

$$1 - \left(\frac{1}{2} - \frac{1}{3}\right) - \left(\frac{1}{4} - \frac{1}{5}\right) - \cdots$$

der Reihe (3). Die erste zeigt nämlich, daß die Reihe entweder konvergent ist, oder daß $\underset{n=\infty}{lim.}\ S_n = \infty$ ist (Lehrsatz III, S. 55); die zweite zeigt, daß für $n > 1$ die Summe $S_n < 1$ bleibt.

14. Formeln zur Berechnung der Logarithmen.

Ist $x > -1$, so gilt:

$$ln\,(1+x) = \frac{x}{1} - \frac{x^2}{2} + \cdots + (-1)^{n-2}\,\frac{x^{n-1}}{n-1}$$

$$+ \frac{(-1)^{n-1}}{n}\left(\frac{x}{1+\vartheta x}\right)^n.$$

Man setze $x = \dfrac{1}{N}$, unter N eine ganze Zahl > 0 verstanden. Es ergibt sich:

$$(1)\quad \ldots\quad \begin{cases} ln\,(N+1) = ln\,N + \dfrac{1}{N} - \dfrac{1}{2\,N^2} + \cdots \\[2mm] + \dfrac{(-1)^{n-2}}{(n-1)\,N^{n-1}} + \dfrac{(-1)^{n-1}}{n}\left(\dfrac{1}{N+\vartheta}\right)^n. \end{cases}$$

Vermöge dieser Formel kann man nach und nach die natürlichen Logarithmen der ganzen positiven Zahlen berechnen, indem man von $ln\,1 = 0$ *ausgeht.*

Läßt man in (1) das letzte Glied rechts fort, so ist der gewonnene „Näherungswert" von $ln\,(N+1)$ zu klein oder zu groß, je nachdem n ungerade oder gerade ist; der gemachte Fehler ist absolut kleiner als der reziproke Wert von $n \cdot N^n$.

Eine andere Formel, welche demselben Zwecke wie (1) dient, erwähnen wir nur beiläufig und ohne Berechnung des Restgliedes:

Liegt x zwischen -1 und $+1$, so gilt dasselbe von $-x$, und also ist:

$$ln\,(1-x) = -\frac{x}{1} - \frac{x^2}{2} - \frac{x^3}{3} - \frac{x^4}{4} - \cdots$$

Durch Subtraktion dieser Formel von (2), S. 66 folgt:

$$(2) \quad \dots \quad ln\left(\frac{1+x}{1-x}\right) = 2\left(\frac{x}{1} + \frac{x^3}{3} + \frac{x^5}{5} + \frac{x^7}{7} + \cdots\right).$$

Setzt man hier $x = \dfrac{1}{2\,N+1}$, so ergibt sich:

$$ln\,(N+1) = ln\,N + 2\left(\frac{1}{2\,N+1} + \frac{1}{3\,(2\,N+1)^3} + \cdots\right).$$

Betreffs des Überganges von den natürlichen Logarithmen zu den Logarithmen eines anderen Systems sehe man S. 22 den Lehrsatz am Schlusse von Nr. 7.

15. Die Binomialreihe.

Man setze $f(x) = (1+x)^m$, wo m einen positiven oder negativen rationalen Bruch $m = {}^p/_q$, die ganzen Zahlen (für $q = 1$) eingeschlossen, bedeutet:

$$(1) \quad \dots \quad f(x) = (1+x)^m = (1+x)^{\frac{p}{q}} = \sqrt[q]{(1+x)^p}.$$

Es soll $x > -1$ und also $1 + x > 0$ sein; die q^{te} Wurzel soll alsdann so ausgezogen werden, daß $f(x)$ reell und positiv wird. Die derart für $x > -1$ definierte Funktion ist mit ihren sämtlichen Ableitungen:

$$(2) \quad \dots \quad f^{(n)}(x) = m\,(m-1)\dots(m-n+1)\,(1+x)^{m-n}$$

für alle endlichen $x > -1$ eindeutig und stetig.

Für diese Funktion folgt aus (2):

$$(3) \quad \frac{1}{n!}\,f^{(n)}(0) = \frac{m\,(m-1)\,(m-2)\cdots(m-n+1)}{1\cdot2\cdot3\cdots n} = \binom{m}{n},$$

wo rechts die in (2), S. 32 (oben), zur Bezeichnung des n^{ten} Binomialkoeffizienten der m^{ten} Potenz eingeführte Abkürzung $\binom{m}{n}$ für

$$\frac{m\,(m-1)\cdots(m-n+1)}{1\cdot2\cdots n}$$

auch im Falle einer gebrochenen Zahl m gebraucht ist.

Für das in Nr. 8, S. 63, allgemein dargestellte Restglied finden wir bei der in Rede stehenden Funktion:

$$(\text{I}) \quad \dots \quad R_n = \binom{m}{n}\,(1+\vartheta_1 x)^{m-n}\,x^n,$$

$$(\text{II}) \quad \dots \quad R_n = n\,\binom{m}{n}\,(1+\vartheta_2 x)^{m-n}\,x^n\,(1-\vartheta_2)^{n-1}$$

Diesen Gleichungen geben wir die Gestalten:

$$(\mathrm{I^a}) \quad \ldots \quad R_n = \left[\frac{mx}{1} \cdot \frac{(m-1)x}{2} \cdots \frac{(m-n+1)x}{n}\right] \cdot \left(\frac{1}{1+\vartheta_1 x}\right)^{n-m}$$

$$(\mathrm{II^a}) \quad \ldots \quad \begin{cases} R_n = \left[\dfrac{(m-1)x}{1} \cdot \dfrac{(m-2)x}{2} \cdots \dfrac{(m-n+1)x}{n-1}\right] \\[2mm] \qquad \cdot\, mx\,(1+\vartheta_2 x)^{m-1} \cdot \left(\dfrac{1-\vartheta_2}{1+\vartheta_2 x}\right)^{n-1}. \end{cases}$$

Für $0 < x < 1$ benutze man $(\mathrm{I^a})$. Hier ist $1 + \vartheta_1 x > 1$, und also ist der letzte Faktor in $(\mathrm{I^a})$ rechts für $n > m$ kleiner als 1. In der großen Klammer von $(\mathrm{I^a})$ treten mit wachsenden n mehr und mehr Faktoren hinzu, die sich für $lim.\ n = \infty$ der Grenze $-x$ nähern, welche absolut < 1 ist. Dieserhalb ergibt sich $\underset{n=\infty}{lim.\ R_n} = 0$ für $0 < x < 1$ aus $(\mathrm{I^a})$.

Für $0 < -x < 1$ folgt $-\vartheta_2 x < \vartheta_2$ und $-\vartheta_2 < \vartheta_2 x$. Man hat somit auch:

$$0 < 1 - \vartheta_2 < 1 + \vartheta_2 x,$$

$$0 < \frac{1-\vartheta_2}{1+\vartheta_2 x} < 1,$$

so daß der letzte Faktor in $(\mathrm{II^a})$ rechts kleiner als 1 ist. Für den Betrag von $mx\,(1 + \vartheta_2 x)^{m-1}$ kann man bei gegebenen x und m den verschiedenen möglichen Werten ϑ_2 entsprechend leicht eine endliche obere Grenze angeben. Endlich strebt das Produkt in der großen Klammer für $lim.\ n = \infty$ der Grenze 0 zu, was man wie in der soeben an $(\mathrm{I^a})$ angeschlossenen Diskussion einsieht. Auch für $0 < -x < 1$ gilt somit $\underset{n=\infty}{lim.\ R_n} = 0$.

Lehrsatz: *Ist m ein positiver oder negativer rationaler Bruch (die ganzen Zahlen eingeschlossen) und liegt x im Intervall $-1 < x < +1$, so gestattet die oben erklärte Funktion $(1 + x)^m$ die konvergente Entwickelung:*

$$(4) \quad \ldots \quad (1+x)^m = 1 + \binom{m}{1} x + \binom{m}{2} x^2 + \binom{m}{3} x^3 + \cdots;$$

diese Reihe wird die „Binomialreihe" genannt.

Ist m eine positive ganze Zahl, so bricht die Reihe (4) beim Gliede mit x^m ab, und es erscheint in (4) der *binomische Lehrsatz* wieder (vgl. S. 32).

Ist m eine negative ganze Zahl oder ein eigenlicher Bruch, *so divergiert die Reihe (4) für $|x| > 1$.* Man schließt dies aus:

$$\underset{k=\infty}{lim.} \left|\frac{u_k}{u_{k-1}}\right| = \underset{k=\infty}{lim.} \left|\frac{m-k+1}{k} x\right| = |x| > 1$$

mittels der schon in Nr. 13, S. 66 (unten), ausgeführten Überlegung

16. Methode der unbestimmten Koeffizienten.

Die Funktion $f(x)$ möge im Intervall $-g < x < +g$ in die daselbst konvergente Potenzreihe:

$$(1) \ldots \ldots \quad f(x) = a_0 + a_1 x + a_2 x^2 + a_3 x^3 + \cdots$$

entwickelbar sein.

Nach dem letzten Lehrsatze in Nr. 4, S. 58, hat man alsdann:

$$(2) \ldots \begin{cases} f'(x) = a_1 + 2a_2 x + 3a_3 x^2 + 4a_4 x^3 + \cdots, \\ f''(x) = 2 \cdot 1 \cdot a_2 + 3 \cdot 2 a_3 x + 4 \cdot 3 a_4 x^2 + \cdots, \\ f'''(x) = 3 \cdot 2 \cdot 1 a_3 + 4 \cdot 3 \cdot 2 a_4 x + \cdots, \\ \cdots \cdots \cdots \cdots \cdots \cdots \cdots \cdots \cdots, \end{cases}$$

wobei die hier rechts auftretenden Reihen sämtlich wieder das Konvergenzintervall $-g < x < +g$ besitzen.

Nimmt man in diesen Gleichungen $x = 0$, so folgt:

$$(3) \quad a_0 = f(0), \quad a_1 = \frac{f'(0)}{1!}, \quad a_2 = \frac{f''(0)}{2!}, \quad a_3 = \frac{f'''(0)}{3!}, \ldots$$

Lehrsatz: *Die Reihe (1) ist die Mac Laurinsche Reihe der Funktion f(x), so daß außer dieser Reihe keine andere Potenzreihe der Gestalt (1) für f(x) existiert.*

Ist die Berechnung der a_0, a_1, a_2, ... auf Grund der Regel (3) schwierig, so ist gelegentlich folgende Operationsweise erfolgreich: *Man setzt die Potenzreihe von f(x) mit „unbestimmten Koeffizienten“, d. i. in der Form (1), an und sucht die Koeffizienten a_0, a_1, a_2, ... daraus zu bestimmen, daß der Ausdruck auf der rechten Seite von (1) die Eigenschaften der Funktion f(x) besitzen muß.*

Zur Erläuterung dieser „*Methode der unbestimmten Koeffizienten*“ diene erstlich die Funktion $f(x) = \operatorname{arc} tg\, x$, wobei der „Hauptwert“ dieser Funktion gemeint ist.

Aus letzterer Festsetzung folgt $a_0 = 0$; denn der Hauptwert $\operatorname{arc} tg\,(0)$ ist $= 0$ (vgl. S. 10).

Weiter benutze man $f'(x) = (1 + x^2)^{-1}$ und ziehe aus Nr. 15:

$$(4) \ldots \quad f'(x) = (1 + x^2)^{-1} = 1 - x^2 + x^4 - x^6 + x^8 - \cdots$$

als eine im Intervall $-1 < x < +1$ konvergente Entwickelung.

Der Vergleich von (4) mit der ersten Gleichung (2) liefert:

$$a_1 = 1, \quad 2a_2 = 0, \quad 3a_3 = -1, \quad 4a_4 = 0, \quad 5a_5 = 1 \ldots$$

Lehrsatz: *Der Hauptwert der Funktion arc tg x gestattet die im Intervall $-1 < x < +1$ konvergente Reihenentwickelung:*

$$(5) \ldots \ldots \quad \operatorname{arc} tg\, x = x - \frac{x^3}{3} + \frac{x^5}{5} - \frac{x^7}{7} + \frac{x^9}{9} - \cdots$$

Auch an der Konvergenzgrenze $x = 1$ bleibt die Konvergenz bestehen [1]); und da der Hauptwert $arc\,tg\,1 = {}^\pi/_4$ ist, so ergibt sich:

$$\frac{\pi}{4} = 1 - \frac{1}{3} + \frac{1}{5} - \frac{1}{7} + \frac{1}{9} - \frac{1}{11} + \cdots$$

Diese Reihe trägt den Namen der „*Leibnizschen Reihe*".

Für den Hauptwert $f(x) = arc\,sin\,x$ ist gleichfalls $a_0 = 0$.

Andererseits hat man $f'(x) = (1 - x^2)^{-\frac{1}{2}}$, so daß man aus Nr. 15:

$$(6)\;\;..\;\;f'(x) = 1 + \frac{1}{2}x^2 + \frac{1}{2}\cdot\frac{3}{4}x^4 + \frac{1}{2}\cdot\frac{3}{4}\cdot\frac{5}{6}x^6 + \cdots$$

als eine im Intervall $-1 < x < +1$ konvergente Entwickelung entnimmt.

Der Vergleich von (6) mit der ersten Gleichung (2) liefert die Werte von a_1, a_2 ... und damit den

Lehrsatz: *Der Hauptwert der Funktion $arc\,sin\,x$ gestattet die im Intervall $-1 < x < 1$ konvergente Reihenentwickelung:*

$$(7)\;\;.\;\;arc\,sin\,x = x + \frac{1}{2}\cdot\frac{x^3}{3} + \frac{1}{2}\cdot\frac{3}{4}\cdot\frac{x^5}{5} + \frac{1}{2}\cdot\frac{3}{4}\cdot\frac{5}{6}\cdot\frac{x^7}{7} + \cdots$$

Für $x = {}^1/_2$ ergibt sich hieraus:

$$\frac{\pi}{6} = \frac{1}{2} + \frac{1}{2}\cdot\frac{1}{3\cdot 2^3} + \frac{1}{2}\cdot\frac{3}{4}\cdot\frac{1}{5\cdot 2^5} + \frac{1}{2}\cdot\frac{3}{4}\cdot\frac{5}{6}\cdot\frac{1}{7\cdot 2^7} + \cdots$$

17. Unbedingt und bedingt konvergente Reihen.

Die folgende Entwickelung wird hier nur beiläufig gegeben und kommt weiterhin nicht zur Verwendung; sie bezieht sich auf Reihen, *welche sowohl positive als auch negative Glieder in unendlicher Anzahl aufweisen.*

Erklärung: *Eine konvergente Reihe $u_0 + u_1 + u_2 + \cdots$ der eben genannten Art heißt stets und nur dann „absolut konvergent", wenn die zugehörige Reihe der absoluten Beträge:*

$$(1)\;\;.......\;\;|u_0| + |u_1| + |u_2| + \cdots$$

konvergent ist.

Absolut konvergent ist die Reihe $1 - {}^1/_2 + {}^1/_4 - {}^1/_3 + {}^1/_{16} - \cdots$. Die konvergente Reihe $1 - {}^1/_2 + {}^1/_3 - {}^1/_4 + {}^1/_5 - \cdots$ ist hingegen nicht absolut konvergent (s. S. 54).

Geht die Reihe $u_0 + u_1 + u_2 + \cdots$ durch eine beliebige „*Neuanordnung*" der Glieder in $u_0' + u_1' + u_2' + \cdots$ über, so wird jedes Glied u_i der ersten Reihe sich als ein Glied u_k' der zweiten auffinden lassen und umgekehrt.

---

[1]) Siehe die an (3), S. 67 angeschlossene Betrachtung.

Lehrsatz: *Eine absolut konvergente Reihe des Summenwertes S behält auch nach einer beliebigen Neuanordnung der Glieder denselben Summenwert S; sie wird deshalb als eine „unbedingt konvergente" Reihe bezeichnet.*

Zum Beweise streiche man aus (1) alle die Glieder, welche negativen Gliedern u_n der vorgelegten Reihe $u_0 + u_1 + \cdots$ entsprechen, und möge so $v_0 + v_1 + v_2 + \cdots$ als Bestandteil von (1) erhalten. Durch Streichung aller den positiven Gliedern u_n zugehörigen Glieder in (1) folge $w_0 + w_1 + w_2 + \cdots$ als Bestandteil von (1).

Unter den n ersten Gliedern $u_0, u_1, \ldots, u_{n-1}$ seien l positive und m negative enthalten. Setzt man alsdann:

$$S_l' = v_0 + v_1 + \cdots + v_{l-1}, \quad S_m'' = w_0 + w_1 + \cdots + w_{m-1},$$
$$\lim_{l=\infty} S_l' = S', \qquad \lim_{m=\infty} S_m'' = S'',$$

so sind die S', S'' endliche und eindeutig bestimmte Zahlen (vgl. Lehrsatz IV, S. 55), und es gelten die Gleichungen:

$$(2) \quad \ldots \ldots \quad S_n = S_l' - S_m'', \quad S = S' - S''.$$

Da man mit $lim.\ n = \infty$ auch $lim.\ l = \infty$ und $lim. = \infty$ hat, so kann man nach Auswahl einer beliebig kleinen Zahl $\delta > 0$ den Index n so groß wählen, daß die Ungleichungen gelten:

$$(3) \quad \ldots \ldots \quad 0 < S' - S_l' < \delta, \quad 0 < S'' - S_m'' < \delta.$$

Für die Neuanordnung $u_0' + u_1' + u_2' + \cdots$ definieren wir entsprechende Reihen $v_0' + v_1' + v_2' + \cdots$ und $w_0' + w_1' + w_2' + \cdots$ und benutzen für die Summen von Anfangsgliedern das Zeichen Σ an Stelle von S. Kommen somit unter den n' ersten Gliedern der umgeordneten Reihe l' positive und m' negative vor, so ist $\Sigma_{n'} = \Sigma_{l'}' - \Sigma_{m'}''$.

Nun wähle man n' so groß, daß alle Glieder von S_n sich auch in $\Sigma_{n'}$ finden. Dann ist auch $\Sigma_{l'}' \geqq S_l'$ und $\Sigma_{m'}'' \geqq S_m''$; und da überdies $\Sigma_{l'}' < S'$, $\Sigma_{m'}'' < S''$ gilt (vgl. den Beweis zum Lehrsatz III, S. 55), so folgt vermöge (3):

$$(4) \quad \ldots \ldots \quad 0 < S' - \Sigma_{l'}' < \delta, \quad 0 < S'' - \Sigma_{m'}'' < \delta.$$

Durch Subtraktion folgt weiter:

$$-\delta < (S' - S'') - (\Sigma_{l'}' - \Sigma_{m'}'') < \delta,$$
$$-\delta < S - \Sigma_{n'} < \delta,$$

so daß $\lim_{n'=\infty} \Sigma_{n'} = S$ ist, wie bewiesen werden sollte.

Lehrsatz: *Eine konvergente, jedoch nicht absolut konvergente Reihe läßt sich in eine solche Neuanordnung bringen, daß der Summenwert eine beliebig gewählte positive oder negative Zahl S ist; eine solche Reihe heißt dieserhalb „bedingt konvergent".*

In diesem Falle sind die beiden wie oben zu erklärenden Reihen $v_0 + v_1 + \cdots$ und $w_0 + w_1 + \cdots$ divergent; denn wären sie beide konvergent, so wäre auch die Reihe (1) konvergent; wäre aber eine von ihnen konvergent, die andere divergent, so könnte $S_n = S_l' - S_m''$ für *lim.* $n = \infty$ nicht endlich sein.

Es sei nun etwa die willkürlich gewählte Zahl $S > 0$. Man summiere dann erstlich so viele Glieder der divergenten Reihe $v_0 + v_1 + \cdots$, daß:

$$v_0 + v_1 + \cdots + v_{n_1} > S$$

ist, während die um v_{n_1} verminderte linke Seite dieser Ungleichung noch nicht $> S$ ist. Demnächst reihe man die ersten negativen Glieder $- w_0, - w_1, \ldots$ an und bestimme den Index m_1 so, daß:

$$v_0 + v_1 + \cdots + v_{n_1} - w_0 - w_1 - \cdots - w_{m_1} < S$$

ist, während das von seinem letzten Gliede $- w_{m_1}$ befreite links stehende Aggregat noch nicht $< S$ ist.

Jetzt folgt die Anreihung von v_{n_1+1}, v_{n_1+2}, $\ldots$, v_{n_2}, und zwar so, daß:

$$(5) \ . \ . \ v_0 + \cdots + v_{n_1} - w_0 - \cdots - w_{m_1} + v_{n_1+1} + \cdots + v_{n_2},$$

aber noch nicht die um ihr letztes Glied v_{n_2} verminderte Summe (5), den Betrag S übertrifft. Ein solcher endlicher Index n_2 läßt sich auffinden, da die Reihe $v_0 + v_1 + \cdots$ auch nach Fortnahme der $(n_1 + 1)$ ersten Glieder divergent bleibt (Lehrsatz II, S. 55).

In derselben Weise fahre man fort und wird so nach und nach alle Glieder der ursprünglich vorgelegten Reihe unterbringen.

Bei diesem Prozesse ist die Differenz zwischen S und einer gerade hergestellten endlichen Summe absolut nie größer als der Betrag des letzten Gliedes jener Summe. Da aber wegen der Konvergenz der Reihe $u_0 + u_1 + \cdots$ nach Lehrsatz I, S. 54, die Gleichung $\lim_{n=\infty} |u_n| = 0$ gilt, so haben die fraglichen Summen bei unbegrenzt wachsender Gliederzahl in der Tat die Zahl S als Grenzwert.

Viertes Kapitel.

Bestimmung der unter den Gestalten $\frac{0}{0}$, $\frac{\infty}{\infty}$, ... sich darbietenden Funktionswerte.

1. Die unbestimmte Gestalt $\frac{0}{0}$.

Ist eine elementare Funktion in der Gestalt $f(x) = \dfrac{\varphi(x)}{\psi(x)}$ gegeben, und werden für den *endlichen* Wert $x = a$ *Zähler und Nenner zu gleicher Zeit gleich 0*, $\varphi(a) = 0$, $\psi(a) = 0$, so bietet sich $f(a)$ in der Gestalt $\frac{0}{0}$ dar, mit welcher man zunächst keinen bestimmten Sinn oder Zahlenwert verknüpfen kann.

Um gleichwohl von einem Funktionswerte $f(a)$ sprechen zu können, gibt man folgende

Erklärung: *Als „wahren Wert" $f(a)$ der Funktion $f(x)$ für $x = a$ bezeichnet man den Grenzwert:*

$$(1) \quad \ldots \ldots \quad f(a) = \lim_{x=a} f(x) = \lim_{x=a} \left(\frac{\varphi(x)}{\psi(x)} \right),$$

sofern ein solcher Grenzwert überhaupt existiert.

Sind $\varphi(x)$ und $\psi(x)$ in der „Umgebung" von $x = a$ stetig, und gilt dasselbe von $\varphi'(x)$ und $\psi'(x)$, so dient der Mittelwertsatz (4), S. 59, zur Bestimmung von $f(a)$.

Um diesen Satz anwenden zu können, wähle man die Stelle x in der Umgebung von a so aus, *daß ψ' im „Inneren" des Intervalls von a bis x nicht verschwindet*[1]). Da $\varphi(a) = 0$ und $\psi(a) = 0$ gilt, so folgt aus (4), S. 59, falls man die Intervallgrenze b durch das eben gedachte x ersetzt:

$$(2) \quad \ldots \ldots \quad \frac{\varphi(x)}{\psi(x)} = \frac{\varphi'(x_1)}{\psi'(x_1)}, \quad x_1 = a + \vartheta(x - a).$$

Für $\lim. \, x = a$ wird auch $\lim. \, x_1 = a$; und also folgt der

Lehrsatz: *Nähern sich die Funktionen $\varphi(x)$ und $\psi(x)$ für $\lim. \, x = a$ zugleich der Grenze 0, so gilt die Gleichung:*

$$(3) \quad \ldots \ldots \quad \lim_{x=a} \left(\frac{\varphi(x)}{\psi(x)} \right) = \lim_{x=a} \left(\frac{\varphi'(x)}{\psi'(x)} \right).$$

Sollten auch $\varphi'(x)$ und $\psi'(x)$ für $x = a$ zugleich verschwinden, so haben wir die bisher über $\varphi'(x)$ und $\psi'(x)$ gemachten Voraussetzungen auf $\varphi''(x)$ und $\psi''(x)$ auszudehnen. Durch die erneute Anwendung der Regel (3) werden wir alsdann:

$$(4) \quad \ldots \ldots \quad \lim_{x=a} \left(\frac{\varphi(x)}{\psi(x)} \right) = \lim_{x=a} \left(\frac{\varphi''(x)}{\psi''(x)} \right)$$

finden und nötigenfalls die gleiche Schlußweise noch öfter wiederholen.

Lehrsatz. *Werden Zähler und Nenner, $\varphi(x)$ und $\psi(x)$, von $f(x)$ samt ihren $(n-1)$ ersten Ableitungen zugleich zu 0, falls $x = a$ wird, während $\varphi^{(n)}(a)$ und $\psi^{(n)}(a)$ wenigstens nicht beide gleich 0 sind, so gilt die Gleichung:*

$$(5) \quad \ldots \ldots \quad f(a) = \lim_{x=a} \left(\frac{\varphi(x)}{\psi(x)} \right) = \frac{\varphi^{(n)}(a)}{\psi^{(n)}(a)}.$$

---

[1]) Dies hat, falls nicht ψ' in der Umgebung von a konstant gleich 0 ist, bei den im Texte gültigen Voraussetzungen keine Schwierigkeit.

Beispiele sind:

$$\lim_{x=0}\left(\frac{\sin x}{x}\right) = \lim_{x=0}\left(\frac{\cos x}{1}\right) = 1,$$

$$\lim_{x=0}\left(\frac{e^x - e^{-x}}{\sin x}\right) = \lim_{x=0}\left(\frac{e^x + e^{-x}}{\cos x}\right) = 2,$$

deren erstes die Formel (1), S. 23, bestätigt.

2. Die unbestimmte Gestalt $\frac{\infty}{\infty}$.

Erklärung: *Hat die Funktion $f(x)$ dieselbe Gestalt wie in Nr. 1, und werden Zähler und Nenner von $f(x)$ für $x = a$ beide unendlich groß, $\varphi(a) = \infty$, $\psi(a) = \infty$, so versteht man unter dem „wahren Werte" $f(a)$ der Funktion $f(x)$ für das Argument $x = a$ die Grenze $\lim\limits_{x=a} f(x)$, sofern eine solche existiert:*

$$f(a) = \lim_{x=a} f(x) = \lim_{x=a}\left(\frac{\varphi(x)}{\psi(x)}\right).$$

Das Unendlichwerden der Funktionen $\varphi(x)$ und $\psi(x)$ für $x = a$ soll dabei ein solches sein, daß die Funktionen:

$$(1) \ldots \ldots \varphi_1(x) = \frac{1}{\varphi(x)}, \quad \psi_1(x) = \frac{1}{\psi(x)}$$

sich stetig der Grenze 0 annähern, falls sich x stetig dem Werte a nähert.

Die in (1) eingeführten Funktionen liefern:

$$(2) \ldots \ldots \ldots f(x) = \frac{\varphi(x)}{\psi(x)} = \frac{\psi_1(x)}{\varphi_1(x)}.$$

Da die letzte Form der Funktion $f(x)$ für $x = a$ die unbestimmte Gestalt $\frac{0}{0}$ annimmt, so kommen wir auf den in Nr. 1 behandelten Fall zurück. Man findet:

$$\lim_{x=a}\left(\frac{\psi_1(x)}{\varphi_1(x)}\right) = \lim_{x=a}\left(\frac{\psi_1'(x)}{\varphi_1'(x)}\right) = \lim_{x=a}\left(\frac{\varphi(x)}{\psi(x)}\right)^2 \cdot \lim_{x=a}\left(\frac{\psi'(x)}{\varphi'(x)}\right),$$

$$(3) \ldots \ldots \lim_{x=a} f(x) = \left[\lim_{x=a} f(x)\right]^2 \cdot \lim_{x=a}\left(\frac{\psi'(x)}{\varphi'(x)}\right).$$

Ist $\lim\limits_{x=a} f(x)$ von 0 verschieden und endlich, so folgt aus (3):

$$(4) \ldots \ldots \lim_{x=a} f(x) = \lim_{x=a}\left(\frac{\varphi(x)}{\psi(x)}\right) = \lim_{x=a}\left(\frac{\varphi'(x)}{\psi'(x)}\right).$$

Ist $\lim\limits_{x=a} f(x) = 0$, so darf man Formel (4) auf die Funktion:

$$(5) \ldots \ldots g(x) = 1 + f(x) = \frac{\psi(x) + \varphi(x)}{\psi(x)} = \frac{\chi(x)}{\psi(x)}$$

anwenden und findet auf diese Weise:

$$(6) \ . \ . \ . \ . \ 1 + \lim_{x=a} f(x) = \lim_{x=a} \frac{\chi'(x)}{\psi'(x)} = 1 + \lim_{x=a} \frac{\varphi'(x)}{\psi'(x)},$$

so daß die Formel (4) bestehen bleibt.

Auch für $\lim\limits_{x=a} f(x) = \infty$ ist Formel (4) richtig, wie man durch Vermittelung der Funktion $h(x) = 1 : f(x)$, für welche Formel (4) bewiesen ist, zeigt.

Auf dieselbe Art, wie in Nr. 1, ergibt sich nunmehr der

Lehrsatz: *Werden Zähler und Nenner, $\varphi(x)$ und $\psi(x)$, von $f(x)$ samt ihren $(n-1)$ ersten Ableitungen zugleich unendlich groß, falls $x = a$ wird, während $\varphi^{(n)}(a)$ und $\psi^{(n)}(a)$ wenigstens nicht beide ∞ sind, so gilt die Gleichung:*

$$(7) \ . \ . \ . \ . \ . \ . \ f(a) = \lim_{x=a} \left(\frac{\varphi(x)}{\psi(x)} \right) = \frac{\varphi^{(n)}(a)}{\psi^{(n)}(a)}.$$

3. Berücksichtigung des Wertes $x = \infty$.

Tritt an Stelle des endlichen Wertes $x = a$ der Wert $x = \infty$, und erscheint $f(x) = \dfrac{\varphi(x)}{\psi(x)}$ für diesen Wert unter einer der unbestimmten Gestalten $\frac{0}{0}$ oder $\frac{\infty}{\infty}$, so zeigt sich, daß für die Bestimmung des wahren Wertes $\lim\limits_{x=+\infty} f(x)$ die in Nr. 1 bzw. 2 gewonnenen Regeln erhalten bleiben.

Setzt man nämlich $y = x^{-1}$, so wird für $\lim. x = + \infty$ die Variabele y als positive Größe gegen die Grenze 0 abnehmen.

Man schreibe demnach:

$$(1) \ . \ . \ \varphi(x) = \varphi\left(\frac{1}{y}\right) = \varphi_1(y), \quad \psi(x) = \psi\left(\frac{1}{y}\right) = \psi_1(y)$$

und untersuche $\varphi_1(y) : \psi_1(y)$ für $\lim. y = 0$.

Die bisherige Entwickelung ergibt daraufhin für $\lim\limits_{x=+\infty} f(x)$:

$$(2) \ . \ . \ . \ \lim_{y=0} \left(\frac{\varphi_1(y)}{\psi_1(y)} \right) = \lim_{y=0} \left(\frac{\varphi_1'(y)}{\psi_1'(y)} \right) = \lim_{x=+\infty} \left(\frac{\varphi'(x)}{\psi'(x)} \right),$$

wie man durch Division der ersten der beiden Gleichungen:

$$\varphi_1'(y) = - x^2 \varphi'(x), \quad \psi_1'(y) = - x^2 \psi'(x)$$

durch die zweite zeigt.

Der letzte in (2) gegebene Ausdruck für $\lim\limits_{x=+\infty} f(x)$ liefert den

Lehrsatz: *Nimmt $f(x)$ für $x = + \infty$ die unbestimmte Gestalt $\frac{0}{0}$ oder $\frac{\infty}{\infty}$ an, so bleiben für die Bestimmung des „wahren Wertes" $f(+\infty) = \lim\limits_{x=+\infty} f(x)$ die in Nr. 1 und 2 für endliches a gewonnenen Regeln erhalten.*

Diesen Satz wird man auf den Fall $\lim. x = - \infty$ sofort übertragen

4. Die unbestimmten Gestalten $0 \cdot \infty$, $\infty - \infty$, 0^0, ∞^0, 1^∞.

Erklärung: *Nimmt die Funktion $f(x)$ für $x = a$ eine der folgenden fünf unbestimmten Gestalten $0 \cdot \infty$, $\infty - \infty$, 0^0, ∞^0, 1^∞ an, so erklärt man als „wahren Wert" $f(a)$ der Funktion $f(x)$ für $x = a$ stets wieder den Grenzwert $\lim\limits_{x\,=\,a} f(x)$, sofern ein solcher existiert.*

Die Berechnung dieses wahren Wertes $f(a)$ der Funktion gelingt in allen fünf Fällen durch Zurückführung auf eine der in Nr. 1 und 2 behandelten Gestalten.

I. Ist $f(x) = \varphi(x) \cdot \psi(x)$, und wird der erste Faktor für $x = a$ gleich 0, der zweite gleich ∞, so setze man entweder:

$$(1) \quad \ldots \ldots \quad \psi(x) = \frac{1}{\psi_1(x)} \quad \text{oder} \quad \varphi(x) = \frac{1}{\varphi_1(x)}.$$

Hieraus entspringt für $f(x)$ entweder die Gestalt:

$$(2) \quad \ldots \ldots \quad f(x) = \frac{\varphi(x)}{\psi_1(x)} \quad \text{oder} \quad f(x) = \frac{\psi(x)}{\varphi_1(x)}.$$

Für $x = a$ tritt dann entsprechend entweder $\frac{0}{0}$ oder $\frac{\infty}{\infty}$ ein.

II. Ist $f(x) = \varphi(x) - \psi(x)$, und werden Minuend und Subtrahend für $x = a$ gleichzeitig unendlich, so benutze man die in (1) erklärten Funktionen $\varphi_1(x)$, $\psi_1(x)$ und schreibe daraufhin:

$$(3) \quad \ldots \ldots \quad f(x) = \frac{1}{\varphi_1(x)} - \frac{1}{\psi_1(x)} = \frac{\psi_1(x) - \varphi_1(x)}{\varphi_1(x)\,\psi_1(x)}.$$

In dieser Form erscheint $f(x)$ für $x = a$ in der Gestalt $\frac{0}{0}$.

III. Nimmt die Funktion $f(x) = [\varphi(x)]^{\psi(x)}$ für $x = a$ eine der Gestalten 0^0, ∞^0, 1^∞ an, so setze man:

$$(4) \quad \ldots \quad \ln \varphi(x) = \varphi_1(x), \quad \ln f(x) = F(x), \quad f(x) = e^{F(x)}.$$

Die so definierte Funktion:

$$(5) \quad \ldots \ldots \quad F(x) = \ln f(x) = \psi(x) \cdot \varphi_1(x)$$

erscheint in allen drei Fällen für $x = a$ in der Gestalt $0 \cdot \infty$, so daß man $F(a)$ und daraufhin $f(a) = e^{F(a)}$ nach der in I angegebenen Regel finden kann.

Beispiel. Die Funktion $f(x) = (1 + x)^{\frac{1}{x}}$ nimmt für $x = 0$ die Gestalt 1^∞ an. Hier ist:

$$(6) \quad \ldots \quad \lim_{x\,=\,0} F(x) = \lim_{x\,=\,0} \left(\frac{\ln(1 + x)}{x} \right) = \lim_{x\,=\,0} \left(\frac{1}{1 + x} \right) = 1,$$

und also ergibt sich $f(0) = e^{F(0)} = e^1 = e$ in Übereinstimmung mit (8), S. 15.

5. Gebrauch der Potenzreihen. Unendlichwerden von e^x und $\ln x$.

In einigen Fällen macht man mit Vorteil von *Potenzreihen* Gebrauch, um den wahren Wert einer Funktion an einer solchen Stelle zu bestimmen, wo sie eine der besprochenen unbestimmten Gestalten annimmt.

Es soll dies an der Aufgabe erläutert werden, den wahren Wert der Funktion $f(x) = \dfrac{e^x}{x^n}$ mit ganzzahligem $n \geqq 1$ für $x = +\infty$, wo die Gestalt $\frac{\infty}{\infty}$ vorliegt, zu bestimmen.

Nach (2), S. 64 gilt für jedes endliche von 0 verschiedene x.

$$(1) \cdots \begin{cases} \dfrac{e^x}{x^n} = x^{-n} + \dfrac{x^{-n+1}}{1!} + \dfrac{x^{-n+2}}{2!} + \cdots + \dfrac{x^{-1}}{(n-1)!} \\ + \dfrac{1}{n!}\left[1 + \dfrac{x}{n+1} + \dfrac{x^2}{(n+1)\,(n+2)} + \cdots\right]; \end{cases}$$

denn die a. a. O. aufgestellte Potenzreihe für die natürliche Exponentialfunktion konvergiert für jeden endlichen Wert x.

Da für $x > 0$ in (1) rechts sowohl vor als in der Klammer lauter *positive* Glieder stehen, so gilt für solche x:

$$\frac{e^x}{x^n} > \frac{1}{n!}\left(1 + \frac{x}{n+1}\right),$$

und also findet man:

$$(2) \cdots \cdots \cdots \cdots \lim_{x = +\infty}\left(\frac{e^x}{x^n}\right) = \infty$$

als den gesuchten wahren Wert der vorgelegten Funktion bei $x = +\infty$.

Da man $\lim\limits_{x=\infty}\left(\dfrac{x^{n+1}}{x^n}\right) = \infty$ hat, *so wird x^n für $x = \infty$ um so stärker unendlich, je größer der positive Exponent n ist.*

Da aber die Gleichung (2) für *jedes* positive ganzzahlige n gilt, so entspringt der

Lehrsatz: *Das Unendlichwerden der Exponentialfunktion e^x für $x = +\infty$ ist stärker als dasjenige irgend einer Potenz x^n mit endlichem positiven ganzzahligen Exponenten n. —*

Man kann diesen Lehrsatz auch in eine die Funktion $\ln x$ betreffende Gestalt umkleiden. Zu diesem Zwecke rechnen wir die Gleichung (2) in folgende Form um:

$$\lim_{x = \infty}\left(\frac{x}{e^{\frac{x}{n}}}\right) = 0$$

und setzen alsdann $e^x = x_1$ und also $x = ln\, x_1$; es folgt bei Fortlassung des Index 1:

$$(1) \ldots \ldots \ldots \ldots lim._{x=\infty} \left(\frac{ln\, x}{x^{\frac{1}{n}}} \right) = 0.$$

Offenbar wird $x^{\frac{1}{n}}$ für $lim.\ x = \infty$ *um so schwächer unendlich*, je *größer n* gewählt wird. Gleichwohl besteht der

Lehrsatz: *Das Unendlichwerden des Logarithmus* $ln\, x$ *für*
$x = \infty$ *ist schwächer als dasjenige der Potenz* $x^{\frac{1}{n}}$, *wie groß man auch die positive ganze Zahl n wählen mag.*

Setzt man $x = \dfrac{1}{x_1}$ in (3) ein, so wird:

$$\frac{ln\, x}{x^{\frac{1}{n}}} = - \, x_1^{\frac{1}{n}} \cdot ln\, x_1,$$

und es wird sich x_1 als positive Größe dem Werte 0 nähern, falls $lim.\ x = + \infty$ sein soll. Lassen wir den Index 1 wieder fort, so folgt:

$$(4) \ldots \ldots \ldots lim._{x=0} \left(x^{\frac{1}{n}} \cdot ln\, x \right) = 0$$

als wahrer Wert der Funktion $x^{\frac{1}{n}} \cdot ln\, x$ für $x = 0$, wo die unbestimmte Gestalt $0 \cdot \infty$ vorliegt.

Für ein ohne Ende abnehmendes x wird $x^{\frac{1}{n}}$ *um so schwächer oder langsamer unendlich klein, je größer die positive ganze Zahl n ist.*

Gleichung (4) liefert für das Verhalten von $ln\, x$ bei unendlich klein werdendem x folgenden

Lehrsatz: *Das Unendlichwerden von* $ln\, x$ *für* $x = 0$ *ist so schwach, daß das Produkt von* $ln\, x$ *und der Potenz* $x^{\frac{1}{n}}$, *wie groß auch die positive ganze Zahl n gewählt sein mag, für* $lim.\ x = 0$ *die Grenze* 0 *hat.*

Dritter Abschnitt.

Grundlagen und Anwendungen der Integralrechnung.

***

Erstes Kapitel.

Begriffe des unbestimmten und des bestimmten Integrals nebst geometrischen Anwendungen.

***

1. Begriff des unbestimmten Integrals.

Erklärung: *Die Fundamentalaufgabe der Integralrechnung lautet: Gegeben ist die Funktion $\varphi(x)$; man soll eine solche Funktion $f(x)$ finden, deren Ableitung $f'(x)$ mit $\varphi(x)$ identisch ist.*

Die Auflösung dieser Aufgabe stellt die zur Differentiation von $f(x)$ inverse Operation dar.

Von der gesuchten Funktion $f(x)$ ist unmittelbar das zu dx gehörende Differential $df(x) = \varphi(x) \cdot dx$ gegeben. Man kleidet demnach die genannte Fundamentalaufgabe auch in die

Erklärung: *Aus dem in der Gestalt $\varphi(x)\,dx$ gegebenen Differential $df(x)$ soll die Funktion $f(x)$ selbst hergestellt werden. Diesen Übergang bezeichnet man als „Integration" des Differentials $df(x) = \varphi(x)\,dx$, und das Ergebnis dieser Operation, d. i. $f(x)$, heißt „Integral" des Differentials $df(x) = \varphi(x)\,dx$ oder kurz „Integral von $\varphi(x)\,dx$".*

Um durch eine Formel auszudrücken, daß die Integration von $\varphi(x)\,dx$ auf $f(x)$ führt, schreibt man:

$$(1) \quad \ldots\ldots\ldots\ldots\ldots f(x) = \int \varphi(x)\,dx.$$

Erklärung: *Man hat hiernach das Zeichen $\int$ als „Integral von" zu lesen; und die Formel (1) bringt nichts anderes zum Ausdruck, als daß das Differential $df(x) = \varphi(x)\,dx$ oder die Ableitung $f'(x) = \varphi(x)$ sei.*

Weiter unten wird gezeigt, *daß es für jedes mit einer elementaren Funktion $\varphi(x)$ gebildete Differential $\varphi(x)\,dx$ ein Integral $f(x)$ gibt.*

Sollte neben $f(x)$ auch noch $g(x)$ ein Integral von $\varphi(x)\,dx$ sein, so haben $f(x)$ und $g(x)$ gleiche Ableitungen; und also ist für die Funktion $F(x) = g(x) - f(x)$ die Ableitung $F'(x)$ beständig gleich 0.

Die Funktion $F(x)$ hat somit für alle x den gleichen Wert, sie ist eine Konstante C (man wende z. B. den Mittelwertsatz (5), S. 59, auf $F(x)$ an). Es muß sich also $g(x)$ in der Gestalt $f(x) + C$ darstellen lassen.

Nun hat andererseits die Funktion $[f(x) + C]$ bei willkürlich gewähltem C dieselbe Ableitung wie $f(x)$; also folgt der

Lehrsatz: *Das Integral eines gegebenen Differentials $\varphi(x)\,dx$ ist nur bis auf eine willkürlich wählbare additive Konstante C eindeutig bestimmt, d. h. mit $f(x)$ ist stets auch $[f(x) + C]$ Integral von $\varphi(x)\,dx$.*

C heißt die „*Integrationskonstante*"; bleibt der Wert von C unbestimmt, so spricht man von einem „*unbestimmten Integrale*".

2. Unmittelbare Integration einiger Differentiale.

Soll ein gegebenes Differential $\varphi(x)\,dx$ integriert werden, so ist man zunächst darauf angewiesen, in den Formeln der Differentialrechnung nach einer Funktion $f(x)$ zu suchen, deren abgeleitete Funktion $f'(x) = \varphi(x)$ ist.

Indem man die einfachsten von S. 21 ff. her bekannten Differentialformeln:

$$d f(x) = \varphi(x)\,dx \quad \text{in} \quad f(x) = \int \varphi(x)\,dx,$$

d. h. in die entsprechenden Integralformeln umschreibt, ergibt sich folgendes erste Formelsystem:

(1) $\displaystyle \int x^m\,dx = \frac{x^{m+1}}{m+1}$ (falls $m \lessgtr -1$ gilt),

(2) $\displaystyle \int \frac{dx}{x} = ln\,x,$ (3) $\displaystyle \int e^x\,dx = e^x,$

(4) $\displaystyle \int \cos x\,dx = sin\,x,$ (5) $\displaystyle \int \sin x\,dx = -\cos x,$

(6) $\displaystyle \int \frac{dx}{\cos^2 x} = tg\,x,$ (7) $\displaystyle \int \frac{dx}{\sin^2 x} = -ctg\,x,$

(8) $\displaystyle \int \frac{dx}{\sqrt{1-x^2}} = arc\,sin\,x,$ (9) $\displaystyle \int \frac{dx}{1+x^2} = arc\,tg\,x.$

Der Kürze halber sind hier überall die Integrationskonstanten C ausgelassen.

3. Integration einer Summe und eines Produktes mit einem konstanten Faktor.

Aus den beiden Formeln:

$$(1) \quad \ldots \ldots \; d f(x) = f'(x)\,d x \quad \text{und} \quad d g(x) = g'(x)\,d x$$

ergibt sich mittels des ersten Lehrsatzes in Nr. 5, S. 20:

$$(2) \quad \ldots \ldots \; d\,[f(x) \pm g(x)] = [f'(x) \pm g'(x)]\,d x.$$

Setzt man nun $f'(x) = \varphi(x)$, $g'(x) = \psi(x)$, so folgt aus (1):

$$(3) \quad \ldots \ldots \; f(x) = \int \varphi(x)\,d x, \quad g(x) = \int \psi(x)\,d x,$$

und die zu (2) gehörende Integralformel:

$$(4) \quad \ldots \ldots \; \int [\varphi(x) \pm \psi(x)]\,d x = f(x) \pm g(x)$$

liefert vermöge der Gleichungen (3):

$$(I) \quad \ldots \; \int [\varphi(x) \pm \psi(x)]\,d x = \int \varphi(x)\,d x \pm \int \psi(x)\,d x.$$

Lehrsatz: *Eine Summe oder Differenz wird integriert, indem man jedes Glied integriert und die entspringenden Integrale addiert bzw. subtrahiert.*

Ist $f'(x) = \varphi(x)$, so folgt aus Formel (4), S. 20:

$$(5) \quad \ldots \ldots \; d\,[a\,f(x)] = a\,f'(x)\,d x = a\,\varphi(x)\,d x.$$

Die zugehörige Integralformel:

$$(6) \quad \ldots \ldots \ldots \ldots \; \int a\,\varphi(x)\,d x = a \cdot f(x)$$

liefert, da wegen $f'(x) = \varphi(x)$ umgekehrt:

$$f(x) = \int \varphi(x)\,d x$$

gilt, das Resultat:

$$(II) \quad \ldots \ldots \ldots \; \int a\,\varphi(x)\,d x = a \int \varphi(x)\,d x.$$

Lehrsatz: *Ein konstanter Faktor des zu integrierenden Differentials darf vor das Integralzeichen gesetzt werden.*

Beispiele zu Nr. 2 und Nr. 3 sind:

$$\int (a_0 + a_1 x + a_2 x^2 + \cdots + a_n x^n)\,d x = C + a_0 x + a_1 \frac{x^2}{2} + a_2 \frac{x^3}{3} + \cdots + a_n \frac{x^{n+1}}{n+1},$$

$$\int \left(2 x^3 - \frac{7}{\sqrt{x}} + \frac{3}{\sqrt{1 - x^2}} \right)\,d x = C + \tfrac{1}{2} x^4 - 14 \sqrt{x} + 3\,arc\,sin\,x.$$

4. Integration durch Substitution einer neuen Variabelen.

Erklärung: *In vielen Fällen gelingt die Integration von $\varphi(x)\,dx$ durch Einführung einer neuen Variabelen z vermöge der Gleichungen:*

$$(1) \quad \ldots \ldots \quad x = \psi(z), \quad dx = \psi'(z)\,dz.$$

Man findet:

$$(2) \quad \ldots \quad \int \varphi(x)\,dx = \int \varphi[\psi(z)] \cdot \psi'(z)\,dz = \int \Phi(z)\,dz.$$

Kann man das letzte Integral als Funktion $F(z)$ angeben, so liefert die Wiedereinführung von x das gesuchte Integral:

$$(3) \quad \ldots \ldots \quad \int \varphi(x)\,dx = \int \Phi(z)\,dz = F(z) = f(x).$$

Man spricht in diesem Falle von einer Integration durch „*Substitution einer neuen Variabelen*".

Führt man z. B. in $\int sin(a + bx)\,dx$ die Variabele z vermöge:

$$a + bx = z, \quad b\,dx = dz$$

ein, so ergibt sich:

$$(4) \quad \int sin(a+bx)\,dx = \frac{1}{b}\int sin\,z\,dz = -\frac{cos\,z}{b} = -\frac{cos(a+bx)}{b}.$$

Bei den folgenden Beispielen ist immer die zur Berechnung des Integrals geeignete Substitution in Klammern angegeben:

$$(5) \quad \int \frac{dx}{x+a} = ln\,(x+a), \qquad\qquad [x+a = z],$$

$$(6) \quad \int cos(5+7x)\,dx = {}^{1}/_{7}\,sin(5+7x), \qquad [5+7x = z],$$

$$(7) \quad \int e^{kx}\,dx = \frac{1}{k}\,e^{kx}, \qquad\qquad\qquad [kx = z],$$

$$(8) \quad \int \frac{dx}{a^2 + x^2} = \frac{1}{a}\,arc\,tg\left(\frac{x}{a}\right), \qquad\qquad [x = az],$$

$$(9) \quad \int \frac{dx}{\sqrt{a^2 - x^2}} = arc\,sin\left(\frac{x}{a}\right), \qquad\qquad [x = az],$$

$$(10) \quad \int \frac{x\,dx}{a^2 + x^2} = {}^{1}/_{2}\,ln(a^2 + x^2), \qquad\qquad [a^2 + x^2 = z],$$

$$(11) \quad \int tg\,x\,dx = -\,ln\,cos\,x, \qquad\qquad\qquad [cos\,x = z],$$

$$(12) \quad \int \frac{dx}{sin\,x} = ln\,tg\left(\frac{x}{2}\right), \qquad\qquad\qquad \left[tg\left(\frac{x}{2}\right) = z\right].$$

Beim Beweise der letzten Formel benutze man die Gleichung:

$$\frac{dx}{\sin x} = \frac{dx}{2\sin\left(\frac{x}{2}\right)\cos\left(\frac{x}{2}\right)} = \frac{1}{tg\left(\frac{x}{2}\right)} \cdot \frac{d\left(\frac{x}{2}\right)}{\cos^2\left(\frac{x}{2}\right)} = \frac{d\,tg\left(\frac{x}{2}\right)}{tg\left(\frac{x}{2}\right)}$$

5. Methode der partiellen Integration.

Aus Formel (2), S. 25, ergibt sich:

(1) . . . $d[\varphi(x)\chi(x)] = \varphi(x)\chi'(x)\,dx + \varphi'(x)\chi(x)\,dx,$

(2) . . $\varphi(x)\chi(x) = \int \varphi(x)\dfrac{d\chi(x)}{dx}\,dx + \int \dfrac{d\varphi(x)}{dx}\chi(x)\,dx.$

Schreibt man in (2):

$$\frac{d\chi(x)}{dx} = \psi(x) \quad \text{und also} \quad \chi(x) = \int \psi(x)\,dx,$$

so folgt:

(3) $\displaystyle\int \varphi(x)\psi(x)\,dx = \varphi(x)\int \psi(x)\,dx - \int\left[\frac{d\varphi(x)}{dx}\int \psi(x)\,dx\right]dx.$

Erklärung: *Die in dieser Formel enthaltene Regel zur Berechnung von* $\int \varphi(x)\psi(x)\,dx$ *heißt Methode der „partiellen Integration".*

Beispiele, bei denen die Integration eines gegebenen Differentials mittels dieser Methode gelingt, sind:

I. $\displaystyle\int ln\,x\,dx, \quad \varphi(x) = ln\,x, \quad \psi(x) = 1,$

$$\int ln\,x\,dx = ln\,x\int dx - \int\left[\,\frac{1}{x}\int dx\right]dx,$$

(4) $\displaystyle\int ln\,x\,dx = x\,ln\,x - x.$

II. $\displaystyle\int x\sin x\,dx, \quad \varphi(x) = x, \quad \psi(x) = \sin x,$

$$\int x\sin x\,dx = x\int \sin x\,dx - \int\left[\int \sin x\,dx\right]dx.$$

(5) $\displaystyle\int x\sin x\,dx = -x\cos x + \sin x.$

III. $\displaystyle\int arc\,tg\,x\,dx, \quad \varphi(x) = arc\,tg\,x, \quad \psi(x) = 1,$

$$\int arc\,tg\,x\,dx = arc\,tg\,x\int dx - \int\left[\frac{1}{1+x^2}\int dx\right]dx$$

(6) $\displaystyle\int arc\,tg\,x\,dx = x\,arc\,tg\,x - \tfrac{1}{2}\,ln\,(1+x^2).$

6. Begriff des bestimmten Integrals.

Es sei $y = \varphi(x)$ eine elementare Funktion, welche in dem Intervall $a \leq x \leq b$ (unter a und b endliche Werte verstanden) eindeutig und stetig ist.

Der Einfachheit halber sei zunächst angenommen, daß $\varphi(x)$ im ganzen Intervall positiv und mit x gleichändrig ist.

Das über dem Intervall gelegene Stück der Kurve $y = \varphi(x)$, sowie die zu $x = a$ und $x = b$ gehörenden Ordinaten derselben sind in Fig. 43 durch starkes Ausziehen hervorgehoben. Durch die Kurve, die genannten beiden Ordinaten und die x-Achse wird ein Flächenstück eingegrenzt, dessen Inhalt J wir bestimmen wollen.

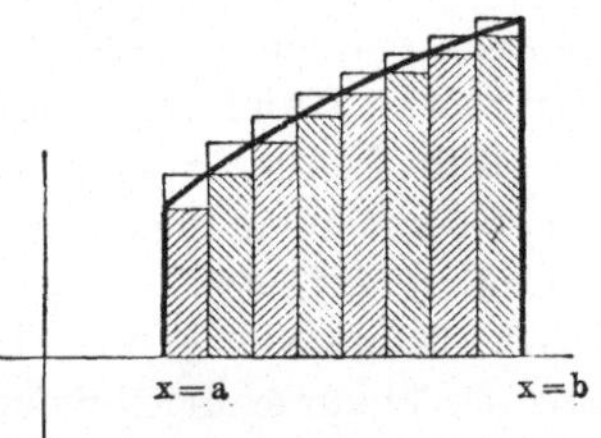

Fig. 43.

Zur angenäherten Berechnung von J teilen wir die zwischen a und b gelegene Strecke der x-Achse in n Teile, die zwar nicht notwendig, aber zweckmäßig einander gleich gewählt werden. Der einzelne Teil habe die Länge $\varDelta x$, so daß man $b - a = n \cdot \varDelta x$ hat.

Indem wir auch noch in den $(n-1)$ Teilpunkten die Ordinaten $\varphi(a + \varDelta x)$, $\varphi(a + 2\varDelta x)$, ..., $\varphi[a + (n-1)\varDelta x]$ der Kurve errichten, zerfällt die fragliche Fläche in n Streifen.

Vom einzelnen dieser n Streifen wolle man nunmehr das in der Fig. 43 schraffierte Rechteck abschneiden, indem man durch den Endpunkt der linken Ordinate eine Parallele zur x-Achse zieht.

Der Gesamtinhalt J_n der n Rechtecke ist:

$$(1) \quad J_n = \varphi(a)\varDelta x + \varphi(a + \varDelta x)\varDelta x + \cdots + \varphi[a + (n-1)\varDelta x]\varDelta x.$$

Je größer man die Anzahl n wählt, um so mehr wird sich der eben berechnete Summenwert J_n dem zu berechnenden Flächeninhalte J annähern. In der Tat gilt die Gleichung:

$$(2)\, \lim_{n=\infty} \left\{ \varphi(a)\varDelta x + \varphi(a + \varDelta x)\varDelta x + \cdots + \varphi[a + (n-1)\varDelta x]\varDelta x \right\} = J.$$

Zum Beweise vergrößere man den einzelnen der n Streifen (wie Fig. 43 andeutet) dadurch zu einem Rechtecke, daß man durch den Endpunkt der rechten Ordinate eine Parallele zur x-Achse zieht. Der Gesamtinhalt J_n' der so entspringenden n Rechtecke ist:

$$(3) \quad J_n' = \varphi(a + \varDelta x)\varDelta x + \varphi(a + 2\varDelta x)\varDelta x + \cdots + \varphi(b)\varDelta x.$$

Aus Fig. 43, sowie aus (1) und (3) folgt aber:

$$(4) \quad \ldots \quad J_n < J < J_n', \quad J_n' - J_n = [\varphi(b) - \varphi(a)]\varDelta x;$$

also ist $\lim_{n=\infty} J_n' = \lim_{n=\infty} J_n = J$, da $\lim \varDelta x = 0$ ist.

Die Formel (2) gilt auch dann noch, wenn $\varphi(x)$ im betrachteten Intervall nicht oder nicht stets mit x gleichändrig ist, sowie wenn $\varphi(x)$ nicht oder nicht immer positiv ist.

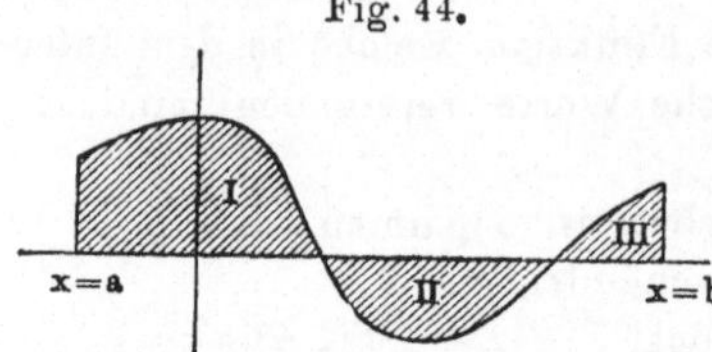

Es ist nur nötig zu verabreden, daß, falls die Kurve ganz oder teilweise unterhalb der x-Achse verläuft, die Inhalte der hierselbst zwischen der Kurve und x-Achse gelegenen Flächenstücke *negativ* in Rechnung gestellt werden. So ist J im Falle der Fig. 44 die Summe der Inhalte der Stücke I und III, vermindert um den Inhalt des Flächenstückes II.

Für *lim.* $n = \infty$ wächst die Gliederanzahl der in (1) definierten Summe ins Unendliche, und jedes einzelne Glied wird zu einem Differential $\varphi(x) \cdot dx$. Vollziehen wir den fraglichen Grenzübergang, *lim.* $n = \infty$, an der in (1) rechts stehenden Summe, so bedienen wir uns des abkürzenden Symbols:

$$(5)\quad \lim_{n=\infty} \{\varphi(a)\,\varDelta x + \varphi(a + \varDelta x)\,\varDelta x + \cdots + \varphi[a + (n-1)\varDelta x]\,\varDelta x\} = \int_a^b \varphi(x)\,dx,$$

so daß hier das Zeichen $\int$ in einer zunächst neuen Bedeutung, nämlich als *Summenzeichen*, verwendet wird.

Lehrsatz: *Die Summe (1), deren Glieder für unendlich wachsende Gliederanzahl n zu Differentialen werden, nähert sich für lim. $n = \infty$ der durch das Symbol $\int_a^b \varphi(x)\,dx$ bezeichneten Grenze, welche den endlichen und bestimmten Wert J hat. Der Ausdruck $\int_a^b \varphi(x)\,dx$ wird als* „bestimmtes Integral" *von $\varphi(x)$ oder von $\varphi(x)\,dx$ benannt; a und b sind die* „untere" *und* „obere Grenze" *des Integrals, das Intervall der Zahlenlinie von a bis b heißt das* „Integrationsintervall" *des in Rede stehenden bestimmten Integrals.*

Es ist nötig, daß man sich die Entstehung des bestimmten Integrals auch ohne die durch Fig. 43 eingeleitete geometrische Deutung klar macht: *Man hat das Intervall der unabhängigen Variabelen x von a bis b in unendlich kleinen Schritten dx zurückzulegen und für den einzelnen solchen von der Stelle x aus vollzogenen Schritt das Differential $\varphi(x)\,dx$ zu berechnen; die Summe aller dieser Differentiale $\varphi(x)\,dx$ ist das bestimmte Integral $\int_a^b \varphi(x)\,dx$.*

7. Zusammenhang zwischen den bestimmten und den unbestimmten Integralen.

Die obere Grenze b des Integrals sei veränderlich und werde deshalb durch x statt durch b bezeichnet. Doch soll zunächst $x \geqq a$ bleiben, und die Funktion φ soll im Intervall von a bis x eindeutig und stetig sein.

Der Integralwert J wird alsdann selbst eine eindeutige und stetige Funktion $F(x)$ der oberen Grenze x sein:

$$(1) \quad \ldots \ldots \ldots \quad \int_a^x \varphi(x)\, dx = F(x).$$

Man bilde nun den Zuwachs $\varDelta F(x) = F(x + \varDelta x) - F(x)$ dieser Funktion, welcher dem Zuwachs $\varDelta x$ des Argumentes entspricht.

$\varDelta F(x)$ ist als Inhalt des in Fig. 45 stark umrandeten Bereiches, wie die Figur zeigt, inhaltsgleich mit einem Rechteck der Grundlinie $\varDelta x$ und der punktiert angedeuteten Höhe.

Letztere ist die Ordinate $\varphi(x + \vartheta \cdot \varDelta x)$ für ein gewisses, dem Intervalle von x bis $(x + \varDelta x)$ angehörendes Argument $(x + \vartheta \cdot \varDelta x)$, wo also $0 \leqq \vartheta \leqq 1$ ist:

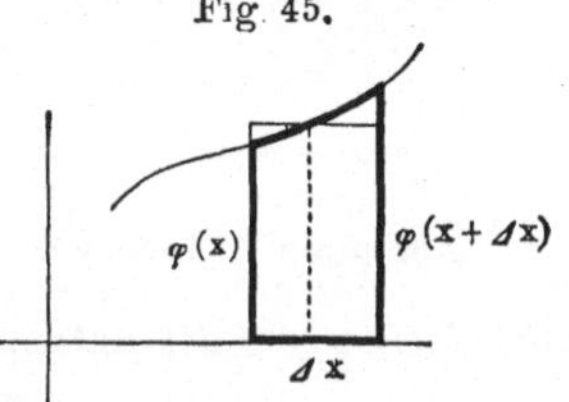

$$(2) \quad \ldots \quad \begin{cases} F(x + \varDelta x) - F(x) = \varphi(x + \vartheta \cdot \varDelta x)\, \varDelta x, \\ \dfrac{F(x + \varDelta x) - F(x)}{\varDelta x} = \varphi(x + \vartheta \cdot \varDelta x). \end{cases}$$

Für $lim.\ \varDelta x = 0$ folgt $F'(x) = \varphi(x)$; *es ist somit die in (1) erklärte Funktion $F(x)$ ein Integral des Differentials $\varphi(x)\, dx$ im Sinne von S. 80* [1]).

Denkt man nun vorab das unbestimmte Integral $\displaystyle\int \varphi(x)\, dx = f(x)$ nach S. 81 ff. berechnet, so folgt (vgl. den Schluß von Nr. 1, S. 81):

$$(3) \quad \ldots \quad F(x) = f(x) + C \quad \text{oder} \quad \int_a^x \varphi(x)\, dx = f(x) + C.$$

Zur Bestimmung der Integrationskonstanten C lassen wir x bis a abnehmen, so daß der Wert des bestimmten Integrals zu 0 wird:

$$0 = f(a) + C \quad \text{oder} \quad C = -f(a).$$

---

[1]) Hieraus entspringt zugleich der in Nr. 1, S. 81, noch unbewiesen gebliebene Satz, daß es zu jedem Differential $\varphi(x)\, dx$ ein Integral gibt.

Durch Eintragung dieses Wertes von C in (3) und Wiedereinführung der Bezeichnung b an Stelle von x für die obere Grenze folgt:

$$(4) \quad \ldots \ldots \ldots \ldots \quad \int_a^b \varphi(x)\,dx = f(b) - f(a).$$

L e h r s a t z: *Um das in (4) links stehende bestimmte Integral zu berechnen, integriere man zunächst unbestimmt* $\int \varphi(x)\,dx = f(x)$; *der Wert des bestimmten Integrals ist dann gleich der Differenz* $f(b) - f(a)$ *der Werte von* $f(x)$ *für die Integralgrenzen.*

Besonders einfach gestaltet sich der Beweis der Regel (4) auf Grund der am Schlusse von Nr. 6 entwickelten abstrakteren Auffassung des bestimmten Integrals: *Durchmißt man das Intervall von* a *bis* b *in unendlich kleinen Schritten* dx *und addiert zum Anfangswerte* $f(a)$ *der Funktion* $f(x)$ *den jedem Schritte* dx *entsprechenden Zuwachs* $df(x)$ $= \varphi(x)\,dx$, *so gelangt man schließlich zum Endwerte:*

$$f(a) + \int_a^b \varphi(x)\,dx = f(b).$$

Übrigens haben wir noch zu bemerken, *daß die obere Grenze* b *auch kleiner als die untere* a *sein darf.* Dann ist $\varDelta x = \dfrac{b-a}{n}$ negativ; man wird die Betrachtungen der Nrn. 6 und 7 sehr leicht auf diesen Fall übertragen und insbesondere die Allgemeingültigkeit der Regel (4), Nr. 7, erkennen.

8. Integration bis $x = \infty$ oder bis zu einer Unstetigkeitsstelle von $\varphi(x)$.

Ist $\varphi(x)$ für alle endlichen Werte $x \geqq a$ eindeutig und stetig, so lasse man die obere Integralgrenze sich als stetige Variabele x dem Grenzwerte ∞ annähern (cf. S. 13).

Erklärung: *Ergibt sich bei diesem Grenzübergange ein bestimmter Grenzwert:*

$$(1) \quad \ldots \ldots \quad \lim_{x = +\infty} \int_a^x \varphi(x)\,dx = \lim_{x = +\infty} [f(x) - f(a)],$$

so definieren wir den so gewonnenen Grenzwert als den Wert des Integrals $\int_a^{+\infty} \varphi(x)\,dx$ *mit der oberen Grenze* $+\infty$.

Entsprechende Festsetzungen finden statt, wenn die untere Integralgrenze gleich $+\infty$ wird, sowie wenn eine der Grenzen gleich $-\infty$ wird.

Auf den Fall, daß $\varphi(x)$ für eine der Grenzen, etwa b, unendlich wird, bezieht sich folgende

Erklärung: *Wird $\varphi(x)$ für $x = b$ unstetig durch Unendlichwerden, so soll:*

$$(2) \ \ldots\ldots\ldots \int\limits_a^b \varphi(x)\,dx = \lim_{x=b} \int\limits_a^x \varphi(x)\,dx$$

sein, falls bei dem angedeuteten Grenzübergange ein bestimmter Grenzwert des Integralwertes eintritt.

9. Lehrsätze über bestimmte Integrale.

Lehrsatz: *Aus dem Begriffe des bestimmten Integrals oder aus Formel (4), S. 88 ergeben sich die in folgenden Formeln enthaltenen Regeln:*

$$(1) \ \ldots\ldots\ldots \int\limits_b^a \varphi(x)\,dx = - \int\limits_a^b \varphi(x)\,dx,$$

$$(2) \ \ldots\ldots\ldots \int\limits_a^a \varphi(x)\,dx = 0,$$

$$(3) \ \ldots\ldots \int\limits_a^c \varphi(x)\,dx = \int\limits_a^b \varphi(x)\,dx + \int\limits_b^c \varphi(x)\,dx,$$

welche man leicht in Worte kleidet.

Es seien die Funktionen $\varphi(x)$ und $\psi(x)$ im Intervall $a \leqq x \leqq b$ eindeutig und stetig; $\varphi(x)$ habe in diesem Intervall nicht überall denselben Wert, und $\psi(x)$ sei daselbst nirgends negativ und nicht stets Null. Der größte Wert von $\varphi(x)$ im Intervall sei M, der kleinste m. Dann gilt, dx als positiv vorausgesetzt:

$$m\,\psi(x)\,dx \leqq \varphi(x)\,\psi(x)\,dx \leqq M\,\psi(x)\,dx$$

für das ganze Intervall. Durch Integration folgt:

$$m \int\limits_a^b \psi(x)\,dx \leqq \int\limits_a^b \varphi(x)\,\psi(x)\,dx \leqq M \int\limits_a^b \psi(x)\,dx.$$

Setzt man somit zur Abkürzung:

$$(4) \ \ldots \ \frac{\displaystyle\int\limits_a^b \varphi(x)\,\psi(x)\,dx}{\displaystyle\int\limits_a^b \psi(x)\,dx} = Q. \ \text{ so ist } \ m \leqq Q \leqq M.$$

Da nun die Funktion $\varphi(x)$ für eine bestimmte Stelle des Intervalls $= M$ und an einer gewissen anderen Stelle $= m$ wird, so wird sie, da sie sich stetig ändert, zwischen jenen beiden Stellen und also in dem durch a und b eingegrenzten Intervall mindestens einmal, etwa bei $x = c$, den zwischen M und m gelegenen Wert Q annehmen.

Schreibt man demnach $Q = \varphi(c)$ in die Gleichung (4) ein, so folgt:

$$(5) \ldots \int_a^b \varphi(x)\,\psi(x)\,dx = \varphi(c) \int_a^b \psi(x)\,dx, \quad a \leqq c \leqq b.$$

Auf Grund von (1) zeigt man ferner, daß die obige Voraussetzung $a < b$ für das Ergebnis (5) unwesentlich ist und nachträglich fortgelassen werden kann.

Da endlich die Gleichung (5) auch für die Funktion $-\psi(x)$ gilt, wenn sie für $+\psi(x)$ richtig ist, und da diese Gleichung selbst dann noch besteht, wenn $\psi(x)$ im ganzen Intervall verschwindet, so hat man wegen der Vorzeichen der Werte $\psi(x)$ nur zu fordern, daß $\psi(x)$ im Intervalle entweder nirgends < 0 oder nirgends > 0 sein soll.

Formel (5) liefert den

Mittelwertsatz: *Sind die Funktionen $\varphi(x)$ und $\psi(x)$ im Intervalle von $x = a$ bis $x = b$ eindeutig und stetig, und ist $\psi(x)$ daselbst entweder nirgends < 0 oder nirgends > 0, so gibt es in jenem Intervalle mindestens einen Wert $x = c$, für welchen die Gleichung (5) gilt.*

Ist $\psi(x)$ beständig $= 1$, so folgt:

$$(6) \ldots\ldots \int_a^b \varphi(x)\,dx = \varphi(c) \cdot (b - a).$$

Das in Fig. 43, S. 85, umgrenzte Flächenstück über dem Intervall von a bis b als Grundlinie ist somit gleich einem Rechtecke derselben Grundlinie und der Höhe $\varphi(c)$. Dieserhalb heißt $\varphi(c)$ der mittlere Wert oder Mittelwert von $\varphi(x)$ im fraglichen Intervall.

Ist das unbestimmte Integral $\int \varphi(x)\,dx = f(x)$, so ergibt sich aus (6):

$$f(b) - f(a) = (b - a) \cdot f'(c)$$

in Übereinstimmung mit dem Mittelwertsatze (5) S. 59.

10. Quadratur ebener Kurven.

Aus den Betrachtungen von S. 85 ff. entspringt folgender

Lehrsatz: *Ist eine ebene Kurve K gegeben, welche für jede dem Intervall $a \leqq x \leqq b$ angehörende Abszisse x eine und nur eine Ordinate $y = \varphi(x)$ aufweist, so ist der Inhalt J der von der Kurve, der*

Abszissenachse und den zu $x = a$ und $x = b$ gehörenden Ordinaten eingeschlossenen Gesamtfläche:

$$(1) \ldots \ldots \ldots J = \int_a^b \varphi(x)\, dx = f(b) - f(a).$$

Die Maßzahlen von Flächenteilen *unterhalb* der x-Achse kommen hierbei *negativ* in Rechnung (vgl. Fig. 44, S. 86).

Die in (1) geleistete Inhaltsbestimmung heißt „*Quadratur der Kurve K*".

Beispiel. Wir betrachten die Quadratur einer auf ihre Asymptoten als Achsen bezogenen gleichseitigen Hyperbel (vgl. Fig. 46), bei welcher der Abstand des Scheitelpunktes A vom Mittelpunkte O der Kurve $= 1$ ist.

Die Gleichung der Kurve, von welcher in Fig. 46 nur der eine Zweig gezeichnet ist, hat die Gestalt $xy = {}^1/_2$. Dies heißt, daß das aus der Abszisse, der Ordinate und dem Radius vector des einzelnen Punktes P der Kurve gebildete Dreieck den konstanten Inhalt ${}^1/_4$ hat:

$$(2) \ldots \triangle OAB = \triangle OPC = {}^1/_4.$$

Da die Abszisse $\overline{OB}$ des Scheitelpunktes A gleich $\dfrac{1}{\sqrt{2}}$ ist, so ist der Inhalt des in Fig. 46 schraffierten Stückes:

$$J = \int_{\frac{1}{\sqrt{2}}}^{\overline{OC}} y\, dx = {}^1/_2 \int_{\frac{1}{\sqrt{2}}}^{\overline{OC}} \frac{dx}{x} = {}^1/_2 \left[ln\, \overline{OC} - ln\, \frac{1}{\sqrt{2}} \right].$$

Man kann dieser Gleichung auch die Form geben:

$$(3) \ldots \ldots \ldots 2J = ln\,(\overline{OC} \cdot \sqrt{2}).$$

11. Deutung der hyperbolischen und der trigonometrischen Funktionen.

Bezieht man die eben betrachtete gleichseitige Hyperbel auf ihre Hauptachsen als Koordinatenachsen, so wird die Gleichung derselben $x^2 - y^2 = 1$. In Fig. 47 ist nur der eine (auf der Seite der positiven x-Achse gelegene) Zweig der Hyperbel gezeichnet; man kann diese Lage der Kurve aus Fig. 46 durch Umklappung der letzteren um die in Fig. 46 punktiert angedeutete Achse herstellen.

Der in Fig. 47 schraffierte Sektor werde als der *zum „Kurven-punkte P gehörende Hyperbelsektor"* bezeichnet. Die Maßzahl S der

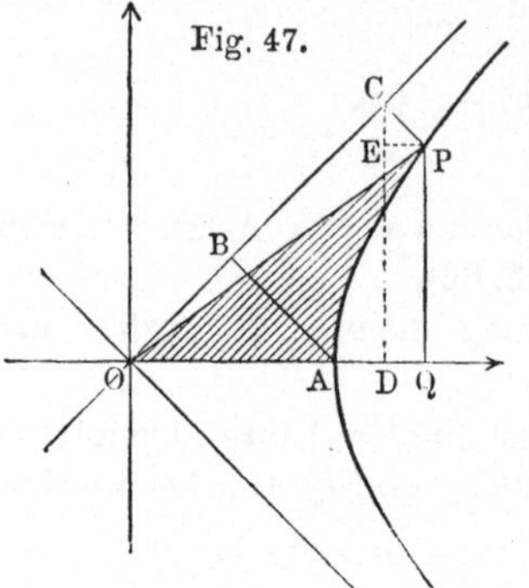

Sektorfläche soll positiv oder negativ ge-rechnet werden, je nachdem die Ordinate y von P positiv oder negativ ist.

Ist $y > 0$, wie in Fig. 47, so gilt $S = J$, wo J der in (3), S. 91, bestimmte Flächeninhalt ist. Legt man nämlich zum Sektor OAP das Dreieck OCP und schneidet dafür das mit letzterem inhalts-gleiche Dreieck OAB ab, so restiert das Flächenstück $ABCP$ des Inhaltes J.

Um S in den Koordinaten von P auszudrücken, lese man aus Fig. 47 die Gleichungen:

$$\overline{CE} = \overline{EP} = \overline{DQ}, \quad \overline{DE} = \overline{PQ}$$

ab. Es gilt somit weiter:

$$\overline{OD} = \overline{CD} = \tfrac{1}{2}(\overline{OD} + \overline{CD}) = \tfrac{1}{2}(\overline{OQ} + \overline{PQ}) = \tfrac{1}{2}(x + y),$$

woraus sich $\overline{OC} = \dfrac{x + y}{\sqrt{2}}$ berechnet.

Nach (3), S. 91, wird somit die Maßzahl S für $y > 0$ durch $2S = ln\,(x + y)$ gegeben sein.

Diese Gleichung gilt aber auch für $y < 0$; denn, da $x^2 - y^2 = (x + y)(x - y) = 1$ ist, so gilt $ln\,(x - y) = -ln\,(x + y) = -2S$, und also gewinnt der zu dem Punkte (x, y) symmetrisch gelegene Punkt $(x, -y)$ als Maßzahl des zugehörigen Sektors, wie es sein soll, $-S$.

Lehrsatz: *Für die Maßzahl S des zum Punkte P gehörenden Hyperbelsektors gilt die Gleichung:*

$$(1) \quad \ldots \ldots \ldots \ldots \quad 2S = ln\,(x + y).$$

Die Maßzahl S beschreibt stetig alle Werte von $-\infty$ bis $+\infty$, falls der Punkt P den in Fig. 47 gezeichneten Hyperbelzweig in der Richtung wachsender Werte y vollständig durchläuft.

Dieser Lehrsatz erlaubt uns, die S. 28 eingeführten „*hyperbolischen Funktionen*" $\mathfrak{Sin}$, $\mathfrak{Cof}$ mit einer geometrischen Deutung zu versehen, welche der Deutung der trigonometrischen Funktionen *sin*, *cos* am Kreise des Radius 1 genau entspricht.

Aus $\pm 2S = ln\,(x \pm y)$ folgt nämlich umgekehrt:

$$x + y = e^{2S}, \qquad x - y = e^{-2S},$$

$$x = \frac{e^{2S} + e^{-2S}}{2}, \qquad y = \frac{e^{2S} - e^{-2S}}{2}.$$

Letztere Gleichungen können wir aber unter Gebrauch der S. 28 erklärten Bezeichnungen der hyperbolischen Funktionen so schreiben:

$$(2) \ \ldots \ldots \ x = \mathfrak{Cof} \ (2\,S), \qquad y = \mathfrak{Sin} \ (2\,S).$$

Lehrsatz: Die Koordinaten x, y *der Punkte P des in Fig. 47 gezeichneten Zweiges der gleichseitigen Hyperbel* $x^2 - y^2 = 1$ *sind, in ihrer Abhängigkeit vom doppelten Sektor* $2\,S$ *aufgefaßt, die hyperbolischen Funktionen* $\mathfrak{Cof}$ *(2 S) und* $\mathfrak{Sin}$ *(2 S).*

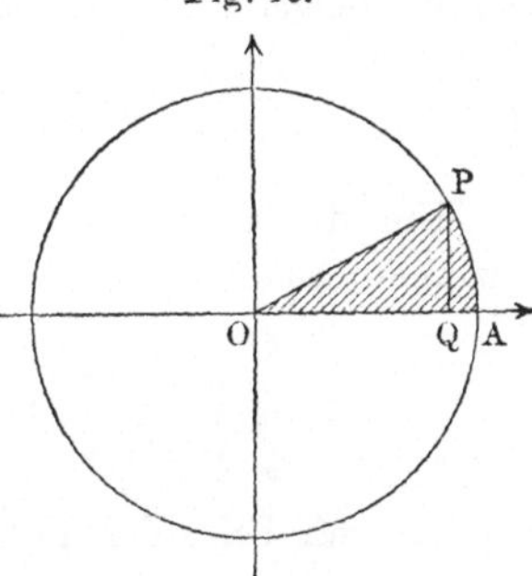
Fig. 48.

Der Name „hyperbolische Funktionen" findet hierdurch seine Rechtfertigung.

Die beschriebenen Verhältnisse sind denen der trigonometrischen Funktionen genau analog. In Fig. 48 ist der „zum Punkte P gehörende Sektor S" des Kreises *der Gleichung* $x^2 + y^2 = 1$ schraffiert. Ist der entsprechende Bogen $A\,P$ gleich s, so hat man $s = 2\,S$.

Für die Koordinaten x, y des Punktes P hat man somit:

$$(3) \ \ldots \ldots \ x = cos \ (2\,S), \qquad y = sin \ (2\,S),$$

was den Gleichungen (2) genau entspricht.

12. Rektifikation ebener Kurven.

Für die Kurve K sollen im Intervall $a \leqq x \leqq b$ die zu Anfang von Nr. 10 gemachten Voraussetzungen gelten. Die Gleichung der Kurve sei $y = \varphi\,(x)$.

Es wurde bereits oben (S. 42) die von einem bestimmten Punkte der Kurve K an gemessene Bogenlänge s von K als Funktion der Abszisse x betrachtet. Zur Berechnung von s verfahren wir jetzt so:

Das die Punkte (x, y) und $(x + d\,x, y + d\,y)$ verbindende Bogendifferential ist nach S. 43:

$$(1) \ \ldots \ldots \ ds = \sqrt{1 + \left(\frac{d\,y}{d\,x}\right)^2} \cdot d\,x = \sqrt{1 + [\varphi'\,(x)]^2} \ d\,x.$$

Man denke nun den über dem Intervall $a \leqq x \leqq b$ gelegenen Kurvenbogen in unendlich viele Differentiale dieser Art zerlegt, wie sie etwa den unendlich vielen Parallelstreifen in Nr. 6, S. 85, entsprechen. Die Summe aller dieser Differentiale liefert die über dem fraglichen Intervalle gelegene Bogenlänge der Kurve.

Lehrsatz: Die Länge s *der Kurve* K *zwischen den Punkten der Koordinaten* a, $\varphi\,(a)$ *und* b, $\varphi\,(b)$ *ist gegeben durch das bestimmte Integral:*

$$(2) \qquad s = \int_a^b \sqrt{1 + \left(\frac{dy}{dx}\right)^2}\, dx = \int_a^b \sqrt{1 + [\varphi'(x)]^2}\, dx.$$

Die Berechnung der Bogenlänge heißt „*Rektifikation der Kurve K*".
Im Falle der *Zykloide* (vgl. S. 44) benutzt man an Stelle von x
zweckmäßig den Wälzungswinkel t als unabhängige Variabele und
schreibt dementsprechend an Stelle von (1):

$$(3) \quad \ldots\ldots \quad ds = \sqrt{\left(\frac{dx}{dt}\right)^2 + \left(\frac{dy}{dt}\right)^2}\cdot dt.$$

Um die Bogenlänge s eines einzelnen Zweiges der Zykloide zu
gewinnen, hat man t von 0 bis 2π wachsen zu lassen. Man findet:

$$s = \int_0^{2\pi} \sqrt{\left(\frac{dx}{dt}\right)^2 + \left(\frac{dy}{dt}\right)^2}\, dt = a\sqrt{2} \int_0^{2\pi} \sqrt{1 - \cos t}\, dt,$$

wie man mit Hilfe der Formeln von S. 44 feststellt.

Ersetzt man $\sqrt{1 - \cos t}$ durch $\sqrt{2}\, \sin\left(\frac{t}{2}\right)$, so folgt weiter:

$$(4) \qquad s = 2a \int_0^{2\pi} \sin\left(\frac{t}{2}\right) dt = 4a\,(-\cos\pi + \cos 0) = 8a,$$

womit ein bereits S. 51 gewonnenes Resultat bestätigt ist.

13. Gebrauch der Polarkoordinaten.

Eine Kurve K sei durch ihre Gleichung in Polarkoordinaten r, ϑ
gegeben (vgl. S. 51), und es werde ein solches Stück der Kurve be-
trachtet, welches zu jedem dem Intervall $\alpha \leqq \vartheta \leqq \beta$ angehörenden ϑ
einen und nur einen Radius vector $r = \varphi(\vartheta)$
liefert.

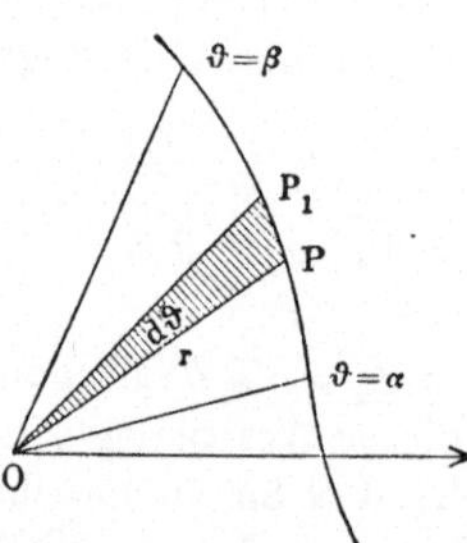

Um den Flächeninhalt des Sektors zu
bestimmen, der von den beiden zu $\vartheta = \alpha$
und $\vartheta = \beta$ gehörenden Radien vectoren und
dem zwischenliegenden Kurvenbogen eingegrenzt wird, denken wir wieder das Inter-
vall von $\vartheta = \alpha$ bis $\vartheta = \beta$ in unendlich
kleinen Schritten zurückgelegt.

Dem einzelnen $d\vartheta$ entspricht (vgl.
Fig. 49) ein unendlich schmaler Sektor, der
durch die Radien vectoren $\overline{OP} = r$, $\overline{OP_1} = r + dr$ und das Bogenelement $\overparen{PP_1} = ds$ begrenzt ist.

Ersetzen wir diesen Sektor durch den Kreissektor des Radius r
und des Zentriwinkels $d\vartheta$, so ist der Inhalt des Sektors $\frac{1}{2} r^2\, d\vartheta$.

Vermöge einer Betrachtung, die an derjenigen von S. 85 u. f. ihr genaues Vorbild hat, ergibt sich der

Lehrsatz: *Der Inhalt J derjenigen Fläche, welche durch die zu $\vartheta = \alpha$ und $\vartheta = \beta$ gehörenden Radien vectoren und das dazwischen liegende Stück der Kurve begrenzt wird, ist gegeben durch:*

$$(1) \quad \ldots \ldots \quad J = {}^1\!/_2 \int_\alpha^\beta r^2 \, d\vartheta = {}^1\!/_2 \int_\alpha^\beta [\varphi(\vartheta)]^2 \, d\vartheta.$$

Für das zu $d\vartheta$ gehörende Bogenelement ds gilt (vgl. S. 52):

$$ds = \sqrt{r^2 \, d\vartheta^2 + dr^2} = \sqrt{r^2 + \left(\frac{dr}{d\vartheta}\right)^2} \cdot d\vartheta.$$

Es folgt der weitere

Lehrsatz: *Die Länge des Kurvenstückes zwischen den zu $\vartheta = \alpha$ und $\vartheta = \beta$ gehörenden Punkten von K ist:*

$$(2) \quad \ldots \quad s = \int_\alpha^\beta \sqrt{r^2 + \left(\frac{dr}{d\vartheta}\right)^2} \, d\vartheta = \int_\alpha^\beta \sqrt{[\varphi(\vartheta)]^2 + [\varphi'(\vartheta)]^2} \, d\vartheta.$$

14. Kubatur der Rotationskörper.

Es sei $y = \varphi(x)$ eine Funktion, die im Intervall $a \leqq x \leqq b$ eindeutig, stetig und positiv ist.

Man denke das über dem Intervall gelegene Stück der Kurve von $\varphi(x)$ gezeichnet und erzeuge durch Rotation desselben um die x-Achse einen Rotationskörper, den man sich durch zwei in $x = a$ und $x = b$ zur x-Achse senkrecht gelegte Ebenen begrenzt denke.

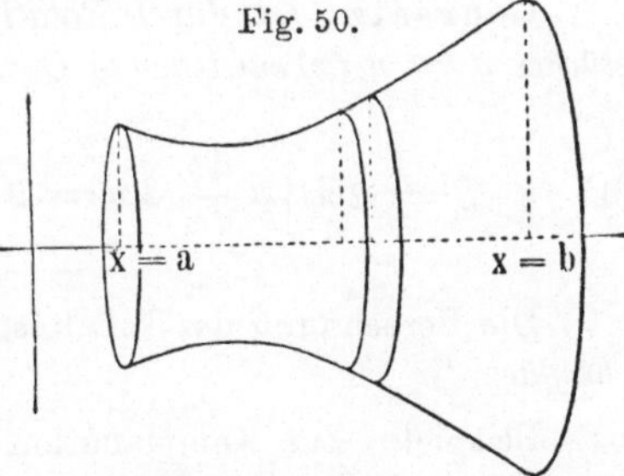

Zwei in den Punkten x und $(x + dx)$ zur x-Achse senkrecht errichtete Ebenen schneiden aus dem Rotationskörper eine unendlich schmale Scheibe aus (vgl. Fig. 50). Wir fassen diese Scheibe näherungsweise als geraden Kreiszylinder der Höhe dx und des Radius $y = \varphi(x)$. Das Volumen dieser zylindrischen Scheibe ist $\pi y^2 \, dx = \pi [\varphi(x)]^2 \, dx$.

Es entspringt nunmehr durch Wiederholung der S. 85 u. f. entwickelten Überlegung der

Lehrsatz: *Der Rauminhalt oder das Volumen V des in genannter Art eingegrenzten Rotationskörpers ist durch das Integral gegeben:*

$$(1) \ldots \ldots V = \pi \int_a^b y^2 \, dx = \pi \int_a^b [\varphi(x)]^2 \, dx.$$

Die vermöge (1) zu vollziehende Bestimmung des Kubikinhaltes V bezeichnet man als „*Kubatur des Rotationskörpers*".

Beispiel. Zur Volumberechnung eines *geraden Kreiskegels* von der Höhe h und dem Radius r der Grundfläche hat man zu setzen:

$$y = \frac{r}{h} \, x, \quad a = 0, \quad b = h.$$

Formel (1) liefert alsdann für das Volumen:

$$(2) \ldots V = \pi \int_0^h \left(\frac{r}{h}\right)^2 x^2 \, dx = \pi \frac{r^2}{h^2} \int_0^h x^2 \, dx = \tfrac{1}{3} \pi r^2 h.$$

15. Komplanation der Rotationsoberflächen.

Die in Nr. 14 aus dem Rotationskörper ausgeschnittene unendlich schmale Scheibe ist nach außen durch einen auf der Rotationsoberfläche gelegenen Gürtel begrenzt, welcher als Mantel eines abgestumpften Kegels angesehen werden kann.

Die Radien der Grundflächen dieses Kegels sind y und $y_1 = y + dy$, die einzelne Mantellinie hat die Länge ds; der Flächeninhalt des Mantels ist $\pi (y + y_1) \, ds$.

Wie in den bisher behandelten Fällen gewinnen wir den

Lehrsatz: *Die durch Rotation des in Nr. 14 besprochenen Kurvenstückes* $y = \varphi(x)$ *entstehende Oberfläche hat den Flächeninhalt:*

$$(1) \qquad S = 2\pi \int_a^b y \, \frac{ds}{dx} \, dx = 2\pi \int_a^b \varphi(x) \sqrt{1 + [\varphi'(x)]^2} \, dx.$$

Die Berechnung des Inhaltes S heißt „*Komplanation der Rotationsoberfläche*".

Beispiel. Zur Komplanation der *Halbkugel* setze man:

$$y = \sqrt{r^2 - x^2}, \quad \frac{ds}{dx} = \frac{r}{\sqrt{r^2 - x^2}}, \quad a = 0, \quad b = r$$

und findet vermöge des Ansatzes (1):

$$(2) \ldots \ldots S = 2\pi r \int_0^r dx = 2\pi r^2.$$

16. Angenäherte Berechnung bestimmter Integrale.

Hat man ein Integral $\int_a^b \varphi(x)\, dx$ zu berechnen, so wird man zunächst versuchen, das unbestimmte Integral $\int \varphi(x)\, dx$ auszurechnen, um alsdann die Regel (4), S. 88, anzuwenden.

Gelingt dies nicht, so kann man aus den vorstehenden geometrischen Betrachtungen wenigstens einen angenäherten Wert des vorgelegten Integrals berechnen. Wir benutzen zu diesem Zwecke die *Quadratur der ebenen Kurven*, an welche wir auch ursprünglich (S. 85) den Begriff des bestimmten Integrals angeknüpft hatten.

Die erste der drei folgenden Näherungsregeln gründet sich auf eine direkte Wiederholung der Überlegung von S. 85 u. f.

I. Man teile, wie in Fig. 43, S. 85, das den Wert $\int_a^b \varphi(x)\, dx$ repräsentierende Flächenstück durch Parallele zur y-Achse in n Streifen der gleichen Breite $h = \dfrac{b-a}{n}$.

Dabei mögen die zu $x = a,\ a+h,\ a+2h,\ \ldots,\ b$ gehörenden Ordinaten sich zu:

(1) $\quad y_0 = \varphi(a),\ y_1 = \varphi(a+h),\ y_2 = \varphi(a+2h),\ \ldots,\ y_n = \varphi(b)$

berechnen.

Ersetzt man den Inhalt des einzelnen Streifens durch denjenigen des in Fig. 43, S. 85, schraffierten Rechtecks, so erhält man als *erste Näherungsformel für den gesuchten Integralwert*:

$$(2) \ \ldots \ \int_a^b \varphi(x)\, dx = h\,(y_0 + y_1 + y_2 + \cdots + y_{n-1}).$$

II. Eine in der Regel bessere Annäherung an den wahren Integralwert gewinnt man, falls man den einzelnen Streifen durch das *Trapez* ersetzt, das die beteiligten Ordinaten y_k und y_{k+1} zu Gegenseiten hat.

Dieser Annahme entspringt die *zweite Näherungsformel*:

$$(3) \ \ldots \ \int_a^b \varphi(x)\, dx = h\,(\tfrac{1}{2} y_0 + y_1 + y_2 + \cdots + y_{n-1} + \tfrac{1}{2} y_n).$$

III. Eine dritte Näherungsformel ergibt sich aus einer eigentümlichen Verwendung der Parabel.

Durch die oberen Endpunkte *dreier* aufeinander folgender Ordinaten y_k, z. B. y_0, y_1, y_2, läßt sich nur *eine* Parabel mit einer zur y-Achse parallelen Achse legen. Eine solche Parabel hat nämlich die Gleichung $y = p\,x^2 + q\,x + r$; wenn wir also die zu y_k gehörende Abszisse kurz x_k nennen, so müssen die drei Gleichungen bestehen:

$$(4) \quad \begin{cases} p\,x_0^2 + q\,x_0 + r = y_0, \\ p\,x_1^2 + q\,x_1 + r = y_1, \\ p\,x_2^2 + q\,x_2 + r = y_2, \end{cases}$$

aus welchen sich die drei Koeffizienten p, q, r *eindeutig* bestimmen.

Für gewöhnlich wird nun der zwischen den Endpunkten der Ordinaten y_0, y_2 verlaufende Bogen dieser Parabel sich daselbst der Kurve $y = \varphi(x)$ enger anschließen als die unter II. benutzten geraden Verbindungslinien der Endpunkte von y_0, y_1, y_2.

Ersetzt man demnach bei der oberen Begrenzung der beiden ersten Streifen die Kurve $y = \varphi(x)$ durch die fragliche Parabel, so wird der Inhalt dieser Streifen gegeben sein durch:

$$\int_{x_0}^{x_2} y\,d x = \int_{x_0}^{x_2} (p\,x^2 + q\,x + r)\,d x$$

$$= {}^1\!/_3\,p\,(x_2^3 - x_0^3) + {}^1\!/_2\,q\,(x_2^2 - x_0^2) + r\,(x_2 - x_0),$$
$$= {}^1\!/_6\,(x_2 - x_0)\,[2\,p\,(x_2^2 + x_2\,x_0 + x_0^2) + 3\,q\,(x_2 + x_0) + 6\,r].$$

Hier kann man $x_2 - x_0 = 2\,h$ und den in der zweiten Klammer stehenden Ausdruck auf Grund von (4) gleich $(y_0 + 4\,y_1 + y_2)$ setzen, so daß sich der Inhalt der beiden ersten Streifen angenähert in der Gestalt ${}^1\!/_3\,h\,(y_0 + 4\,y_1 + y_2)$ darstellt.

Zur Verwertung dieses Ansatzes muß n gerade gewählt werden, $n = 2\,m$, und man hat die $2\,m$ Streifen zu Paaren zusammenzufassen.

Man gewinnt so als *dritte Näherungsformel*:

$$(5) \quad \begin{cases} \displaystyle\int_a^b \varphi(x)\,d x = {}^1\!/_3\,h\,[(y_0 + y_{2\,m}) + 2\,(y_2 + y_4 + \cdots + y_{2\,m-2}) \\ \qquad\qquad\qquad + 4\,(y_1 + y_3 + \cdots + y_{2\,m-1})]. \end{cases}$$

Die hiermit gegebene Vorschrift zur angenäherten Berechnung des bestimmten Integrals heißt die „*Simpsonsche Regel*".

———

Zweites Kapitel.
Weiterführung der Theorie der unbestimmten Integrale.

1. Hilfssätze über algebraische Gleichungen.

Es sei eine ganze rationale Funktion eines Grades $n \geqq 1$ gegeben:

$$(1) \qquad f(x) = a_0\,x^n + a_1\,x^{n-1} + a_2\,x^{n-2} + \cdots + a_{n-1}x + a_n.$$

Der Koeffizient a_0 des höchsten Gliedes soll nicht verschwinden.

Setzt man $f(x) = 0$, so gewinnt man eine „*algebraische Gleichung n^{ten} Grades*". Aus der Theorie dieser Gleichungen benutzen wir den

Fundamentalsatz der Algebra: *Die Gleichung $f(x) = 0$, d. i. ausführlich:*

$$(2) \quad \ldots\ldots a_0\,x^n + a_1\,x^{n-1} + \cdots + a_{n-1}x + a_n = 0$$

besitzt stets mindestens eine „Lösung" oder „Wurzel" $x = a$, für welche $f(x) = 0$ ist.

Damit dieser Satz allgemein richtig ist, muß man für die Wurzeln der Gleichungen auch „*komplexe Zahlen*" zulassen. Dieselben stellen sich in der „*imaginären Einheit*" $i = \sqrt{-1}$ so dar:

$$(3) \quad \ldots\ldots\ldots a = a' + a'' \cdot i = a' + a'' \cdot \sqrt{-1},$$

wo a' und a'' *reelle* Zahlen, wie wir sie bisher allein betrachteten, sind.

Wie später gezeigt wird, bleiben für die komplexen Zahlen alle auf die reellen Zahlen bezogenen Rechnungsregeln der elementaren Algebra erhalten. Vorab verwerten wir insbesondere den

Lehrsatz: *Eine Gleichung, in welcher irgend welche komplexe Zahlen durch rationale Rechnungen (Addition, Subtraktion, Multiplikation, Division) verbunden erscheinen, bleibt richtig, falls man alle in ihr auftretenden komplexen Zahlen $a' + i\,a''$ zugleich durch ihre „konjugierten" Zahlen $a' - i\,a''$ ersetzt.*

Aus dem Fundamentalsatz folgert man leicht, *daß die Gleichung (2) nicht nur eine, sondern immer n Wurzeln hat.*

Bei Division der Funktion $f(x)$ durch $(x-a)$ möge nämlich die Funktion $(n-1)^{ten}$ Grades $f_1(x)$ als Quotient und die von x unabhängige Zahl r als Rest eintreten; dann gestattet $f(x)$ die nachfolgende Darstellung:

$$f(x) = (x-a) \cdot f_1(x) + r.$$

Setzt man $x = a$, so folgt $0 = r$, und also ist:

$$(4) \quad \ldots\ldots\ldots\ldots f(x) = (x-a)\,f_1(x).$$

Ist $n > 1$, so wende man die eben für $f(x)$ durchgeführte Betrachtung, welche zur Gleichung (4) führte, auf $f_1(x)$ an [1]). Man findet $f_1(x) = (x - b) f_2(x)$, wo b eine reelle oder komplexe Zahl und $f_2(x)$ eine Funktion $(n - 2)^{\text{ten}}$ Grades ist.

Die Wiederholung der gleichen Überlegung für $f_2(x)$ usw. liefert den

Lehrsatz: *Die ganze Funktion $f(x)$ vom n^{ten} Grade läßt sich in das Produkt von n „Linearfaktoren" zerlegen:*

$$(5) \quad . . \quad f(x) = a_0 (x - a)(x - b)(x - c) \cdots (x - m);$$

hier sind a, b, c, ..., m die n „Wurzeln" der Gleichung $f(x) = 0$.

Die bei der Abtrennung des letzten Linearfaktors $(x - m)$ als restierender Faktor auftretende Funktion $f_n(x)$ ist vom nullten Grade, d. i. konstant; und zwar ergibt sich als Wert dieser Konstanten a_0.

Sind die Wurzeln a, b, ..., m teilweise (oder sämtlich) einander gleich, so seien a, b, ..., l die verschiedenen unter ihnen; und es trete $(x - a)$ in (5) im ganzen α-mal, $(x - b)$ aber β-mal usw. auf.

Lehrsatz: *Unter Berücksichtigung des Falles „mehrfacher" Wurzeln schreibt man die Linearfaktorenzerlegung:*

$$(6) \quad . . . \quad f(x) = a_0 (x - a)^\alpha (x - b)^\beta (x - c)^\gamma \cdots (x - l)^\lambda,$$

wobei $\alpha + \beta + \gamma + \cdots + \lambda = n$ ist.

Fassen wir $a_0 (x - b)^\beta \ldots (x - l)^\lambda$ als Funktion $(n - \alpha)^{\text{ten}}$ Grades $f_1(x)$ zusammen, so ist $f_1(a) \gtreqless 0$, und es gilt $f(x) = (x - a)^\alpha f_1(x)$. Durch Differentiation dieser Gleichung nach x folgt:

$$f'(x) = (x - a)^{\alpha - 1} \left[\alpha f_1(x) + (x - a) f_1'(x)\right],$$

wo die in der großen Klammer stehende ganze Funktion $(n - \alpha)^{\text{ten}}$ Grades für $x = a$ nicht verschwindet.

Die gewonnene Gleichung liefert den später zu verwendenden

Lehrsatz: *Eine α-fache Wurzel der Gleichung $f(x) = 0$ ist noch eine $(\alpha - 1)$-fache Wurzel der durch Differentiation von $f(x)$ entstehenden Gleichung $(n - 1)^{ten}$ Grades $f'(x) = 0$.*

Ist $a = a' + i a''$ eine komplexe Wurzel $(a'' \gtreqless 0)$, so gilt:

$$a_0 (a' + i a'')^n + a_1 (a' + i a'')^{n-1} + \cdots + a_{n-1} (a' + i a'') + a_n = 0.$$

Da die a_0, a_1, ..., a_n reell sind, so ergibt der S. 99 ausgesprochene Lehrsatz als gleichfalls richtig:

$$a_0 (a' - i a'')^n + a_1 (a' - i a'')^{n-1} + \cdots + a_{n-1} (a' - i a'') + a_n = 0,$$

so daß mit $(a' + i a'')$ immer auch die konjugiert komplexe Zahl $(a' - i a'')$ der Gleichung genügt.

---

[1]) Jedoch muß man hierbei noch den Umstand benutzen, daß der Fundamentalsatz auch bei komplexen Koeffizienten a_0, a_1, ..., a_n der Gleichung gilt. Ist nämlich die erste Lösung a komplex, so gilt dasselbe von den Koeffizienten der bei der Division von $f(x)$ durch $(x - a)$ entspringenden Funktion $f_1(x)$.

Nehmen wir $a' - i\,a''$ als zweite Wurzel b, so folgt:

$$f(x) = (x - a)\,(x - b)\cdot f_2(x) = [(x - a')^2 + a''^2]\cdot f_2(x).$$

Da sich hiernach $f_2(x)$ als Quotient bei der Division von $f(x)$ durch die *reelle* Funktion $(x - a')^2 + a''^2$ zweiten Grades erweist, so hat $f_2(x)$ wieder *reelle* Koeffizienten. Man folgert durch Fortsetzung der Überlegung den

Lehrsatz: *Ist die komplexe Zahl $(a' + i\,a'')$ eine α-fache Wurzel der Gleichung (2) mit reellen Koeffizienten, so ist auch $(a' - i\,a'')$ eine α-fache Wurzel derselben. Die beiden zugehörigen Faktoren in (6) lassen sich in die α^{te} Potenz:*

$$(7) \ \ldots \ldots \ldots \ldots \ [(x - a')^2 + a''^2]^\alpha$$

der Funktion zweiten Grades $(x - a')^2 + a''^2$ mit reellen Koeffizienten zusammenziehen.

2. Partialbruchzerlegung der rationalen Funktionen.

Eine rationale Funktion $R(x)$ läßt sich nach S. 5 als Quotient $g(x) : f(x)$ zweier ganzen Funktionen $g(x)$ und $f(x)$ darstellen.

Ist der Grad n des Nenners $f(x)$ nicht größer als der Grad n' des Zählers $g(x)$, so dividiere man mit $f(x)$ in $g(x)$, bis der Grad des Restes $< n$ ist. Es entspringt als Quotient eine ganze Funktion $G(x)$ des Grades $(n' - n)$ und als Rest eine ganze Funktion $h(x)$, deren Grad $< n$ ist:

$$(1) \ \ldots \ldots \ldots \ldots \ R(x) = G(x) + \frac{h(x)}{f(x)}.$$

Um die rechts im zweiten Gliede stehende rationale Funktion weiter zu entwickeln, zerlegen wir $f(x)$ in seine Linearfaktoren; dies führe auf die Darstellung (6), S. 100. Fassen wir hierbei, wie oben, $a_0\,(x - b)^\beta \ldots (x - l)^\lambda$ als Funktion $(n - \alpha)^{\text{ten}}$ Grades $f_1(x)$ zusammen, so gilt $f(x) = (x - a)^\alpha f_1(x)$, und man hat $f_1(a) \gtreqless 0$.

Nun besteht, was auch A_1 für einen konstanten Wert haben mag, die identische Gleichung:

$$(2) \quad \frac{h(x)}{f(x)} = \frac{h(x)}{(x - a)^\alpha f_1(x)} = \frac{A_1}{(x - a)^\alpha} + \frac{h(x) - A_1 f_1(x)}{(x - a)^\alpha f_1(x)},$$

wobei die im Zähler des letzten Gliedes stehende ganze Funktion $h(x) - A_1 f_1(x)$ einen Grad $< n$ hat.

Verstehen wir jetzt unter A_1 den endlichen Wert $h(a) : f_1(a)$, so hat die Gleichung $h(x) - A_1 f_1(x) = 0$ die Wurzel a und also die ganze Funktion $h(x) - A_1 f_1(x)$ den Linearfaktor $x - a$:

$$h(x) - A_1 f_1(x) = (x - a)\cdot h_1(x).$$

Der Grad der übrig bleibenden ganzen Funktion $h_1(x)$ ist kleiner als $(n - 1)$.

Formel (2) liefert sonach für $A_1 = h(a) : f_1(a)$ das Resultat:

$$(3) \qquad \frac{h(x)}{f(x)} = \frac{h(x)}{(x-a)^\alpha f_1(x)} = \frac{A_1}{(x-a)^\alpha} + \frac{h_1(x)}{(x-a)^{\alpha-1} f_1(x)},$$

wobei der Grad von $h_1(x)$ den von $(x-a)^{\alpha-1} f_1(x)$ nicht erreicht.

Hiermit ist eine „Rekursionsformel" gewonnen, durch welche wir den gegebenen Quotienten in die Summe eines „Partialbruches" mit konstantem Partialzähler A_1 und eines mit dem gegebenen analog gebauten Quotienten zerlegen können, wobei im restierenden Quotienten der Linearfaktor $(x-a)$ nur noch im Grade $(\alpha-1)$ auftritt.

Die wiederholte Anwendung der Formel (3) liefert den

Lehrsatz: *Die rationale Funktion $R(x)$ läßt sich mit Hilfe gewisser n Konstanten $A_1, \ldots, L_\lambda$ in der Gestalt darstellen:*

$$(4) \quad \left\{ \begin{aligned} R(x) &= G(x) + \frac{A_1}{(x-a)^\alpha} + \frac{A_2}{(x-a)^{\alpha-1}} + \cdots + \frac{A_\alpha}{x-a} \\ &+ \frac{B_1}{(x-b)^\beta} + \frac{B_2}{(x-b)^{\beta-1}} + \cdots + \frac{B_\beta}{x-b} \\ &+ \cdots \cdots \cdots \cdots \cdots \cdots \cdots \\ &+ \frac{L_1}{(x-l)^\lambda} + \frac{L_2}{(x-l)^{\lambda-1}} + \cdots + \frac{L_\lambda}{x-l}. \end{aligned} \right.$$

In Formel (4) ist die „*Partialbruchzerlegung*" der rationalen Funktion $R(x)$ geleistet.

3. Berücksichtigung komplexer Wurzeln von $f(x) = 0$.

Die Partialbruchzerlegung (4) gilt zwar auch dann, wenn unter den Wurzeln $a, b, \ldots, l$ von $f(x) = 0$ komplexe vorkommen. Will man jedoch in diesem Falle komplexe Partialbrüche vermeiden, so verfährt man wie folgt:

Ist $a = a' + i a''$, $b = a' - i a''$ ein α-fach auftretendes komplexes Wurzelpaar, so setze man $f(x) = [(x-a')^2 + a''^2]^\alpha \cdot f_1(x)$. Die ganze Funktion $f_1(x)$ ist vom $(n-2\alpha)^{\text{ten}}$ Grade, hat reelle Koeffizienten und verschwindet weder für $x = a' + i a''$ noch $x = a' - i a''$.

Dieserhalb ist $h(a' + i a'') : f_1(a' + i a'')$ eine *endliche* komplexe Zahl $M + iN$. Da auch die Koeffizienten von $h(x)$ reell sind, so ergibt sich die zweite der beiden folgenden Gleichungen (1) aus der ersten:

$$(1) \cdot \cdot \quad \frac{h(a' + i a'')}{f_1(a' + i a'')} = M + iN, \quad \frac{h(a' - i a'')}{f_1(a' - i a'')} = M - iN.$$

Um nun die Partialbruchzerlegung von $h(x) : f(x)$ mit Umgehung komplexer Zahlen anzubahnen, setzen wir an Stelle von (2), S. 101, die Gleichung:

$$(2) \qquad \frac{h(x)}{f(x)} = \frac{A_1 x + B_1}{[(x-a')^2 + a''^2]^\alpha} + \frac{h(x) - (A_1 x + B_1) f_1(x)}{[(x-a')^2 + a''^2]^\alpha f_1(x)}.$$

Damit sich im zweiten Quotienten rechter Hand der Faktor $[(x-a')^2 + a''^2]$ forthebt, haben wir zu fordern, daß die Gleichung $h(x) - (A_1 x + B_1) f_1(x) = 0$ die beiden Wurzeln $a' \pm i\,a''$ habe. Dies liefert die beiden Gleichungen:

$$\frac{h(a' \pm i\,a'')}{f_1(a' \pm i\,a'')} = M \pm iN = A_1(a' \pm i\,a'') + B_1.$$

Man findet hieraus für A_1 und B_1 die endlichen *reellen* Werte:

$$(3) \quad \ldots \ldots \quad A_1 = \frac{N}{a''}, \quad B_1 = M - \frac{a'}{a''}\, N.$$

Setzt man nun $h(x) - (A_1 x + B_1) f_1(x) = [(x-a')^2 + a''^2] \cdot h_1(x)$, so ist $h_1(x)$ eine ausschließlich reelle Koeffizienten aufweisende ganze Funktion, deren Grad $< (n-2)$ ist.

Aus (2) geht die der Gleichung (3), S. 102, entsprechende Rekursionsformel:

$$(4) \quad \cdot \cdot \quad \frac{h(x)}{f(x)} = \frac{A_1 x + B_1}{[(x-a')^2 + a''^2]^\alpha} + \frac{h_1(x)}{[(x-a')^2 + a''^2]^{\alpha-1} f_1(x)}$$

hervor. Die wiederholte Anwendung derselben liefert den

Lehrsatz: *Will man bei der Partialbruchzerlegung einer rationalen Funktion den Gebrauch komplexer Zahlen vermeiden, so hat man dem einzelnen α-fach auftretenden Paare komplexer Wurzeln $(a' \pm i\,a'')$ die α Partialbrüche entsprechen zu lassen:*

$$(5) \quad \cdot \cdot \quad \begin{cases} \dfrac{A_1 x + B_1}{[(x-a')^2 + a''^2]^\alpha} + \dfrac{A_2 x + B_2}{[(x-a')^2 + a''^2]^{\alpha-1}} + \cdots \\[3mm] \quad + \dfrac{A_\alpha x + B_\alpha}{[(x-a')^2 + a''^2]}. \end{cases}$$

4. Partialbruchzerlegung bei lauter einfachen Wurzeln von $f(x) = 0$.

Hat $f(x) = 0$ keine mehrfachen Wurzeln, so gilt der Ansatz:

$$(1) \quad \ldots \ldots \quad \frac{h(x)}{f(x)} = \frac{A}{x-a} + \frac{B}{x-b} + \cdots + \frac{M}{x-m}.$$

An Stelle der in Nr. 2 entwickelten Regel zur Bestimmung der „*Partialzähler*" $A, B, \ldots, M$ kann man auch so verfahren:

Man multipliziere Gleichung (1) mit $f(x)$:

$$(2) \quad \ldots \ldots \quad h(x) = A \cdot \frac{f(x)}{x-a} + B \cdot \frac{f(x)}{x-b} + \cdots + M \cdot \frac{f(x)}{x-m}$$

und setze $x = a$ ein. Da $f(a) = 0$ ist, so erscheint das erste Glied rechts für $x = a$ unter der Gestalt $\dfrac{0}{0}$. Eine S. 74 aufgestellte Regel ergibt:

$$(3) \quad \ldots \ldots \quad h\,(a) = A \cdot \lim_{x=a} \left(\frac{f\,(x)}{x-a} \right) = A \cdot f'\,(a).$$

Durch entsprechende Bestimmung der Partialzähler $B, \ldots, M$ ergibt sich der

Lehrsatz: *Hat die Gleichung $f(x) = 0$ nur einfache Wurzeln, so gilt die Partialbruchzerlegung:*

$$(4) \quad \frac{h\,(x)}{f\,(x)} = \frac{h\,(a)}{f'\,(a)\,(x-a)} + \frac{h\,(b)}{f'\,(b)\,(x-b)} + \cdots + \frac{h\,(m)}{f'\,(m)\,(x-m)}.$$

Sind a und b wieder konjugiert komplex $a' \pm i\,a''$, so ergibt sich aus (3) leicht, daß die Partialzähler A, B gleichfalls konjugiert komplex sind. Die beiden zugehörigen Partialbrüche lassen sich dann in einen *reellen* Ausdruck zweiten Grades:

$$(5) \quad \frac{A' + i\,A''}{x - a' - i\,a''} + \frac{A' - i\,A''}{x - a' + i\,a''} = 2\,\frac{A'\,(x-a') - a''\,A''}{(x-a')^2 + a''^2}$$

zusammenfassen, was mit (5), S. 103, übereinstimmt.

Aus (4) entspringt die „*Lagrangesche Interpolationsformel*":

$$(6) \quad \begin{cases} h\,(x) = h\,(a) \cdot \dfrac{f\,(x)}{f'\,(a)\,(x-a)} + h\,(b) \cdot \dfrac{f\,(x)}{f'\,(b)\,(x-b)} + \cdots \\[2ex] \qquad\qquad \cdots + h\,(m) \cdot \dfrac{f\,(x)}{f'\,(m)\,(x-m)}, \end{cases}$$

welche gestattet, eine den Grad n nicht erreichende rationale ganze Funktion $h\,(x)$ anzugeben, die für n speziell gewählte Argumente $a, b, \ldots, m$ vorgeschriebene Werte $h\,(a), h\,(b), \ldots, h\,(m)$ hat.

Weiß man von einer sonst nicht näher bekannten Funktion nur erst, daß sie für die n Argumente $a, b, \ldots, m$ die Werte $h\,(a), h\,(b), \ldots, h\,(m)$ besitzt, so liefert (6) eine *angenäherte Darstellung dieser Funktion durch eine rationale ganze Funktion möglichst niedrigen Grades*. Die *zwischen* den Argumenten $a, b, c, \ldots$ eintretenden Funktionswerte können wir alsdann durch die korrespondierenden Werte der ganzen Funktion $h\,(x)$ angenähert darstellen. Diesem Umstande entspricht die Benennung „Interpolationsformel".

5. Integration rationaler Differentiale.

Erklärung: *Ist $R\,(x)$ eine beliebige rationale Funktion von x, so nennt man $R\,(x)\,dx$ ein „rationales Differential".*

Um $R\,(x)\,dx$ zu integrieren, tragen wir für $R\,(x)$ die Zerlegung in eine ganze Funktion $G\,(x)$ und eine Summe von Partialbrüchen ein, wobei wir so verfahren wollen, daß komplexe Ausdrücke vermieden werden.

Da die Integration von $G\,(x)\,dx$ oben (S. 82) bereits geleistet ist, so reduziert sich die Aufgabe der Berechnung von $\int R\,(x)\,dx$ auf die Auswertung von Integralen der folgenden vier Gestalten:

$$\text{I.} \quad \int \frac{d\,x}{x-a}, \qquad \text{II.} \quad \int \frac{d\,x}{(x-a)^\alpha}, \qquad \text{III.} \quad \int \frac{A\,x+B}{(x-a')^2+a''^2}\,d\,x,$$

$$\text{IV.} \quad \int \frac{A\,x+B}{[(x-a')^2+a''^2]^\alpha}\,d\,x,$$

wobei α eine ganze Zahl > 1 ist und die Koeffizienten durchgehends endliche *reelle* Werte haben.

Für die beiden ersten Integrale finden wir sofort:

$$(\text{I}) \quad \ldots \ldots \quad \int \frac{d\,x}{x-a} = \ln\,(x-a),$$

$$(\text{II}) \quad \ldots \ldots \quad \int \frac{d\,x}{(x-a)^\alpha} = -\frac{1}{(\alpha-1)\,(x-a)^{\alpha-1}}.$$

Zur Berechnung des dritten Integrals setze man $x-a' = a''\,z$. In der neuen Variabelen z schreibt sich das Integral so:

$$\frac{A}{2} \int \frac{2\,z\,dz}{1+z^2} + \frac{A\,a'+B}{a''} \int \frac{d\,z}{1+z^2}.$$

Man findet hierfür:

$$\frac{1}{2}\,A\,\ln\,(1+z^2) + \frac{A\,a'+B}{a''}\,arc\,tg\,z + A\,\ln\,a''.$$

Das dritte Glied ist als Integrationskonstante hinzugesetzt, um den Ausdruck des fraglichen Integrals in x:

$$(\text{III}) \quad \left\{ \begin{aligned} &\int \frac{A\,x+B}{(x-a')^2+a''^2}\,d\,x = \frac{1}{2}\,A\,\ln\,[(x-a')^2+a''^2] \\ &\qquad\qquad + \frac{A\,a'+B}{a''}\,arc\,tg\left(\frac{x-a'}{a''}\right) \end{aligned} \right.$$

einfacher zu gestalten.

Beim Integral IV führe man die eben schon benutzte Variabele z ein und findet ein Integral der Gestalt:

$$\int \frac{C\,z+D}{(1+z^2)^\alpha}\,d\,z = C \int \frac{z\,dz}{(1+z^2)^\alpha} + D \int \frac{d\,z}{(1+z^2)^\alpha}.$$

Für das erste der beiden rechts stehenden Integrale folgt sofort:

$$(1) \quad \ldots \ldots \quad \int \frac{z\,dz}{(1+z^2)^\alpha} = -\frac{1}{2\,\alpha-2} \cdot \frac{1}{(1+z^2)^{\alpha-1}}.$$

Für das zweite Integral können wir eine Rekursionsformel zur Erniedrigung des Exponenten α aufstellen. Es gilt nämlich:

$$(2) \quad \ldots \quad \int \frac{d\,z}{(1+z^2)^{\alpha-1}} = \frac{z}{(1+z^2)^{\alpha-1}} + (2\,\alpha-2) \int \frac{z^2\,d\,z}{(1+z^2)^\alpha},$$

wie man z. B. mittels der partiellen Integration (vgl. S. 84) zeigen kann. Für das in (2) rechts bleibende Integral schreibe man:

$$\int \frac{z^2\, dz}{(1+z^2)^\alpha} = \int \frac{dz}{(1+z^2)^{\alpha-1}} - \int \frac{dz}{(1+z^2)^\alpha}$$

und findet nach einer einfachen Zwischenrechnung:

$$(3) \qquad \int \frac{dz}{(1+z^2)^\alpha} = \frac{1}{2\alpha-2} \frac{z}{(1+z^2)^{\alpha-1}} + \frac{2\alpha-3}{2\alpha-2} \int \frac{dz}{(1+z^2)^{\alpha-1}}.$$

Die wiederholte Anwendung dieser Rekursionsformel führt schließlich auf $\int \dfrac{dz}{1+z^2} = arc\,tg\,z.$

Somit wird sich das Integral IV, abgesehen von einem Aggregat rationaler Funktionen von x, durch die Funktion $arc\,tg\left(\dfrac{x-a'}{a''}\right)$ darstellen lassen.

Lehrsatz: *Das Integral jedes rationalen Differentials berechnet sich als ein Aggregat von elementaren Funktionen, und zwar kommen hierbei neben rationalen Funktionen von x nur noch transzendente Funktionen der folgenden drei Gestalten zur Benutzung:*

$$ln\,(x-a), \quad ln\,[(x-a')^2 + a''^2], \quad arc\,tg\left(\frac{x-a'}{a''}\right).$$

6. Integration von Differentialen mit der n^{ten} Wurzel aus einer linearen Funktion.

Es seien a, b, c, d Konstante, für welche nicht gerade $a\,d = b\,c$ ist, und es sei n eine positive ganze Zahl.

Erklärung: *Unter* $R\left(x, \sqrt[n]{\dfrac{a\,x+b}{c\,x+d}}\right)$ *verstehe man eine Funktion, welche durch Ausübung irgend welcher „rationalen" Rechnungen auf* x *und die* n^{te} *Wurzel aus der linearen Funktion* $\dfrac{a\,x+b}{c\,x+d}$ *zu gewinnen ist* [1].

Die Integration des zugehörigen Differentials $R \cdot dx$ gelingt durch Einführung einer neuen Variabelen y, welche mit x verknüpft ist durch:

$$(1) \; \ldots \; y = \sqrt[n]{\frac{a\,x+b}{c\,x+d}}, \quad x = \frac{d\,y^n - b}{-c\,y^n + a}.$$

---

[1] Wäre $a\,d = b\,c$, so hätte man:

$$\frac{a\,x+b}{c\,x+d} = \frac{a\,(a\,x+b)}{a\,c\,x+a\,d} = \frac{a\,(a\,x+b)}{c\,(a\,x+b)} = \frac{a}{c},$$

und also würde die lineare Funktion konstant gleich $\dfrac{a}{c}$ sein. Dieserhalb wurde oben $a\,d \gtrless b\,c$ gefordert.

Es ergibt sich hierbei:

$$(2) \cdots \begin{cases} R\left(x, \sqrt[n]{\dfrac{a\,x+b}{c\,x+d}}\right) = R\left(\dfrac{d\,y^n - b}{-c\,y^n + a},\, y\right), \\[3mm] d\,x = \dfrac{n\,(a\,d - b\,c)\,y^{n-1}}{(a - c\,y^n)^2}\, d\,y, \end{cases}$$

so daß sich $R \cdot d\,x$ in y als *rationales* Differential darstellt.

Lehrsatz: *Das Integral eines Differentials, welches rational in x und der n^{ten} Wurzel einer linearen Funktion von x aufbaut, ist:*

$$(3) \cdots \cdots \cdots \int R\left(x, \sqrt[n]{\dfrac{a\,x+b}{c\,x+d}}\right) d\,x,$$

transformiert sich vermöge der Substitution (1) auf das Integral eines in y rationalen Differentials. Letzteres Integral ist nach den in Nr. 5, S. 104 ff., gegebenen Regeln weiter zu behandeln.

7. Integration von Differentialen mit der Quadratwurzel aus einer ganzen Funktion 2ten Grades.

Erklärung: *Unter* $R\left(x, \sqrt{a + 2\,b\,x + c\,x^2}\right)$ *wird eine Funktion von x verstanden, welche durch Ausübung irgend welcher „rationalen" Rechnungen auf x und* $\sqrt{a + 2\,b\,x + c\,x^2}$ *gewonnen werden kann.*

Es sei $c \gtrless 0$, weil sonst der Fall der Nr. 6 vorliegt.

Die unter dem Wurzelzeichen stehende ganze Funktion zweiten Grades werde abgekürzt durch:

$$(1) \cdots \cdots \cdots g(x) = a + 2\,b\,x + c\,x^2$$

bezeichnet. Wir nehmen an, daß die beiden Wurzeln der Gleichung $g(x) = 0$ verschieden voneinander sind; anderenfalls ist nämlich $g(x)$ das Quadrat einer linearen Funktion und also $\sqrt{g(x)}$ rational.

Es sind mehrere Fälle zu unterscheiden.

Sind die Wurzeln der Gleichung $g(x) = 0$ komplex, was für $b^2 - a\,c < 0$ eintritt, so ist die Funktion $g(x)$ für alle endlichen (reellen) Werte x entweder nur positiv oder nur negativ; denn $g(x)$ ist stetig und kann für keinen (reellen) Wert von x durch 0 hindurchgehen. Aus $b^2 < a\,c$ folgt, daß $a \gtrless 0$ gilt, und daß a im Vorzeichen mit der gleichfalls von 0 verschiedenen Zahl c übereinstimmt. Da $g(0) = a$ ist, so wird das Vorzeichen der Zahl a und also auch dasjenige von c zugleich das Vorzeichen aller Werte $g(x)$ sein.

Ist nun im fraglichen Falle auch noch $c < 0$, so ist $\sqrt{g(x)}$ für keinen endlichen Wert x reell; dieser Fall sei ausgeschlossen.

Falls $b^2 - a\,c < 0$ *gilt, ist* $c > 0$ *anzunehmen, wobei* $\sqrt{g(x)}$ *für alle Werte x reell ist.*

Ist zweitens $b^2 - ac > 0$, so sind die Wurzeln von $g(x) = 0$ reell. Sie mögen α und β heißen, und es sei $\beta > \alpha$. Die Linearfaktorenzerlegung von $g(x)$ ist:

$$(2) \quad \ldots \ldots \ldots \quad g(x) = c(x - \alpha)(x - \beta).$$

Aus (2) ergibt sich: *Ist $b^2 - ac > 0$, so ist $\sqrt{g(x)}$ im Intervall $\alpha \leqq x \leqq \beta$ reell, falls $c < 0$ ist; gilt aber $c > 0$, so ist $\sqrt{g(x)}$ für $x \leqq \alpha$, sowie für $x \geqq \beta$ reell.*

Sollen nur solche Werte x zugelassen werden, für welche $\sqrt{g(x)}$ reell ist, so gilt infolge der vorstehenden Überlegung der Satz: *Ist erstens $c > 0$, so sind für $b^2 - ac < 0$ alle Werte x und für $b^2 - ac > 0$ diejenigen außerhalb des endlichen Intervalls $\alpha < x < \beta$ zulässig; ist $c < 0$, so hat man $b^2 - ac > 0$ zu fordern und x auf das Intervall $\alpha \leqq x \leqq \beta$ zu beschränken.*

Die Integration von $R\left(x, \sqrt{g(x)}\right) \cdot dx$ leistet man durch Substitution einer neuen Variabelen y, für deren Erklärung wir die beiden Fälle $c > 0$ und $c < 0$ trennen:

I. Für $c > 0$ setze man:

$$(3) \quad \ldots \ldots \quad y = x\sqrt{c} + \sqrt{g(x)}, \quad 2x = \frac{y^2 - a}{b + y\sqrt{c}}.$$

Man berechnet hieraus:

$$(4) \quad \ldots \ldots \quad \sqrt{g(x)} = y - \frac{\sqrt{c}}{2} \frac{y^2 - a}{b + y\sqrt{c}},$$

$$(5) \quad \ldots \ldots \quad 2\,dx = \frac{y^2\sqrt{c} + 2by + a\sqrt{c}}{(b + y\sqrt{c})^2}\,dy.$$

Es werden somit x und $\sqrt{g(x)}$ in y rationale Funktionen, und dx wird ein in y rationales Differential. Die weitere Entwickelung geschieht nach den Regeln von Nr. 5, S. 104 ff.

II. Für $c < 0$ (und $b^2 - ac > 0$) setze man:

$$(6) \quad \ldots \ldots \ldots \quad y = \sqrt{\frac{\beta - x}{x - \alpha}}, \quad x = \frac{\beta + \alpha y^2}{1 + y^2},$$

wobei, wie schon bemerkt, x auf das Intervall $\alpha \leqq x \leqq \beta$ eingeschränkt bleibt. Man findet hier:

$$(7) \quad \ldots \ldots \ldots \left\{ \begin{aligned} \sqrt{g(x)} &= (\beta - \alpha)\sqrt{-c}\,\frac{y}{1 + y^2}, \\ dx &= 2(\alpha - \beta)\frac{y\,dy}{(1 + y^2)^2}, \end{aligned} \right.$$

so daß man in y wieder zu einem rationalen Differential gelangt.

Lehrsatz: *Ein aus x und der Quadratwurzel aus einer ganzen rationalen Funktion 2ten Grades aufgebautes Integral:*

$$(8) \quad \ldots \ldots \ldots \int R\left(x, \sqrt{a + 2\,b\,x + c\,x^2}\right) d\,x$$

läßt sich in den beiden für uns in Betracht kommenden Fällen durch die Substitutionen (3) bzw. (6) auf das Integral eines in y rationalen Differentials reduzieren und ist demnach durch elementare Funktionen darstellbar.

Beispiel.   Das Integral:

$$\int \frac{d\,x}{\sqrt{a + 2\,b\,x + x^2}}$$

gehört zum Falle I.   Die Substitution (3) liefert:

$$\int \frac{d\,x}{\sqrt{a + 2\,b\,x + x^2}} = \int \frac{d\,y}{y + b} = ln\,(b + y).$$

Es ergibt sich somit:

$$(9) \quad \int \frac{d\,x}{\sqrt{a + 2\,b\,x + x^2}} = ln\,\left(b + x + \sqrt{a + 2\,b\,x + x^2}\right).$$

8. Normalformen für die Integrale mit $\sqrt{a + 2\,b\,x + c\,x^2}$.

Um die beiden Fälle $c > 0$ und $c < 0$ zusammenfassend behandeln zu können, schreiben wir:

$$\int R\left(x, \sqrt{a + 2\,b\,x + c\,x^2}\right) d\,x$$

und verstehen unter c eine *positive* Zahl.

Statt bei der Berechnung des Integrals unmittelbar nach Nr. 7 zu verfahren, ist es vielfach zweckmäßig, das Integral zuvor auf gewisse Normalformen zu reduzieren.   Dieses Verfahren setzt sich aus folgenden Schritten zusammen:

I. Man führe eine neue Variabele z durch die folgende Substitution ein:

$$(1) \quad \ldots \ldots \ldots \ldots z = \frac{c\,x + b}{\sqrt{a\,c \mp b^2}},$$

wodurch sich ergibt:

$$\sqrt{c}\,\sqrt{a + 2\,b\,x \pm c\,x^2} = \sqrt{a\,c \mp b^2}\,\sqrt{1 + z^2}, \quad d\,x = \frac{\sqrt{a\,c \mp b^2}}{c}\,d\,z.$$

Man findet somit:

$$(2) \quad \int R\left(x, \sqrt{a + 2\,b\,x \pm c\,x^2}\right) d\,x = \int R_1\left(z, \sqrt{1 + z^2}\right) d\,z,$$

wobei rechter Hand R_1 eine aus z und $\sqrt{1 \pm z^2}$ vermöge rationaler Rechnungen zu gewinnende Funktion ist.

II. Stellt R_1 eine Summe mehrerer Glieder dar, so integriere man jedes Glied einzeln.

Jedenfalls läßt sich das einzelne Glied in die Gestalt:

$$(3) \quad \cdots \cdots \cdots \quad \frac{G_1(z) + G_2(z)\sqrt{1 \pm z^2}}{G_3(z) + G_4(z)\sqrt{1 + z^2}}$$

setzen, wobei $G_1(z)$, ..., $G_4(z)$ ganze rationale Funktionen von z sind; denn jede Potenz von $\sqrt{1 \pm z^2}$ mit geradem Exponenten ist eine „rationale" Funktion von z, und jede Potenz von $\sqrt{1 \pm z^2}$ mit ungeradem Exponenten ist das Produkt von $\sqrt{1 \pm z^2}$ und einer „rationalen" Funktion von z.

Durch Erweiterung des Ausdrucks (3) mit $\left(G_3 - G_4\sqrt{1 \pm z^2}\right)$ geht derselbe über in die Gestalt:

$$(4) \quad \cdots \quad \frac{G_5(z) + G_6(z)\sqrt{1 \pm z^2}}{G_7(z)} = R_2(z) + \frac{R_3(z)}{\sqrt{1 + z^2}},$$

wo $R_2(z)$ und $R_3(z)$ wieder rationale Funktionen von z sind.

Das Integral $\int R\left(x, \sqrt{a + 2bx + cx^2}\right)\,dx$ *läßt sich somit, abgesehen von Integralen rationaler Differentiale, reduzieren auf eine Summe von Integralen der Gestalt:*

$$(5) \quad \cdots \cdots \cdots \cdots \quad \int \frac{R_3(z)\,dz}{\sqrt{1 + z^2}}.$$

III. Jetzt trage man für $R_3(z)$ die Entwickelung in eine ganze Funktion, vermehrt um eine Summe von Partialbrüchen, ein und integriere die entspringenden Glieder einzeln.

Das Integral (5) läßt sich auf diese Weise reduzieren auf ein Aggregat von Integralen der vier folgenden Normalgestalten:

$$(6) \quad \cdots \quad \begin{cases} \displaystyle\int \frac{z^n\,dz}{\sqrt{1 \pm z^2}}, & \displaystyle\int \frac{dz}{(z-a)^n\,\sqrt{1 \pm z^2}}, \\[3mm] \displaystyle\int \frac{dz}{[(z-a')^2 + a''^2]^n\,\sqrt{1 + z^2}}, & \displaystyle\int \frac{z\,dz}{[(z-a')^2 + a''^2]^n\,\sqrt{1 \pm z^2}} \end{cases}$$

wobei n stets eine positive ganze Zahl (im ersten Falle unter Einschluß von 0) bedeutet.

Beispiel. Um das Integral:

$$\int \frac{dx}{\sqrt{a + 2bx - cx^2}}$$

zu berechnen, wendet man die Substitution (1) mit den unteren Zeichen an; es findet sich:

$$\int \frac{dx}{\sqrt{a + 2bx - cx^2}} = \frac{1}{\sqrt{c}} \int \frac{dz}{\sqrt{1 - z^2}} = \frac{1}{\sqrt{c}}\, arc\, sin\, z.$$

Bei Umrechnung auf x ergibt sich:

$$(7) \quad \int \frac{d\,x}{\sqrt{a + 2\,b\,x - c\,x^2}} = \frac{1}{\sqrt{c}} \, arc\,sin \left(\frac{c\,x - b}{\sqrt{b^2 + a\,c}} \right).$$

9. Partielle Integration bei Differentialen mit $\sqrt{1 + z^2}$.

Auf das erste der Integrale (6), S. 110, wende man noch die Methode der *partiellen Integration* an.

Man schreibe zunächst gemäß der Formel (3), S. 84:

$$\int \frac{z^n\,d\,z}{\sqrt{1 \pm z^2}} = \pm\, z^{n-1} \int \frac{\pm\, z\,d\,z}{\sqrt{1 \pm z^2}} + (n-1) \int \left(z^{n-2} \int \frac{\pm\, z\,d\,z}{\sqrt{1 \pm z^2}} \right) d\,z,$$

$$\int \frac{z^n\,d\,z}{\sqrt{1 \pm z^2}} = +\, z^{n-1} \sqrt{1 \pm z^2} \mp (n-1) \int z^{n-2} \sqrt{1 \pm z^2}\, d\,z.$$

Erweitert man unter dem letzten Integral mit $\sqrt{1 \pm z^2}$, so folgt:

$$\int \frac{z^n\,d\,z}{\sqrt{1 \pm z^2}} = \pm\, z^{n-1} \sqrt{1 \pm z^2} + (n-1) \int \frac{z^{n-2}\,d\,z}{\sqrt{1 \pm z^2}}$$
$$- (n-1) \int \frac{z^n\,d\,z}{\sqrt{1 \pm z^2}}.$$

Setzt man das letzte Glied nach links hinüber, so ergibt sich eine *Rekursionsformel, welche gestattet, das vorgelegte Integral auf ein eben solches mit einem um zwei Einheiten erniedrigten Exponenten n zu reduzieren:*

$$(1) \quad \int \frac{z^n\,d\,z}{\sqrt{1 \pm z^2}} = \pm\, \frac{z^{n-1} \sqrt{1 \pm z^2}}{n} \mp \frac{n-1}{n} \int \frac{z^{n-2}\,d\,z}{\sqrt{1 \pm z^2}}.$$

Durch wiederholte Anwendung dieser Formel wird man schließlich auf eines der folgenden Integrale geführt:

$$(2) \quad \cdots\cdots \int \frac{z\,d\,z}{\sqrt{1 \pm z^2}} = \pm\, \sqrt{1 \pm z^2},$$

$$(3) \quad \cdots\cdots \int \frac{d\,z}{\sqrt{1 + z^2}} = ln\,(z + \sqrt{1 + z^2})$$

$$(4) \quad \cdots\cdots \int \frac{d\,z}{\sqrt{1 - z^2}} = arc\,sin\,z.$$

10. Fundamentalsatz über die Integrale algebraischer Differentiale.

Die rationalen und die irrationalen Funktionen bezeichneten wir S. 11 zusammenfassend als elementare algebraische Funktionen. Ist

$\varphi(x)$ eine Funktion dieser Art, so nennen wir $\varphi(x)\,dx$ ein „*elementares algebraisches Differential*".

In den vorangehenden Nummern ist die Integration von $\varphi(x)\,dx$ für folgende drei Fälle durchgeführt:

$$\text{I.}\quad \varphi(x) = R(x),$$

$$\text{II.}\quad \varphi(x) = R\left(x,\ \sqrt[n]{\frac{a\,x+b}{c\,x+d}}\right),$$

$$\text{III.}\quad \varphi(x) = R\left(x,\ \sqrt{a+2\,b\,x+c\,x^2}\right),$$

und damit sind mittelbar auch alle diejenigen Fälle behandelt, bei denen $\varphi(x)$ additiv aus mehreren solchen Funktionen aufgebaut ist.

Es gilt aber folgender fundamentale

Lehrsatz: *Die drei genannten Typen elementarer algebraischer Differentiale sind die einzigen, bei denen $f(x) = \int \varphi(x)\,dx$ wieder eine „elementare" algebraische oder transzendente Funktion ist. Kommt in $\varphi(x)$ entweder die Quadratwurzel aus einer den zweiten Grad übersteigenden ganzen Funktion oder aber die höhere Wurzel aus einer nichtlinearen Funktion vor, so ist $f(x)$ im allgemeinen eine der Elementarmathematik nicht bekannte „höhere" transzendente Funktion.*

Die den Integralen der Gestalt:

$$\int R\left(x,\ \sqrt{a+b\,x+c\,x^2+d\,x^3}\right)\,dx$$

zugehörigen sogenannten „*elliptischen*" Funktionen bilden die niederste Klasse dieser höheren transzendenten Funktionen.

11. Partielle Integration bei transzendenten Differentialen.

Erklärung: *Ist $\varphi(x)$ eine transzendente Funktion, so werden wir $\varphi(x)\,dx$ als ein „transzendentes Differential" bezeichnen.*

Es gibt einige Typen transzendenter Differentiale, bei denen man mit Vorteil von der Methode der „*partiellen Integration*" Gebrauch machen kann.

I. *Die Differentiale $\sin^m x \cos^n x\,dx$.*

Formel (3), S. 84, liefert, wenn man $\cos x\,dx = d\sin x$ setzt:

$$\int \sin^m x \cos^n x\,dx = \cos^{n-1} x \int \sin^m x\,d\sin x$$

$$+\ (n-1) \int \left(\cos^{n-2} x \sin x \int \sin^m x\,d\sin x\right)\,dx,$$

$$\int \sin^m x \cos^n x\,dx = \frac{\cos^{n-1} x\,\sin^{m+1} x}{m+1}$$

$$+\ \frac{n-1}{m+1} \int \cos^{n-2} x\,\sin^{m+2} x\,dx.$$

Setzt man im letzten Integral $sin^m x \, (1 - cos^2 x)$ für $sin^{m+2} x$, so folgt:

$$\int sin^m x \, cos^n x \, dx = \frac{cos^{n-1}x \, sin^{m+1}x}{m+1}$$

$$+ \frac{n-1}{m+1}\int cos^{n-2}x \, sin^m x \, dx - \frac{n-1}{m+1}\int cos^n x \, sin^m x \, dx.$$

Bringt man hier das letzte Glied rechter Hand nach links, so ergibt sich die erste der beiden folgenden Rekursionsformeln:

$$(1) \cdots \left\{ \begin{aligned} &\int sin^m x \, cos^n x \, dx \\ &= \frac{sin^{m+1}x \, cos^{n-1}x}{m+n} + \frac{n-1}{m+n}\int sin^m x \, cos^{n-2}x \, dx, \end{aligned} \right.$$

$$(2) \cdots \left\{ \begin{aligned} &\int sin^m x \, cos^n x \, dx \\ &= - \frac{sin^{m-1}x \, cos^{n+1}x}{m+n} + \frac{m-1}{m+n}\int sin^{m-2}x \, cos^n x \, dx; \end{aligned} \right.$$

die zweite Formel beweist man analog.

Lehrsatz: *Das Integral des Differentials $sin^m x \, cos^n x \, dx$, in welchem m und n irgend welche nicht-negative ganze Zahlen sind, läßt sich vermöge der Rekursionsformeln (1) und (2) auf eines der vier Integrale:*

$$\int dx = x, \quad \int cos x \, dx = sin x, \quad \int sin x \, dx = -cos x,$$

$$\int sin x \, cos x \, dx = \tfrac{1}{2} sin^2 x$$

reduzieren; das fragliche Integral ist demnach durch „elementare" transzendente Funktionen darstellbar.

II. *Die Differentiale $x^n e^x \, dx$ und $\dfrac{e^x}{x^n} \, dx$.*

Die Regel der partiellen Integration ergibt:

$$\int x^n e^x \, dx = x^n \int e^x \, dx - n \int \left(x^{n-1} \int e^x \, dx \right) dx,$$

$$(3) \cdots\cdots \int x^n e^x \, dx = x^n e^x - n \int x^{n-1} e^x \, dx.$$

Ist n von 1 verschieden, so gilt weiter:

$$\int \frac{e^x}{x^n} \, dx = e^x \int \frac{dx}{x^n} - \int \left(e^x \int \frac{dx}{x^n} \right) dx,$$

$$(4) \cdots \int \frac{e^x}{x^n} \, dx = - \frac{e^x}{(n-1)x^{n-1}} + \frac{1}{n-1}\int \frac{e}{x^{n-1}} \, dx.$$

Lehrsatz: *Bedeutet n eine nicht-negative ganze Zahl, so läßt sich $\int x^n e\, dx$ durch die Rekursionsformel (3) schließlich auf $\int e^x dx = e^x$ reduzieren; beim Integral $\int \dfrac{e^x}{x^n}\, dx$ mit positiver ganzer Zahl n gelangt man vermöge (4) schließlich zum Integral $\int \dfrac{e^x}{x}\, dx$, welches eine „höhere" transzendente Funktion darstellt.*

III. *Die Differentiale $x^{\pm n} \sin x\, dx$ und $x^{\pm n} \cos x\, dx$.*

Hier liefert die partielle Integration die Rekursionsformeln:

$$(5) \cdots \int x^n \sin x\, dx = - x^n \cos x + n \int x^{n-1} \cos x\, dx,$$

$$(6) \cdots \int x^n \cos x\, dx = x^n \sin x - n \int x^{n-1} \sin x\, dx,$$

$$(7) \cdots \int \frac{\sin x}{x^n}\, dx = - \frac{\sin x}{(n-1)\, x^{n-1}} + \frac{1}{n-1} \int \frac{\cos x}{x^{n-1}}\, dx,$$

$$(8) \cdots \int \frac{\cos x}{x^n}\, dx = - \frac{\cos x}{(n-1)\, x^{n-1}} - \frac{1}{n-1} \int \frac{\sin x}{x^{n-1}}\, dx,$$

wobei in den letzten beiden Formeln $n > 1$ gilt.

Lehrsatz: *Die Integrale $\int x^n \sin x\, dx$ und $\int x^n \cos x\, dx$ lassen sich, falls n eine nicht-negative ganze Zahl ist, durch elementare transzendente Funktionen darstellen. Die Integrale $\int \dfrac{\sin x}{x^n}\, dx$ und $\int \dfrac{\cos x}{x^n}\, dx$ mit einer ganzen Zahl $n > 0$ führen dagegen (abgesehen von elementaren transzendenten Gliedern) auf die „höheren" transzendenten Funktionen $\int \dfrac{\sin x}{x}\, dx$ und $\int \dfrac{\cos x}{x}\, dx$.*

12. Entwickelung der Zahl π in ein unendliches Produkt.

Formel (2), S. 113, gestattet eine bemerkenswerte Anwendung auf die Entwickelung der Zahl $\pi = 3{,}141\,59\ldots$ in ein unendliches Produkt.

Nimmt man in jener Formel die ganze Zahl $m > 1$ und $n = 0$, und integriert man zwischen den Grenzen 0 und $\pi/2$, so folgt:

$$\int_0^{\frac{\pi}{2}} \sin^m x\, dx = \frac{m-1}{m} \int_0^{\frac{\pi}{2}} \sin^{m-2} x\, dx.$$

Bei wiederholter Anwendung dieser Rekursionsformel kommt man, je nachdem m ungerade oder gerade ist, schließlich auf das erste oder zweite der folgenden Integrale:

$$\int_0^{\frac{\pi}{2}} \sin x \, dx = 1. \qquad \int_0^{\frac{\pi}{2}} dx = \frac{\pi}{2}.$$

Es ergibt sich auf diese Weise:

$$(1) \quad \ldots \ldots \quad \int_0^{\frac{\pi}{2}} \sin^{2n+1} x \, dx = \frac{2}{3} \cdot \frac{4}{5} \cdot \frac{6}{7} \cdots \frac{2n}{2n+1},$$

$$(2) \quad \ldots \ldots \quad \int_0^{\frac{\pi}{2}} \sin^{2n} x \, dx = \frac{\pi}{2} \cdot \frac{1}{2} \cdot \frac{3}{4} \cdot \frac{5}{6} \cdots \frac{2n-1}{2n}.$$

Da nun im Inneren des ganzen Integrationsintervalls $\sin x$ einen positiven echten Bruch darstellt, so gilt für jedes ganzzahlige $m > 0$:

$$\sin^m x > \sin^{m+1} x \quad \text{und also} \quad \int_0^{\frac{\pi}{2}} \sin^m x \, dx > \int_0^{\frac{\pi}{2}} \sin^{m+1} x \, dx,$$

wie aus der Bedeutung des bestimmten Integrals (vgl. S. 85 ff.) hervorgeht.

Setzt man in der letzten Ungleichung erst $m = 2n - 1$ und sodann $m = 2n$, so ergeben sich aus (1) und (2) die Ungleichungen:

$$\frac{2}{3} \cdot \frac{4}{5} \cdot \frac{6}{7} \cdots \frac{2n-2}{2n-1} > \frac{\pi}{2} \cdot \frac{1}{2} \cdot \frac{3}{4} \cdot \frac{5}{6} \cdots \frac{2n-1}{2n},$$

$$\frac{\pi}{2} \cdot \frac{1}{2} \cdot \frac{3}{4} \cdot \frac{5}{6} \cdots \frac{2n-1}{2n} > \frac{2}{3} \cdot \frac{4}{5} \cdot \frac{6}{7} \cdots \frac{2n}{2n+1},$$

oder nach leichter Umrechnung:

$$(3) \quad \ldots \left\{ \begin{array}{l} \dfrac{\pi}{2} < \dfrac{2}{1} \cdot \dfrac{2}{3} \cdot \dfrac{4}{3} \cdot \dfrac{4}{5} \cdot \dfrac{6}{5} \cdot \dfrac{6}{7} \cdots \dfrac{2n-2}{2n-1} \cdot \dfrac{2n}{2n-1}, \\[2ex] \dfrac{\pi}{2} > \dfrac{2}{1} \cdot \dfrac{2}{3} \cdot \dfrac{4}{3} \cdot \dfrac{4}{5} \cdot \dfrac{6}{5} \cdot \dfrac{6}{7} \cdots \dfrac{2n}{2n-1} \cdot \dfrac{2n}{2n+1}. \end{array} \right.$$

Die beiden hier rechts auftretenden Produkte nenne man P_n und Q_n. Dann gilt erstlich:

$$(4) \quad \ldots \ldots \ldots 2 > P_2 > P_3 > P_4 > \cdots,$$

da aus der Bauart von P_n:

$$P_2 = \frac{16}{9}, \qquad \frac{P_{n-1}}{P_n} = \frac{4n^2 - 4n + 1}{4n^2 - 4n}$$

folgt; andererseits hat man:

$$(5) \quad \ldots \ldots \ldots 1 < Q_1 < Q_2 < Q_3 < \cdots,$$

da offenbar:

$$Q_1 = \frac{4}{3}, \qquad \frac{Q_{n-1}}{Q_n} = \frac{4n^2 - 1}{4n^2}$$

gilt. Überdies folgt aus den Ungleichungen (3) selber:

$$P_n > Q_n.$$

Des näheren hat man:

$$P_n - Q_n = P_n \left(1 - \frac{2\,n}{2\,n+1}\right) = P_n \cdot \frac{1}{2\,n+1},$$

woraus man mit Rücksicht auf:

$$2 > P_n > Q_n > 1$$

die Folgerung zieht:

$$0 < P_n - Q_n < \frac{2}{2\,n+1}.$$

Demnach wird für unendlich wachsendes n:

$$\lim_{n=\infty} (P_n - Q_n) = 0$$

gelten. Mit Rücksicht auf die Ungleichungen (4) und (5) folgt hieraus, daß die Zahlen P_n für $lim.\ n = \infty$ derselben zwischen 1 und 2 gelegenen Grenze zustreben, wie die Zahlen Q_n. Als diese Grenze geben die Ungleichungen (3) den Betrag $\pi/_2$:

$$(6) \quad \cdots \cdots \quad \frac{\pi}{2} = \lim_{n=\infty} \left(\frac{2}{1} \cdot \frac{2}{3} \cdot \frac{4}{3} \cdot \frac{4}{5} \cdot \frac{6}{5} \cdots \frac{2\,n}{2\,n-1}\right),$$

was man auch ausdrückt durch den

Lehrsatz: *Die Zahl $\pi/_2$ läßt sich in das als „konvergent" zu bezeichnende* [1]) *unendliche Produkt entwickeln:*

$$(7) \quad \cdots \cdots \quad \frac{\pi}{2} = \frac{2}{1} \cdot \frac{2}{3} \cdot \frac{4}{3} \cdot \frac{4}{5} \cdot \frac{6}{5} \cdot \frac{6}{7} \cdot \frac{8}{7} \cdots$$

13. Integration durch unendliche Reihen.

Wenn es nicht gelingt, das Integral eines vorgelegten Differentials $\varphi(x)\,dx$ durch eine der bisher entwickelten Methoden zu berechnen so kann man versuchen, dieses Ziel vermittelst einer Reihendarstellung des Integrales zu erreichen.

Die Funktion $\varphi(x)$ sei in die Potenzreihe:

$$(1) \quad \cdots \cdots \quad \varphi(x) = a_0 + a_1 x + a_2 x^2 + a_3 x^3 + \cdots$$

entwickelbar, von welcher angenommen werden soll, daß sie im Intervall $-g < x < +g$ konvergent sei.

Indem wir die Gleichung (1) mit dx multiplizieren und gliedweise integrieren, ergibt sich:

$$(2) \quad \int \varphi(x)\,dx = C + a_0 x + \frac{a_1}{2} x^2 + \frac{a_2}{3} x^3 + \frac{a_3}{4} x^4 + \cdots,$$

wo C die Integrationskonstante ist.

---

[1]) Vgl. die Entwickelungen von S. 54 ff. über Konvergenz unendlicher Reihen.

In der Tat kann man zeigen (was jedoch hier nicht ausgeführt wird), *daß die in (2) rechts stehende Reihe in demselben Intervall* $-g < x < +g$ *konvergiert wie (1), und daß sie in diesem Intervall die Funktion* $\int \varphi(x)\,dx$ *darstellt* (vgl. den letzten Lehrsatz in Nr. 4, S. 58).

Als Beispiel gelte:

$$(3) \qquad \int \frac{\sin x}{x}\,dx = C + x - \frac{x^3}{2!\,.\,3^2} + \frac{x^5}{4!\,.\,5^2} - \frac{x^7}{6!\,.\,7^2} + \cdots,$$

eine Reihe, die für alle endlichen x konvergent ist.

In dieser Reihe besitzen wir nunmehr ein Mittel, die in (3) links stehende „höhere transzendente Funktion" (vgl. den Lehrsatz am Ende von Nr. 11, S. 114) angenähert zu berechnen.

Vierter Abschnitt.

Funktionen mehrerer unabhängiger Variabelen.

———

Erstes Kapitel.

Differentiation und Integration der Funktionen mehrerer unabhängiger Variabelen.

———

1. Die Funktionen zweier unabhängiger Variabelen.

Es seien x und y zwei *voneinander unabhängige* Veränderliche.

Erklärung: *Ist die Variabele z derart an die beiden „unabhängigen" Variabelen x und y gebunden, daß zu dem einzelnen Wertepaar x, y stets ein Wert oder eine Anzahl von Werten der „abhängigen" Variabelen z nach einem bestimmten Gesetze zugehört, so heißt z eine „Funktion" der beiden unabhängigen Variabelen x und y.*

Auf die Funktionen zweier Veränderlichen überträgt man alle Begriffsbestimmungen, Bezeichnungsweisen und Einteilungsprinzipien, welche S. 2 ff. für die Funktionen einer Variabelen ausgebildet wurden.

So braucht man $z = f(x, y)$ oder $z = g(x, y)$ usw. als symbolische Bezeichnungen für Funktionen; man bezeichnet beispielsweise $z = a x^3 + b x y - c y^5$ als eine „rationale ganze", $z = \sin(5x - 7y)$ als eine „transzendente Funktion" der Variabelen x und y; man sagt, durch $x z^2 - 3 z \sin y + 2 = 0$ sei z als „unentwickelte" oder „implizite" Funktion von x und y erklärt usw. Die folgenden Untersuchungen werden sich wieder auf „elementare" Funktionen beschränken.

Zur *geometrischen Deutung der Wertepaare der Variabelen x, y* dienen die Punkte einer Ebene („*Zahlenebene*"), in welcher ein rechtwinkliges Koordinatensystem zugrunde gelegt sei; der Punkt der Koordinaten x, y oder, wie wir kurz sagen, der Punkt (x, y) ist das Sinnbild des Wertepaares x, y.

Um daraufhin eine *geometrische Versinnlichung der einzelnen Funktion $z = f(x, y)$* zu gewinnen, trage man z als dritte Koordinate im Punkte (x, y) auf der Zahlenebene senkrecht auf, verstehe also unter x, y, z rechtwinklige Koordinaten im Raume.

Wie in der analytischen Geometrie des Raumes gezeigt wird, stellt dann die Gleichung $z = f(x, y)$ eine *Fläche* dar.

Lehrsatz: *Die bei rechtwinkligen Koordinaten x, y, z durch $z = f(x, y)$ dargestellte Fläche benutzt man als geometrisches Bild der Funktion $f(x, y)$; die in den einzelnen Punkten (x, y) der xy-Ebene senkrecht errichteten Koordinaten z der Flächenpunkte liefern direkt die Funktionswerte $f(x, y)$.*

2. Eindeutigkeit und Mehrdeutigkeit der Funktionen $f(x, y)$.

Um den Charakter der Funktionen $f(x, y)$ in bezug auf Eindeutigkeit und Mehrdeutigkeit zu kennzeichnen, betrachten wir einige spezielle rationale Funktionen als Beispiele. Wir setzen erstlich:

$$(1) \quad \ldots \ldots \ldots \ldots \quad z = \frac{2xy}{x^2 + y^2}.$$

Diese Funktion ist für alle endlichen Wertsysteme x, y eindeutig, abgesehen vom Wertsysteme $x = 0$, $y = 0$, wo die rechte Seite von (1) unter der unbestimmten Gestalt $\frac{0}{0}$ erscheint.

Gleichwohl erhalten wir einen bestimmten Grenzwert für die Funktion (1), wenn wir einen geeigneten Weg vorschreiben, auf welchem der Punkt (x, y) in der xy-Ebene den Nullpunkt erreichen soll.

Führen wir nämlich in der xy-Ebene Polarkoordinaten r, ϑ ein, indem wir $x = r\cos\vartheta$, $y = r\sin\vartheta$ setzen, so liefert (1):

$$(2) \quad \ldots \ldots \ldots \ldots \quad z = \sin 2\vartheta.$$

Wenn man also, wie in Fig. 51, in der xy-Ebene einen Weg beschreibt, der unter dem Winkel ϑ gegen die positive x-Achse im Nullpunkte einmündet, so erhält man als Grenzwert der Funktion den eindeutig bestimmten Wert $sin\,2\,\vartheta$.

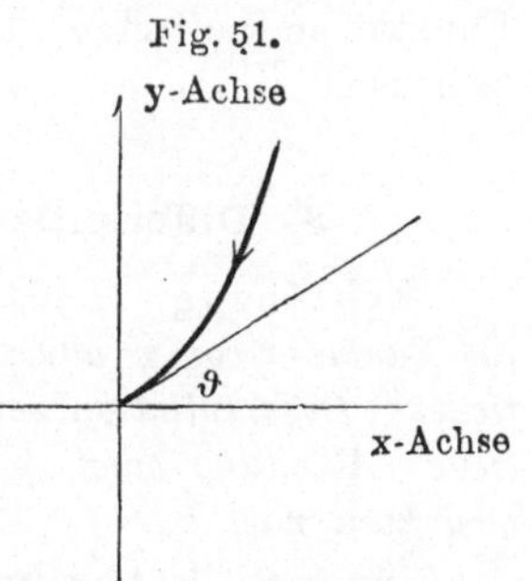

Die in (1) erklärte, im allgemeinen eindeutige Funktion z ist für $x = 0$, $y = 0$ unendlich vieldeutig. Die Funktionswerte z für dieses Argumentenpaar variieren zwischen -1 und $+1$, und man kann den Weg des Punktes (x, y) nach der Stelle $(0,0)$ so einrichten, daß als Funktionswert ein beliebiger Wert des Intervalls $-1 \leq z \leq +1$ erreicht wird. Man sagt, die Funktion (1) werde für $x = 0$, $y = 0$ „stetig-vieldeutig".

Diese Eigentümlichkeit der Funktion (1) kommt an der zugehörigen Fläche (Zylindroid) direkt zur Anschauung. Die Gestalt dieser Fläche, welche aus lauter horizontalen (d. i. mit der xy-Ebene parallelen) Geraden aufgebaut erscheint, macht man sich auf Grund der Gleichung (2) am leichtesten deutlich.

Von der folgenden Funktion:

$$(3) \ldots \ldots \ldots z = \frac{x - 2\,y}{x^2 - 2\,x + y^2}$$

stelle man fest, daß sie sowohl für $x = 0$, $y = 0$, als für $x = {}^8/_5$, $y = {}^4/_5$ stetig-vieldeutig wird. Es handelt sich hierbei um die beiden Schnittpunkte der durch $x - 2\,y = 0$ dargestellten Geraden mit dem Kreise $x^2 - 2\,x + y^2 = 0$ des Radius 1 um den Punkt (1,0).

In allen anderen Punkten der Peripherie dieses Kreises hat man $z = \infty$: *Die Funktion (3) zeigt somit „Unstetigkeit durch Unendlichwerden" längs der ganzen Peripherie dieses Kreises, abgesehen von den beiden Schnittpunkten des letzteren mit der Geraden $x - 2\,y = 0$, wo die Funktion „stetig-vieldeutig" wird.*

Die Funktionen $f(x, y)$ können auch isoliert liegende Unstetigkeitspunkte aufweisen. Dies findet z. B. bei der Funktion:

$$(4) \ldots \ldots \ldots z = \frac{5\,x^2 - y}{(x - 1)^2 + 3\,(y - 2)^2}$$

im Punkte $x = 1$, $y = 2$ statt.

Um nun den folgenden Betrachtungen eine möglichst einfache Grundlage zu sichern, betrachten wir die Funktionen in der Regel nur für solche Wertsysteme (x, y) der Argumente, für welche sie *„eindeutig"* bestimmte, *„endliche"* Werte haben, die man in *„stetigem"* Übergange erreicht, von welcher Richtung man sich auch der Stelle (x, y) in der $x\,y$-Ebene stetig annähern mag.

Dies setzt übrigens voraus, daß wir im Falle einer irrationalen Funktion bei den etwa auszuziehenden Quadratwurzeln über die Vorzeichen feste Bestimmungen treffen, und daß wir, sofern zyklometrische Funktionen auftreten, uns etwa der Hauptwerte dieser Funktionen bedienen.

3. Differentiation der Funktionen $z = f(x, y)$.

Erklärung: *Falls man $z = f(x, y)$ bei konstant gedachtem y als Funktion von x allein differenziert, so spricht man von einer „partiellen" Differentiation von $f(x, y)$ nach x und nennt das Ergebnis „partielle" Ableitung oder „partiellen" Differentialquotienten in bezug auf x oder kurz nach x.*

Die partielle Ableitung von $z = f(x, y)$ in bezug auf x wird durch:

$$(1) \ldots \ldots \ldots \frac{\partial z}{\partial x} = \frac{\partial f(x, y)}{\partial x} = f_x'(x, y)$$

bezeichnet. Aus dieser Ableitung wird das *„partielle Differential"* der Funktion z nach x (siehe S. 19) durch Multiplikation mit $d\,x$ gewonnen:

$$(2) \ldots \partial_x z = \partial_x f(x, y) = f_x'(x, y)\,d\,x = \left(\frac{\partial f(x, y)}{\partial x}\right) d\,x.$$

Ganz entsprechende Festsetzungen und Bezeichnungen gelten für die Differentiation von $f(x, y)$ *in bezug auf* y.

So hat man z. B. für die Funktion $z = a x^3 + b x y - c y^5$:

$$\frac{\partial z}{\partial x} = 3 a x^2 + b y, \qquad \frac{\partial z}{\partial y} = b x - 5 c y^4.$$

Erklärung: *Die Summe der beiden partiellen Differentiale:*

$$f_x'(x, y)\, d x = \frac{\partial f(x, y)}{\partial x}\, d x, \quad f_y'(x, y)\, d y = \frac{\partial f(x, y)}{\partial y}\, d y$$

nennt man „totales oder vollständiges Differential" der Funktion $z = f(x, y)$ *und bezeichnet dasselbe durch* $d z = d f(x, y)$:

$$(3) \quad \ldots \ldots \quad d z = d f(x, y) = \frac{\partial f(x, y)}{\partial x}\, d x + \frac{\partial f(x, y)}{\partial y}\, d y.$$

Entspricht den zunächst endlich gewählten Änderungen $\varDelta x$ und $\varDelta y$ die Änderung $\varDelta z$ der Funktion $z = f(x, y)$, so gilt:

$$\varDelta z = f(x + \varDelta x, y + \varDelta y) - f(x, y).$$

Diese Gleichung wandele man unter Benutzung der Abkürzung $y_1 = y + \varDelta y$ in folgende um:

$$\varDelta z = f(x + \varDelta x, y_1) - f(x, y_1) + f(x, y + \varDelta y) - f(x, y),$$

wofür man auch schreiben kann:

$$(4) \quad \ldots \ldots \quad \left\{ \begin{aligned} \varDelta z &= \frac{f(x + \varDelta x, y_1) - f(x, y_1)}{\varDelta x} \cdot \varDelta x \\ &+ \frac{f(x, y + \varDelta y) - f(x, y)}{\varDelta y} \cdot \varDelta y. \end{aligned} \right.$$

Läßt man hier $\varDelta x$ und $\varDelta y$ gleichzeitig, aber unabhängig voneinander unendlich klein werden, so werden die beiden rechts stehenden Quotienten gleich $f_x'(x, y_1)$ und $f_y'(x, y)$, und für $\varDelta x$ und $\varDelta y$ haben wir die Differentiale $d x$ und $d y$ zu schreiben[1]). Da übrigens für $lim.\, \varDelta y = 0$ offenbar $lim.\, y_1 = y$ wird, so nimmt $f_x'(x, y_1)$ den Grenzwert $f_x'(x, y)$ an. Demgemäß geht die rechte Seite der Gleichung (4) in das durch Formel (3) dargestellte totale Differential von $z = f(x, y)$ über.

Lehrsatz: *Werden die gleichzeitigen Abänderungen der Argumente von* $z = f(x, y)$ *unendlich klein, so wird dabei die Abänderung der Funktion schließlich gleich dem totalen Differentiale* $d z = d f(x, y)$.

Beispielsweise gilt für die Funktion $z = a x^3 + b x y - c y^5$ hiernach als die den $d x$ und $d y$ entsprechende unendlich kleine Abänderung:

$$d z = (3 a x^2 + b y)\, d x + (b x - 5 c y^4)\, d y.$$

---

[1]) Die Schlußweise des Textes ist insofern nicht genau, als beim Grenzübergange $lim.\, \varDelta x = 0$ im ersten Quotienten auf der rechten Seite von (4) das zweite Argument y_1 gleichzeitig geändert werden sollte, also die am Eingang von Nr. 3 gegebene Erklärung des partiellen Differentialquotienten nicht streng inne gehalten ist. Gleichwohl treffen die Angaben des Textes jedenfalls bei den für uns allein in Betracht kommenden elementaren Funktionen zu.

4. Differentiation unentwickelter Funktionen einer Variabelen.

Ist y durch die Gleichung $f(x, y) = 0$ unentwickelt als Funktion von x gegeben, so war zur Berechnung von $\dfrac{dy}{dx}$ bisher die Auflösung von $f(x, y) = 0$ nach y erforderlich. Letztere Operation läßt sich in folgender Art vermeiden.

Man setze zunächst $z = f(x, y)$ und sehe x und y als unabhängige Variabele an; dann gilt für die den Differentialen dx, dy entsprechende Abänderung dz von z:

$$dz = \frac{\partial f(x, y)}{\partial x}\, dx + \frac{\partial f(x, y)}{\partial y}\, dy.$$

Sollen fortan wieder nur solche Wertsysteme x, y vorkommen, für welche $z = f(x, y) = 0$ gilt, so hängen x und y vermöge dieser Gleichung voneinander ab, und es sind nur noch solche gleichzeitige Abänderungen dx und dy von x und y zulässig, für welche z konstant gleich 0 bleibt und also dz verschwindet. Man findet somit:

$$(1) \cdot \cdot \quad \frac{\partial f(x, y)}{\partial x}\, dx + \frac{\partial f(x, y)}{\partial y}\, dy = 0, \quad \frac{dy}{dx} = -\frac{\dfrac{\partial f(x, y)}{\partial x}}{\dfrac{\partial f(x, y)}{\partial y}}.$$

Lehrsatz: Ist y als „unentwickelte" Funktion von x durch die Gleichung $f(x, y) = 0$ gegeben, so berechnet man den Differentialquotienten $\dfrac{dy}{dx}$ vermöge partieller Differentiationen auf Grund der zweiten Gleichung (1).

So findet man z. B. bei

$$\frac{x^2}{a^2} + \frac{y^2}{b^2} - 1 = 0 \quad \text{sofort} \quad \frac{dy}{dx} = -\frac{b^2 x}{a^2 y}$$

in Übereinstimmung mit (2), S. 45.

5. Verallgemeinerung auf Funktionen beliebig vieler Variabelen.

Ist die Anzahl n der vorliegenden unabhängigen Variabelen > 2, so bezeichnet man letztere zweckmäßig durch x_1, x_2, ..., x_n.

Begriff und Einteilung der Funktionen $f(x_1, x_2, ..., x_n)$ dieser n Variabelen wird man von den oben behandelten Fällen $n = 1$ und $n = 2$ aus leicht für beliebiges n verallgemeinern.

Differenziert man die Funktion $y = f(x_1, x_2, ..., x_n)$ bei konstant gedachten $(n-1)$ Variabelen x_1, ..., x_{k-1}, x_{k+1}, ..., x_n als Funktion von x_k allein, so gewinnt man die „*partielle Ableitung*" bzw. das „*partielle Differential*" nach x_k:

$$(1) \quad \cdots \quad \frac{\partial y}{\partial x_k} = \frac{\partial f(x_1, \ldots, x_n)}{\partial x_k} = f'_{x_k}(x_1, x_2, \ldots, x_n),$$

$$(2) \quad \partial_{x_k} y = \partial_{x_k} f(x_1, \ldots, x_n) = f'_{x_k}(x_1, \ldots, x_n)\, d x_k = \frac{\partial f(x_1, \ldots, x_n)}{\partial x_k} d x_k.$$

Ändert man gleichzeitig die n Argumente um die n voneinander unabhängig zu denkenden Differentiale $d x_1$, $d x_2$, $\ldots$, $d x_n$, so heißt die entsprechende Änderung $d y = d f(x_1, \ldots, x_n)$ der Funktion das zu $d x_1$, $\ldots$, $d x_n$ gehörende „*vollständige*" oder „*totale Differential*".

Für dieses totale Differential gilt der

Lehrsatz: *Das zu* $d x_1, \ldots, d x_n$ *gehörende totale Differential* $d y$ *ist gleich der Summe aller* n *partiellen Differentiale von* $y = f(x_1, \ldots, x_n)$, *welche zu* $d x_1, \ldots, d x_n$, *einzeln genommen, gehören:*

$$(3) \quad d y = d f(x_1, \ldots, x_n) = \frac{\partial f}{\partial x_1} d x_1 + \frac{\partial f}{\partial x_2} d x_2 + \cdots + \frac{\partial f}{\partial x_n} d x_n.$$

Der Beweis ergibt sich durch Verallgemeinerung der bei $n = 2$ in Nr. 3, S. 121, befolgten Überlegung.

6. Differentiation zusammengesetzter Funktionen.

Setzt man in der betrachteten Funktion $y = f(x_1, x_2, \ldots, x_n)$ die Argumente mit Funktionen einer einzigen Variabelen x:

$$(1) \quad \cdots \quad x_1 = \varphi_1(x), \quad x_2 = \varphi_2(x), \quad \ldots, \quad x_n = \varphi_n(x)$$

gleich, so wird dadurch offenbar auch y eine Funktion von x allein. Wir sprechen hier, wie in dem S. 11 betrachteten Falle $n = 1$, von einer „*zusammengesetzten Funktion*".

Da die Gleichung (3), Nr. 5, für beliebige $d x_1$, $\ldots$, $d x_n$ gilt, so ist sie auch für diejenigen Differentiale richtig, welche man auf Grund der Gleichungen (1) bei einem Zuwachs von x um $d x$ berechnet:

$$(2) \quad d x_1 = \left(\frac{d x_1}{d x}\right) d x = \varphi'_1(x)\, d x, \quad \ldots, \quad d x_n = \left(\frac{d x_n}{d x}\right) d x = \varphi'_n(x)\, d x.$$

Tragen wir diese Ausdrücke der $d x_1$, $\ldots$, $d x_n$ in (3), Nr. 5, ein und teilen durch $d x$, so ergibt sich der

Lehrsatz: *Ist* $y = f(x_1, \ldots, x_n)$, *und sind* $x_1 = \varphi_1(x)$, $\ldots$, $x_n = \varphi_n(x)$ *Funktionen der einen unabhängigen Variabelen* x, *so ist auch* y *eine Funktion von* x *allein. In diesem Falle berechnet man die Ableitung von* y *nach* x *auf Grund der Formel:*

$$(3) \quad \cdots \quad \frac{d y}{d x} = \frac{\partial y}{\partial x_1} \cdot \frac{d x_1}{d x} + \frac{\partial y}{\partial x_2} \cdot \frac{d x_2}{d x} + \cdots + \frac{\partial y}{\partial x_n} \cdot \frac{d x_n}{d x}.$$

Für $n = 1$ ergibt sich die Regel (2), S. 27, wieder.

Ist z. B. $y = x_2^{x_1}$, so ergibt sich:

$$\frac{dy}{dx} = x_1 \cdot x_2^{x_1-1} \frac{dx_2}{dx} + x_2^{x_1} \, ln \, x_2 \cdot \frac{dx_1}{dx}$$

$$\frac{dy}{dx} = y \left[\frac{\varphi_1(x)}{\varphi_2(x)} \cdot \varphi_2'(x) + \varphi_1'(x) \cdot ln \, \varphi_2(x) \right]$$

in Übereinstimmung mit Formel (1), S. 29.

7. Die partiellen Ableitungen höherer Ordnung.

Erklärung: *Wenn man die nach x_i genommene partielle Ableitung f_{x_i}' der Funktion $f(x_1, x_2, \ldots, x_n)$ partiell nach x_k differenziert, so entspringt die durch:*

$$(1) \quad \cdots \quad \frac{\partial \left(\frac{\partial f}{\partial x_i} \right)}{\partial x_k} = \frac{\partial^2 f}{\partial x_i \, \partial x_k} = f_{x_i, x_k}''(x_1, x_2, \ldots, x_n)$$

zu bezeichnende „partielle Ableitung zweiter Ordnung" (partielle zweite Ableitung) von $f(x_1, \ldots, x_n)$ nach x_i und x_k. Entsprechend definiert man die partielle Ableitung f_{x_i, x_k, x_l}''' dritter Ordnung usw.

Bei einer Funktion $z = f(x, y)$ zweier Variabelen hat man demnach zunächst die vier partiellen Ableitungen zweiter Ordnung:

$$(2) \quad \frac{\partial^2 f}{\partial x^2} = f_{xx}'', \quad \frac{\partial^2 f}{\partial x \, \partial y} = f_{xy}'', \quad \frac{\partial^2 f}{\partial y \, \partial x} = f_{yx}'', \quad \frac{\partial^2 f}{\partial y^2} = f_{yy}''.$$

Betreffs der höheren Ableitungen von $f(x, y)$ gilt folgender

Lehrsatz: *Das Ergebnis mehrerer nacheinander ausgeübter Differentiationen nach verschiedenen Argumenten ist von der Reihenfolge dieser Differentiationen unabhängig.*

Um z. B. die Identität der beiden Funktionen f_{xy}'' und f_{yx}'' zu beweisen, wenden wir auf die gleich näher zu erklärende Funktion $F(x)$ den Mittelwertsatz (vgl. S. 59) an:

$$(3) \quad \cdot \cdot \quad F(x + h) - F(x) = F'(x + \vartheta h) \cdot h, \quad 0 < \vartheta < 1.$$

Unter $F(x)$ soll aber die Funktion:

$$F(x) = f(x, y + k) - f(x, y)$$

verstanden werden, in welcher somit y und k vorerst als konstant gelten. Man findet:

$$f(x + h, y + k) - f(x + h, y) - f(x, y + k) + f(x, y)$$
$$= [f_x'(x + \vartheta h, y + k) - f_x'(x + \vartheta h, y)] \cdot h.$$

Der rechts mit h multiplizierte Ausdruck kann als Funktion von y wieder nach dem Mittelwertsatze umgestaltet werden; so ergibt sich:

$$f(x + h, y + k) - f(x + h, y) - f(x, y + k) + f(x, y)$$
$$= f_{xy}''(x + \vartheta h, y + \vartheta' k) \cdot h k.$$

Nun kann man aber die vorstehende Rechnung auch in der Art ausführen, daß man erst y und dann x als variabel ansieht; es findet sich so auf ganz analogem Wege für die linke Seite der letzten Gleichung der Wert:

$$f''_{yx}(x + \vartheta'' h, y + \vartheta''' k) \cdot h\,k.$$

Dieserhalb muß die Gleichung bestehen:

$$f''_{xy}(x + \vartheta h, y + \vartheta' k) = f''_{yx}(x + \vartheta'' h, y + \vartheta''' k).$$

Läßt man hier h und k gleichzeitig bis 0 abnehmen, so folgt, der Behauptung entsprechend, $f''_{xy} = f''_{yx}$.

So findet man z. B. für $z = 5x^2 y^3 - e^{3x+y}$ tatsächlich:

$$\frac{\partial^2 z}{\partial x \partial y} = \frac{\partial^2 z}{\partial y \partial x} = 30\,x\,y^2 - 3\,e^{3x+y}.$$

8. Die totalen Differentiale höherer Ordnung.

Erklärung: *Sieht man das zu dx und dy gehörige totale Differential dz einer Funktion $z = f(x, y)$ als Funktion von x und y allein an und berechnet von dieser Funktion dz das totale Differential für dieselben Differentiale dx und dy der Argumente, so entspringt das zu dx und dy gehörende „totale Differential zweiter Ordnung" $d(dz) = d^2z$. Entsprechend definiert man die totalen Differentiale der 3ten, 4ten usw. Ordnung d^3z, d^4z, ...*

Nach den Entwickelungen von Nr. 3, S. 121, hat man:

$$d^2 z = d(dz) = \frac{\partial(dz)}{\partial x} dx + \frac{\partial(dz)}{\partial y} dy.$$

Andererseits ist:

$$dz = \frac{\partial f}{\partial x} dx + \frac{\partial f}{\partial y} dy,$$

und da dz bei fest bleibenden dx, dy als Funktion von x und y aufgefaßt werden sollte, so folgt:

$$\frac{\partial(dz)}{\partial x} = \frac{\partial^2 f}{\partial x^2} dx + \frac{\partial^2 f}{\partial y \partial x} dy, \quad \frac{\partial(dz)}{\partial y} = \frac{\partial^2 f}{\partial x \partial y} dx + \frac{\partial^2 f}{\partial y^2} dy.$$

Unter Benutzung des Lehrsatzes in Nr. 7 ergibt sich somit:

$$(1) \ \ . \ . \ . \ . \ d^2 z = \frac{\partial^2 f}{\partial x^2} dx^2 + 2 \frac{\partial^2 f}{\partial x \partial y} dx\,dy + \frac{\partial^2 f}{\partial y^2} dy^2.$$

Allgemein gilt der

Lehrsatz: *Das zu dx und dy gehörende totale Differential n^{ter} Ordnung der Funktion $z = f(x, y)$ stellt sich mit Hilfe der S. 32 erklärten Binomialkoeffizienten der n^{ten} Potenz in der Gestalt dar:*

$$(2) \cdots \begin{cases} d^n z = \dfrac{\partial^n f}{\partial x^n}\, dx^n + \binom{n}{1} \dfrac{\partial^n f}{\partial x^{n-1}\, \partial y}\, dx^{n-1}\, dy \\[3mm] + \binom{n}{2} \dfrac{\partial^n f}{\partial x^{n-2}\, \partial y^2}\, dx^{n-2}\, dy^2 + \cdots + \dfrac{\partial^n f}{\partial y^n}\, dy^n. \end{cases}$$

Der Beweis wird durch den Schluß der „vollständigen Induktion" (vgl. S. 33) geführt.

Ist die Formel (2) für n richtig, so berechne man:

$$d^{n+1} z = d(d^n z) = \frac{\partial(d^n z)}{\partial x}\, dx + \frac{\partial(d^n z)}{\partial y}\, dy,$$

wobei man für $d^n z$ die rechte Seite der Gleichung (2) eintrage. Indem man den entspringenden Ausdruck auf Grund der Regel:

$$\binom{n}{k} + \binom{n}{k-1} = \binom{n+1}{k}$$

zusammenzieht, gewinnt man die für $(n+1)$ statt n gebildete Formel (2), so daß sie auch noch für $(n+1)$ gilt. Da Formel (2) aber in (1) für $n = 2$ wirklich bewiesen ist, so gilt sie hiernach allgemein.

Die Definition der totalen Differentiale höherer Ordnung einer Funktion $y = f(x_1, x_2, \ldots, x_n)$ von n unabhängigen Variabelen $x_1, \ldots, x_n$ wird man nach Analogie des Falles $n = 2$ sofort vollziehen.

Als Beispiel merken wir das totale Differential 2ter Ordnung an:

$$(3) \quad \begin{cases} d^2 z = d^2 f(x_1, \ldots, x_n) = \dfrac{\partial^2 f}{\partial x_1^2}\, dx_1^2 + \cdots + \dfrac{\partial^2 f}{\partial x_n^2}\, dx_n^2 \\[3mm] + 2\, \dfrac{\partial^2 f}{\partial x_1\, \partial x_2}\, dx_1\, dx_2 + \cdots + 2\, \dfrac{d^2 f}{\partial x_{n-1}\, \partial x_n}\, dx_{n-1}\, dx_n. \end{cases}$$

9. Integration zweigliedriger totaler Differentialausdrücke.

Mit Hilfe zweier Funktionen $\varphi(x, y)$ und $\psi(x, y)$ der voneinander unabhängigen Variabelen x und y bilde man den zweigliedrigen Differentialausdruck:

$$\varphi(x, y)\, dx + \psi(x, y)\, dy.$$

Erklärung: *Im Anschluß an Nr. 3 soll dieser Ausdruck stets und nur dann als ein „totales (vollständiges) Differential" oder ein „totaler (vollständiger) Differentialausdruck" bezeichnet werden, falls eine Funktion $z = f(x, y)$ existiert, für welche:*

$$(1) \cdots dz = d f(x, y) = \varphi(x, y)\, dx + \psi(x, y)\, dy$$

zutrifft. Diese Funktion $f(x, y)$ heißt alsdann „Integral" des vollständigen Differentials $(\varphi\, dx + \psi\, dy)$.

Aus (1) ergibt sich auf Grund von (3), S. 121:

$$\varphi(x, y) = \frac{\partial f}{\partial x}, \qquad \psi(x, y) = \frac{\partial f}{\partial y}.$$

Durch erneute Differentiation findet man:

$$\frac{\partial \varphi (x, y)}{\partial y} = \frac{\partial^2 f (x, y)}{\partial x \partial y}, \qquad \frac{\partial \psi (x, y)}{\partial x} = \frac{\partial^2 f (x, y)}{\partial y \partial x};$$

und da die beiden hier rechts stehenden Funktionen einander gleich sind (vgl. S. 124), so folgt:

$$(2) \quad \cdots \cdots \cdots \quad \frac{\partial \varphi (x, y)}{\partial y} = \frac{\partial \psi (x, y)}{\partial x}.$$

Lehrsatz: *Die Bedingung (2) ist nun nicht nur notwendig, sondern auch hinreichend dafür, daß $(\varphi \, dx + \psi \, dy)$ ein vollständiges Differential ist.*

In der Tat gelingt unter der Bedingung (2) die Angabe eines Integrals $f(x, y)$ auf folgendem Wege:

Da $\dfrac{\partial f}{\partial x}$ gleich $\varphi (x, y)$ sein soll, so folgt, wenn man φ bei konstant gedachtem y nach x integriert:

$$(3) \quad \cdots \cdots \cdots \quad f(x, y) = \int \varphi \, dx + \chi (y).$$

An Stelle der „Integrationskonstanten" ist hier die von y allein abhängige Funktion $\chi (y)$ zu setzen, da von derselben nur Unabhängigkeit von der „Integrationsvariabelen" x, aber nicht von y zu fordern ist.

Es fragt sich nun, ob man $\chi (y)$ so bestimmen kann, daß die durch (3) gegebene Funktion $f(x, y)$ das gewünschte Integral des vorgelegten totalen Differentials ist. Hierzu ist hinreichend und notwendig, daß der aus (3) zu berechnende Differentialquotient $\dfrac{\partial f}{\partial y}$ mit der gegebenen Funktion $\psi (x, y)$ identisch ist.

$$(4) \quad \frac{\partial f}{\partial y} = \psi = \frac{\partial}{\partial y} \int \varphi \, dx + \frac{d \chi (y)}{d y}, \quad \frac{d \chi (y)}{d y} = \psi - \frac{\partial}{\partial y} \int \varphi \, dx.$$

Damit die letzte Gleichung möglich ist, muß auf ihrer rechten Seite eine Funktion von y allein stehen, d. h. bei Ausführung der rechts vorgeschriebenen Differenz muß sich das erste Argument x gerade fortheben. Dies trifft in der Tat zu; denn die Ableitung nach x des auf der rechten Seite der letzten Gleichung stehenden Ausdrucks verschwindet zufolge der als gültig angenommenen Bedingung (2):

$$\frac{\partial \psi}{\partial x} - \frac{\partial^2}{\partial y \partial x} \int \varphi \, dy = \frac{\partial \psi}{\partial y} - \frac{\partial}{\partial y} \left(\frac{\partial}{\partial x} \int \varphi \, dx \right) = \frac{\partial \psi}{\partial x} - \frac{\partial \varphi}{\partial y} = 0;$$

die rechte Seite der letzten Gleichung (4) erweist sich somit als von x unabhängig.

Der an $\chi(y)$ gestellten Bedingung genügt hiernach die Funktion:

$$(5) \quad \ldots \ldots \quad \chi(y) = \int \left[\psi - \frac{\partial}{\partial y} \int \varphi \, dx \right] dy + C,$$

wo C eine von x und y unabhängige Größe ist.

Durch Einsetzung dieses Ausdrucks von $\chi(y)$ in Formel (3) gewinnt man als „*Integral des totalen Differentials $(\varphi \, dx + \psi \, dy)$*"

$$(6) \quad \ldots \quad f(x,y) = \int \varphi \, dx + \int \left[\psi - \frac{\partial}{\partial y} \int \varphi \, dx \right] dy + C.$$

10. Differentiation und Integration eines bestimmten Integrals nach einem Parameter.

In der Absicht, hier eine nur mehr beiläufige Entwickelung über bestimmte Integrale mit Parametern einzuschieben, verstehen wir unter $x, y\, z$ rechtwinklige Raumkoordinaten und zeichnen in der xy-Ebene das in Fig. 52 scharf umrandete Rechteck, dessen Seiten durch die vier Gleichungen $x = a$, $x = b$, $y = c$ und $y = d$ dargestellt sind.

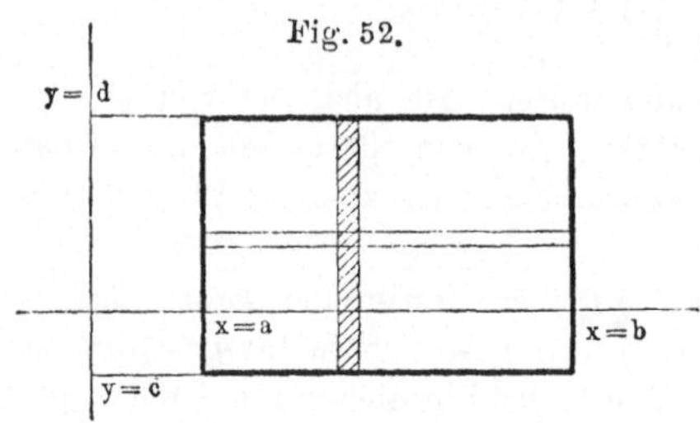

Eine vorgelegte Funktion $\varphi(x, y)$ sei für alle vom Inneren und vom Rande des fraglichen Rechtecks gelieferten Wertsysteme x, y eindeutig und stetig.

Längs der vier Seiten des Rechtecks denke man Ebenen senkrecht zur xy-Ebene errichtet, welche bis an die durch $z = \varphi(x, y)$ dargestellte Fläche heranreichen. Durch letztere Fläche, jene vier Ebenen und die xy-Ebene wird ein Volumen eingegrenzt, dessen Inhalt V bestimmt werden soll. Die Maßzahl V soll dabei genau wie bei der Quadratur der Kurven (vgl. S. 91) positiv oder negativ gerechnet werden, je nachdem das betreffende Raumstück oberhalb oder unterhalb der xy-Ebene liegt.

Zur Bestimmung von V zerlege man das Rechteck durch zwei Systeme von Geraden, die zur x-Achse bzw. y-Achse parallel laufen, in unendlich kleine Rechtecke. Ein einzelnes dieser Rechtecke habe die Seiten dx und dy. Der Inhalt dieses Rechtecks ist $dx \cdot dy$; auf demselben steht als zugehöriger Bestandteil des Volumens V ein vierseitiges Prisma vom Rauminhalt $z \cdot dx \cdot dy$.

Man lege nun zunächst bei konstantem x und dx alle unendlich kleinen Prismen aneinander, die über dem in Fig. 52 schraffierten Streifen stehen. So gewinnen wir vom Volumen V eine Scheibe des Inhaltes:

$$\left(\int\limits_c^d z \, dy \right) dx = \left[\int\limits_c^d \varphi(x, y) \, dy \right] dx,$$

wobei für konstantes x in bezug auf y zu integrieren ist.

Indem wir den auszumessenden Raum aus unendlich vielen Scheiben dieser Art aufbauen, ergibt sich:

$$(1) \quad \ldots \ldots \quad V = \int\limits_a^b \left[\int\limits_c^d \varphi(x, y) \, dy \right] dx.$$

Man kann jedoch auch so verfahren, daß man den in Fig. 52 nicht schraffierten, zur x-Achse parallel laufenden Streifen zunächst aus unendlich kleinen Rechtecken aufbaut usw. Für V ergibt sich dann:

$$(2) \quad \ldots \ldots \quad V = \int\limits_c^d \left[\int\limits_a^b \varphi(x, y) \, dx \right] dy,$$

wobei für die innere Integration y als konstant gilt.

Durch Gleichsetzung der beiden für V erhaltenen Werte folgt:

$$(3) \quad \ldots \quad \int\limits_c^d \left[\int\limits_a^b \varphi(x, y) \, dx \right] dy = \int\limits_a^b \left[\int\limits_c^d \varphi(x, y) \, dy \right] dx.$$

Unter Aufgabe der bisherigen geometrischen Deutung von x und y ändern wir die Bezeichnung, indem wir p statt y schreiben, und nennen alsdann p einen in der Funktion φ enthaltenen sogenannten *„unbestimmten oder variabelen Parameter"*.

An Stelle der unteren Integralgrenze c schreiben wir p_0 als *konstanten* Wert des *Parameters*, während die obere Grenze $d = p$ als *unbestimmt* oder *variabel* gelte.

Die Formel (3) lautet nun:

$$(4) \quad \ldots \ldots \quad \int\limits_{p_0}^p \left[\int\limits_a^b \varphi(x, p) \, dx \right] dp = \int\limits_a^b \left[\int\limits_{p_0}^p \varphi(x, p) \, dp \right] dx$$

und liefert den

Lehrsatz: *Ist φ eine Funktion von x mit dem Parameter p, so ist das zwischen den konstanten Grenzen a und b genommene Integral des Differentials $\varphi \, dx$ eine Funktion von p allein. Um letztere nach p zwischen den Grenzen p_0 und p zu integrieren, ist es erlaubt, die Integration nach p unter dem auf x bezogenen Integralzeichen an $\varphi(x, p)$, d. h. also vor der in bezug auf x auszuführenden Integration, zu vollziehen.*

Aus (3), S. 87, folgt, daß die Ableitung des Integrals $\int\limits_a^x \varphi(x) \, dx$ mit variabeler Grenze x nach diesem x gleich $\varphi(x)$ ist.

Durch Differentiation nach p folgt somit aus (4):

$$(5) \ldots \ldots \frac{\partial}{\partial p} \int_a^b \left[\int_{p_0}^p \varphi(x,p)\, dp \right] dx = \int_a^b \varphi(x,p)\, dx.$$

Nun schreibe man wegen der variabelen oberen Grenze p:

$$\int_{p_0}^p \varphi(x,p)\, dp = \psi(x,p)$$

und findet durch Differentiation nach p hieraus:

$$\varphi(x,p) = \frac{\partial \psi(x,p)}{\partial p}.$$

Führt man in (5) die Funktion ψ ein, so folgt:

$$(6) \ldots \ldots \frac{\partial}{\partial p} \int_a^b \psi(x,p)\, dx = \int_a^b \frac{\partial \psi(x,p)}{\partial p}\, dx.$$

Lehrsatz. *Um ein bestimmtes Integral nach einem unter dem Integralzeichen vorkommenden Parameter p zu differenzieren, ist es erlaubt, die Differentiation unter dem Integralzeichen, d. h. zuerst (vor der Integration) auszuführen.*

Beispiel. Durch zweimalige partielle Integration ergibt sich:

$$\int e^{-px} \sin x\, dx = - \frac{p \sin x + \cos x}{1 + p^2} \cdot e^{-px}.$$

Ist $p > 0$, so ist es nach S. 88 erlaubt, die Integration von $x = 0$ bis $x = \infty$ auszudehnen, da die rechte Seite für $lim. \ x = \infty$ wegen des Exponentialfaktors der Grenze 0 zustrebt:

$$\int_0^\infty e^{-px} \sin x\, dx = \frac{1}{1 + p^2}.$$

Durch Integration nach p folgt für $p_0 > 0$ und $p > 0$:

$$\int_0^\infty \left(\int_{p_0}^p e^{-px}\, dp \right) \sin x\, dx = \int_{p_0}^p \frac{dp}{1 + p^2},$$

$$\int_0^\infty \frac{e^{-p_0 x} - e^{-px}}{x} \cdot \sin x\, dx = arc\,tg\,p - arc\,tg\,p_0,$$

wo rechts der „Hauptwert" der Funktion $arc\,tg$ gemeint ist.

Man kann zeigen, daß diese Gleichung richtig bleibt, wenn man p_0 bis 0 abnehmen und p bis ∞ wachsen läßt; dabei ergibt sich:

$$(7) \ldots \ldots \ldots \int_0^\infty \frac{\sin x}{x}\, dx = \frac{\pi}{2}.$$

Zweites Kapitel.

Der Taylorsche Lehrsatz und die Theorie der Maxima und Minima.

1. Der Taylorsche Lehrsatz für Funktionen mehrerer Variabelen.

Die Funktion $f(u, v)$ der beiden Variabelen u, v sei für alle weiterhin zur Benutzung kommenden Wertsysteme der Argumente u, v eindeutig und stetig. Dasselbe gelte von den Ableitungen dieser Funktion, soweit dieselben hier gebraucht werden.

Das totale Differential n^{ter} Ordnung von $f(u, v)$ hat nach Formel (2) S. 126 die Gestalt:

$$d^n f = \frac{\partial^n f}{\partial u^n}\, d u^n + \binom{n}{1} \frac{\partial^n f}{\partial u^{n-1} d v}\, d u^{n-1} d v + \cdots + \frac{d^n f}{\partial v^n}\, d v^n.$$

Die willkürlich wählbaren $d u$, $d v$ sollen jetzt die zu $d t$ gehörenden Differentiale der Funktionen $u = x + h t$, $v = y + k t$ sein, welche letztere man bei konstanten x, y, h, k in Abhängigkeit von t betrachte. Da sich hier $d u = h\, dt$, $d v = k\, dt$ berechnet, so gilt:

$$(1) \;\; . \; . \;\; \frac{d^n f}{d t^n} = \frac{\partial^n f}{\partial u^n}\, h^n + \binom{n}{1} \frac{\partial^n f}{\partial u^{n-1} \partial v}\, h^{n-1} k + \cdots + \frac{\partial^n f}{\partial v^n}\, k^n,$$

wobei links f als Funktion von t allein gilt, während bei der Berechnung des rechts stehenden Ausdrucks f als Funktion von u und v partiell zu differenzieren ist.

Um die rechte Seite von (1) weiter umzugestalten, betrachte man jetzt allein x als variabel und differenziere f partiell in bezug auf x nach der Regel für die zusammengesetzten Funktionen; es folgt:

$$\frac{\partial f}{\partial x} = \frac{\partial f}{\partial u} \cdot \frac{\partial u}{\partial x} = \frac{\partial f}{\partial u}, \quad \text{weil} \quad \frac{\partial u}{\partial x} = 1$$

ist und v von x unabhängig ist.

Durch wiederholte Differentiation nach x und entsprechend nach y folgt allgemein:

$$\frac{\partial^n f (u, v)}{\partial x^{n-k} \partial y^k} = \frac{\partial^n f (u, v)}{\partial u^{n-k} \partial v^k}.$$

Die Gleichung (1) nimmt daraufhin folgende Gestalt an:

$$\frac{d^n f (u, v)}{d t^n} = \frac{\partial^n f (u, v)}{\partial x^n}\, h^n + \binom{n}{1} \frac{\partial^n f (u, v)}{\partial x^{n-1} \partial y}\, h^{n-1} k + \cdots + \frac{\partial^n f (u, v)}{\partial y^n}\, k^n.$$

Nach Berechnung dieser Gleichung bei variabelem t trage man in dieselbe jetzt $t = 0$ ein. Dementsprechend ist $u = x$ und $v = y$ zu setzen, und man findet:

$$(2) \quad \left(\frac{d^n f}{d\,t^n}\right)_{t=0} = \frac{\partial^n f(x, y)}{\partial\,x^n}\,h^n + \binom{n}{1}\frac{\partial^n f(x, y)}{\partial\,x^{n-1}\,\partial\,y}\,h^{n-1}\,k + \cdots + \frac{\partial^n f(x, y)}{\partial\,y^n}\,k^n,$$

wobei durch die Schreibweise der linken Seite angedeutet sein soll, daß erst nach Ausführung der n-maligen Differentiation von $f(u, v)$ in bezug auf t für t der Wert 0 einzutragen ist.

Nun gilt andererseits für $f(u, v)$ als Funktion von t nach dem Mac Laurinschen Lehrsatze (vgl. S. 62):

$$f(u, v) = f(x, y) + \left(\frac{d\,f(u, v)}{d\,t}\right)_{t=0} \cdot \frac{t}{1} + \left(\frac{d^2 f(u, v)}{d\,t^2}\right)_{t=0} \cdot \frac{t^2}{1 \cdot 2} + \cdots$$

$$+ \left(\frac{d^{n-1} f(u, v)}{d\,t^{n-1}}\right)_{t=0} \cdot \frac{t^{n-1}}{(n-1)!} + R_n.$$

Für das Restglied R_n findet man nach der Formel I, S. 63:

$$R_n = \frac{t^n}{n!}\left(\frac{d^n f}{d\,t^n}\right)_{\substack{u=x+h\,\vartheta\,t \\ v=y+k\,\vartheta\,t}}$$

wo ϑ eine dem Intervall $0 < \vartheta < 1$ angehörende Zahl ist.

Jetzt ersetze man die einzelnen Klammerausdrücke rechter Hand in der letzten Gleichung für $f(u, v)$ durch ihre in (2) berechneten Entwickelungen und trage hierauf für t den Wert 1 ein.

Es entspringt so der

Taylorsche Lehrsatz: *Erfüllt die Funktion $f(x, y)$ samt ihren zur Benutzung kommenden Ableitungen die anfangs genannten Bedingungen, so gestattet der Funktionswert $f(x + h, y + k)$ folgende Entwickelung:*

$$(3) \quad \left\{ \begin{aligned} &f(x + h, y + k) = f(x, y) + \left(\frac{\partial\,f(x, y)}{\partial\,x}\,h + \frac{\partial\,f(x, y)}{\partial\,y}\,k\right) + \cdots \\ &+ \frac{1}{(n-1)!}\left[\frac{\partial^{n-1} f(x, y)}{\partial\,x^{n-1}}\,h^{n-1} + \binom{n-1}{1}\frac{\partial^{n-1} f(x, y)}{\partial\,x^{n-2}\,\partial\,y}\,h^{n-2}\,k + \cdots \right. \\ &\left. + \frac{\partial^{n-1} f(x, y)}{\partial\,y^{n-1}}\,k^{n-1}\right] + R_n. \end{aligned} \right.$$

Dabei geht R_n aus der rechten Seite der Formel (2) hervor, falls man in den fertig berechneten partiellen n^{ten} Ableitungen die Argumente x, y durch $x + \vartheta\,h, y + \vartheta\,k$ ersetzt.

Die Übertragung der vorstehenden Entwickelung auf den Fall einer Funktion von mehr als zwei Variabelen vollzieht sich ohne Schwierigkeit. Als Beispiel merken wir an:

$$(4) \quad \begin{cases} f(x_1 + h_1,\, x_2 + h_2,\, \ldots,\, x_n + h_n) = f(x_1,\, \ldots,\, x_n) \\[2mm] \;+ \left(\dfrac{\partial f}{\partial x_1} h_1 + \cdots + \dfrac{\partial f}{\partial x_n} h_n \right) + \dfrac{1}{1 \cdot 2} \left(\dfrac{\partial^2 f}{\partial x_1^2} h_1^2 + \cdots + \dfrac{\partial^2 f}{\partial x_n^2} h_n^2 \right. \\[3mm] \;\left. + 2 \dfrac{\partial^2 f}{\partial x_1 \partial x_2} h_1 h_2 + \cdots + 2 \dfrac{\partial^2 f}{\partial x_{n-1} \partial x_n} h_{n-1} h_n \right) + R_3. \end{cases}$$

Hier gelten überall da, wo die Funktion f ohne Argumente geschrieben ist, $x_1,\, \ldots,\, x_n$ als solche.

2. Untersuchung einer Funktion $f(x, y)$ in der Umgebung einer Stelle (x, y).

Es sei ein besonderes Wertepaar x, y zweier unabhängiger Variabelen vorgelegt. Irgend ein Wertepaar aus der „*Umgebung*" jenes Paares x, y kann man durch $x + h$, $y + k$ bezeichnen, indem man dabei für h und k die Ungleichungen:

$$(1) \quad \cdots \quad -\delta < h < +\delta, \qquad -\delta < k < +\delta$$

vorschreibt, unter δ eine ausreichend kleine, aber von 0 verschiedene positive Zahl verstanden.

In der Zahlenebene entsprechen diesen Wertepaaren $x + h$, $y + k$ die Punkte eines kleinen Quadrates mit dem Mittelpunkte (x, y) und mit Seiten, die zu den Koordinatenachsen parallel sind und die Länge $2\,\delta$ haben.

Die Zahl δ wird man je nach dem beabsichtigten Zwecke kleiner oder größer, aber (wie schon bemerkt) stets > 0 wählen.

Wird weiterhin ausgesagt, daß „in der Umgebung" des Wertepaares x, y irgend etwas zutreffe, so ist damit gemeint, *es lasse sich eine Umgebung derart fixieren, daß in ihr die fragliche Aussage gilt.*

Nun sei $f(x, y)$ eine Funktion, welche samt ihren weiterhin zur Verwendung kommenden Ableitungen für die im folgenden gebrauchten Wertepaare der Argumente x, y als eindeutig und stetig vorausgesetzt wird.

Der Funktionswert $f(x + h, y + k)$ für ein der Umgebung der Stelle (x, y) angehörendes Wertepaar $x + h$, $y + k$ kann alsdann auf Grund des Taylorschen Lehrsatzes entwickelt werden. Insbesondere finden wir, indem wir die Formel (3), S. 132, für $n = 2$ bilden, für die durch $\varDelta$ zu bezeichnende Differenz:

$$(2) \quad \cdots \cdots \quad \varDelta = f(x + h, y + k) - f(x, y)$$

der Funktionswerte $f(x + h, y + k)$ und $f(x, y)$:

$$(3) \quad \cdots \cdots \cdots \quad \varDelta = f_x' h + f_y' k + R_2,$$

wo die Argumente von f_x' und f_y' die der betrachteten Stelle zugehörigen x und y sind.

Irgend ein von x, y verschiedenes Wertepaar der Argumente können wir durch $x + u$, $y + v$ bezeichnen, wo u und v *zwei endliche, nicht zugleich verschwindende Zahlen* sind. In der Zahlenebene wolle man jetzt vom Punkte $(x + u, y + v)$ nach dem Punkte (x, y) eine Gerade ziehen; die Koordinaten der Punkte dieser Geraden kann man durch $x + ut$, $y + vt$ darstellen, wobei man die Variabele t von 1 bis 0 abnehmen lassen muß. *Für ausreichend kleine Werte t gewinnt man dabei in:*

$$(4) \ldots \ldots x + h = x + ut, \qquad y + k = y + vt$$

Punkte in der Umgebung der Stelle (x, y).

Man trage nun die in (4) gegebenen Koordinaten der Punkte dieser Geraden in die obige Differenz $\varDelta$ ein und untersuche die *Vorzeichen* der hierbei eintretenden Werte $\varDelta$.

Die Gleichung (3) kann man so schreiben:

$$(5) \ldots \ldots \ldots \varDelta = t (f_x' u + f_y' v + \tfrac{1}{2} t P_2),$$

wo P_2 abkürzend gesetzt ist für:

$$(6) \begin{cases} P_2 = f_{xx}''(x + \vartheta\, ut, y + \vartheta\, vt)\, u^2 + 2 f_{xy}''(x + \vartheta\, ut, y + \vartheta\, vt)\, uv \\ \qquad + f_{yy}''(x + \vartheta\, ut, y + \vartheta\, vt)\, v^2. \end{cases}$$

Für *lim.* $t = 0$ nähert sich P_2 stetig der bestimmten endlichen Grenze:

$$lim.\ P_2 = f_{xx}''(x, y)\, u^2 + 2 f_{xy}''(x, y)\, uv + f_{yy}''(x, y)\, v^2.$$

Somit wird *lim.* $(t P_2) = 0$ sein. Hat demnach $f_x' u + f_y' v$ einen von 0 verschiedenen Wert, so wird, wenn man t ausreichend klein wählt, die Ungleichung:

$$|t P_2| < 2\, |f_x' u + f_y' v|$$

gelten und für die noch kleineren t erfüllt bleiben.

Dann aber liefert die Gleichung (5) den

Lehrsatz: *Ist für das Zahlenpaar u, v die Summe $f_x' u + f_y' v$ von 0 verschieden, so hat die Differenz $\varDelta$ längs der Geraden von $(x + u, y + v)$ nach (x, y) in der Umgebung des Endpunktes (x, y) dasselbe Vorzeichen, wie der Wert $f_x' u + f_y' v$.*

Sollte $f_x' u + f_y' v = 0$ sein, so benutze man Formel (3), S. 132, für $n = 3$. An Stelle von (5) tritt dann:

$$(7) \ldots \varDelta = \tfrac{1}{2} t^2 (f_{xx}'' u^2 + 2 f_{xy}'' uv + f_{yy}'' v^2 + \tfrac{1}{3} t P_3),$$

wo x, y als Argumente von f_{xx}'', f_{xy}'', f_{yy}'' zu denken sind und für P_3 eine der Formel (6) entsprechende Darstellung in den partiellen Ableitungen dritter Ordnung von f gilt.

Genau wie vorhin gewinnt man nunmehr den

Lehrsatz: *Ist $f_x' u + f_y' v = 0$, während $f_{xx}'' u^2 + 2 f_{xy}'' uv + f_{yy}'' v^2$ einen von 0 verschiedenen Wert hat, so hat die Differenz $\varDelta$ längs der Geraden vom Punkte $(x + u, y + v)$ nach (x, y) in der Umgebung des Endpunktes (x, y) dasselbe Vorzeichen wie der Ausdruck:*

$$f_{xx}'' u^2 + 2 f_{xy}'' uv + f_{yy}'' v^2.$$

Der Weiterführung dieser Betrachtung für den Fall, daß nicht nur $f_x' u + f_y' v = 0$, sondern auch noch $f_{xx}'' u^2 + 2 f_{xy}'' u v + f_{yy}'' v^2 = 0$ zutreffen sollte, würde keine Schwierigkeit im Wege stehen.

3. Die Maxima und Minima einer Funktion $f(x, y)$.

Erklärung: *Man sagt, die Funktion $f(x, y)$ werde für das spezielle Wertsystem x, y zu einem Maximum (Minimum), falls der zugehörige Funktionswert $f(x, y)$ größer (kleiner) als „alle" übrigen in der Umgebung der Stelle (x, y) eintretenden Funktionswerte ist.*

Es wird demnach ein Maximum (Minimum) von $f(x, y)$ an der Stelle (x, y) stets und nur dann eintreten, wenn die Differenz:

$$\varDelta = f(x + h, y + k) - f(x, y)$$

für ausreichend kleine h, k, natürlich von $h = 0$, $k = 0$ abgesehen, stets < 0 (bzw. stets > 0) ist.

Dieser Forderung kann *nicht* genügt werden, wenn sich ein Zahlenpaar u, v finden läßt, für welches $f_x' u + f_y' v$ von 0 verschieden ist. Ist nämlich etwa $f_x' u + f_y' v > 0$, so liefert das neue Paar $u' = - u$, $v' = - v$ sofort $f_x' u' + f_y' v' < 0$.

Nach dem ersten Lehrsatze in Nr. 2 weist demnach $\varDelta$ in *jeder* Umgebung von (x, y) sowohl positive als negative Zahlenwerte auf.

Im Falle eines Maximums oder Minimums bei (x, y) muß demnach $f_x' u + f_y' v$ für *jedes* Zahlenpaar u, v verschwinden, was als notwendige Bedingungen ergibt:

$$(1) \quad \ldots \ldots \ldots \quad f_x'(x, y) = 0, \qquad f_y'(x, y) = 0.$$

Nun wird nach dem zweiten Lehrsatz in Nr. 2 der Ausdruck:

$$(2) \quad \ldots \ldots \ldots \ldots \quad f_{xx}'' u^2 + 2 f_{xy}'' u v + f_{yy}'' v^2,$$

sofern er nicht verschwindet, das Vorzeichen von $\varDelta$ liefern. Indem wir die Annahme machen, *daß f_{xx}'', f_{xy}'', f_{yy}'' nicht zugleich verschwinden*, fassen wir den Ausdruck (2) bei festgehaltener Stelle (x, y) als Funktion von u und v und schreiben:

$$(3) \quad \ldots \ldots \ldots \quad f_{xx}'' u^2 + 2 f_{xy}'' u v + f_{yy}'' v^2 = F(u, v).$$

Es ist zu untersuchen, unter welcher Bedingung die Funktion $F(u, v)$ für alle Paare endlicher und nicht zugleich verschwindender Zahlen u, v entweder nur < 0 oder nur > 0 ist.

Der Fall, daß $F(u, v)$ zwar niemals > 0 (niemals < 0) wird, aber für gewisse Paare u, v verschwindet, erfordert ebenso, wie der schon ausgeschlossene Fall, daß die f_{xx}'', f_{xy}'', f_{yy}'' zugleich verschwinden, nach den Entwickelungen von Nr. 2 das Eingehen auf die höheren Ableitungen von $f(x, y)$. Wir schließen diese Fälle weiterhin aus.

Man setze nun zur genauen Untersuchung des Vorzeichens von $F(u, v)$ den Quotienten von u und v gleich X und trage $u = Xv$ in (3) ein:

$$F = (f''_{xx} X^2 + 2 f''_{xy} X + f''_{yy}) v^2.$$

Hat erstlich die in X quadratische Gleichung:

$$(4) \ldots \ldots \quad f''_{xx} X^2 + 2 f''_{xy} X + f''_{yy} = 0$$

komplexe Lösungen, so kann F für $v \gtrless 0$ nicht verschwinden. Da aber in diesem Falle:

$$f''_{xx} \cdot f''_{yy} > (f''_{xy})^2 \gtreqless 0$$

zutrifft, so gilt jetzt $f''_{xx} \gtrless 0$, so daß auch für $v = 0$

$$(5) \ldots \ldots \ldots \ldots \quad F = f''_{xx} \cdot u^2$$

wegen $u \gtrless 0$ nicht verschwinden kann. Nimmt man hinzu, daß $F(u, v)$ eine stetige Funktion von u und v ist, so folgt gegenwärtig, daß $F(u, v)$ entweder nur < 0 oder nur > 0 ist. Über diese Alternative entscheidet zufolge (5) das Vorzeichen von f''_{xx}.

Sind zweitens die beiden Lösungen von (4) reell und verschieden, so folgert man [z. B. aus der Linearfaktorenzerlegung der linken Seite der quadratischen Gleichung (4)] leicht, daß F teils positive, teils negative Werte hat. Demnach liegt jetzt weder Maximum noch Minimum bei $f(x, y)$ vor.

Der dritte Fall, daß nämlich die beiden Wurzeln der Gleichung (4) zwar reell, aber einander gleich sind, wurde bereits vorhin (S. 135, unten) ausgeschlossen.

Lehrsatz: *Soll $f(x, y)$ für das Wertepaar x, y zu einem Maximum oder Minimum werden, so müssen die Gleichungen:*

$$(6) \ldots \ldots \quad \frac{\partial f(x, y)}{\partial x} = 0, \qquad \frac{\partial f(x, y)}{\partial y} = 0$$

gelten, deren Auflösung nach x, y alle möglicherweise in Betracht kommenden Wertepaare x, y liefert.

Gilt für das einzelne solche Wertepaar x, y:

$$(7) \ldots \ldots \quad \left(\frac{\partial^2 f}{\partial x \partial y}\right)^2 - \frac{\partial^2 f}{\partial x^2} \cdot \frac{\partial^2 f}{\partial y^2} < 0,$$

so tritt ein Maximum oder Minimum der Funktion $f(x, y)$ ein, je nachdem $\frac{\partial^2 f}{\partial x^2} < 0$ oder > 0 ist. Gilt dagegen für das fragliche Paar x, y:

$$(8) \ldots \ldots \quad \left(\frac{\partial^2 f}{\partial x \partial y}\right)^2 - \frac{\partial^2 f}{\partial x^2} \cdot \frac{\partial^2 f}{\partial y^2} > 0,$$

so liegt bei diesem Wertepaare x, y weder ein Maximum noch Minimum der Funktion $f(x, y)$ vor.

4. Geometrische Deutung der Maxima und Minima einer Funktion $f(x, y)$.

Im nächsten Kapitel (S. 145) wird gezeigt, daß die „Tangentialebene" der durch $z = f(x, y)$ dargestellten Fläche für den Berührungspunkt von den Koordinaten x, y, z dargestellt ist durch:

$$(1) \quad \ldots \ldots \quad \zeta - z = (\xi - x)\,\frac{\partial f}{\partial x} + (\eta - y)\,\frac{\partial f}{\partial y},$$

unter ξ, η, ζ variabele Koordinaten für die Punkte dieser Ebene verstanden.

Denkt man die z-Achse des Koordinatensystems vertikal gerichtet, so liefern die Formeln (6), S. 136, den

Lehrsatz: *Wird die Funktion $z = f(x, y)$ für das Wertepaar* x, y *zu einem Maximum oder Minimum, so hat die durch $z = f(x, y)$ dargestellte Fläche im fraglichen Punkte x, y, z eine „horizontale" Tangentialebene* $\zeta = z$.

Man verstehe nunmehr unter X, Y, Z die Koordinaten derjenigen Punkte der Fläche, welche in nächster Nähe des in Rede stehenden Berührungspunktes x, y, z liegen. Dann kann man setzen:

$$(2) \quad \ldots X = x + dx, \qquad Y = y + dy, \qquad Z = z + dz,$$

und es sind hierbei, da neben $z = f(x, y)$ auch noch die weitere Gleichung $z + dz = f(x + dx, y + dy)$ gelten sollte, die dx, dy, dz aneinander gebunden durch:

$$dz = f(x + dx, y + dy) - f(x, y).$$

Da $f_x' = 0$, $f_y' = 0$ gilt, so muß man zur Berechnung dieses totalen Differentials dz für $f(x + dx, y + dy)$ die Taylorsche Entwickelung eintragen. Die niedersten, nicht ausfallenden Glieder sind diejenigen der zweiten Ordnung, und man findet:

$$(3) \quad \ldots \ldots 2 \cdot dz = f_{xx}''\,dx^2 + 2 f_{xy}''\,dx\,dy + f_{yy}''\,dy^2.$$

Schneidet man jetzt die Fläche mit einer zur Tangentialebene parallelen und ihr unendlich nahe gelegenen Ebene, so entspringt dabei eine Schnittkurve, die man als die „*Indikatrix*" des Berührungspunktes x, y, z bezeichnet.

Die Gestalt der Indikatrix in nächster Nähe des Berührungspunktes bestimmt man aus (3), indem man daselbst $2 \cdot dz = \varepsilon$ konstant denkt und für dx, dy nach (2) die Differenzen $(X - x)$, $(Y - y)$ einträgt. X und Y sind dabei die variabelen Koordinaten. Es ergibt sich:

$$(4) \quad f_{xx}'' \cdot (X - x)^2 + 2 f_{xy}'' \cdot (X - x)\,(Y - y) + f_{yy}'' \cdot (Y - y)^2 = \varepsilon,$$

eine Gleichung, die eine *Ellipse* [1]), *Hyperbel oder Parabel* darstellt, je nachdem:

$$(5) \quad \ldots \ldots f_{xy}''^2 - f_{xx}'' f_{yy}'' < 0, \qquad > 0 \text{ oder } = 0 \text{ ist.}$$

---

[1]) Sofern man das Vorzeichen von $dz = \varepsilon$ richtig wählt.

In völlig analoger Weise kann man übrigens auf der Fläche $z = f(x, y)$ auch für andere Punkte eine Indikatrix erklären [1]). Hieran schließt sich die

Erklärung: *Der einzelne Punkt der Fläche wird als ein „elliptischer", „hyperbolischer" oder „parabolischer" (Punkt elliptischer usw. Krümmung) bezeichnet, je nachdem seine Indikatrix dicht am Berührungspunkte die Gestalt einer Ellipse bzw. Hyperbel oder Parabel hat.*

Alle Punkte eines *Ellipsoids* sind elliptische Punkte, und alle Punkte eines *einschaligen Hyperboloids* sind Punkte hyperbolischer (oder sattelförmiger) Krümmung.

Die geometrische Deutung der Entwickelung in Nr. 3 läuft nun einfach hinaus auf folgenden

Lehrsatz: *Im Falle eines Maximums oder Minimums, d. h. wenn (7), S. 136, gilt, liegt ein „elliptischer" Punkt der Fläche vor; gilt indes die Ungleichung (8), welche weder Maximum noch Minimum zur Folge hat, so handelt es sich um einen Punkt „hyperbolischer" Krümmung.*

Auch die direkte Anschauung lehrt, daß zwar ein elliptischer, aber kein hyperbolischer Punkt mit horizontaler Tangentialebene den Charakter eines „höchsten" oder „tiefsten" Punktes der Fläche hat.

5. Die Maxima und Minima einer Funktion von mehr als zwei Variabelen.

Es seien x_1, x_2, ..., x_n voneinander unabhängige Veränderliche.

Erklärung: *Unter der „Umgebung" des speziellen Wertsystems x_1, x_2, ..., x_n versteht man alle durch $x_1 + h_1$, $x_2 + h_2$, ..., $x_n + h_n$ gelieferten Wertsysteme, bei denen die sämtlichen Beträge h_k der Ungleichung:*

$$(1) \quad \cdots \cdots \cdots \cdots \quad -\delta < h_k < +\delta$$

genügen; hierbei ist δ in demselben Sinne wie in Nr. 2, S. 133, gebraucht.

Es sei $f(x_1, x_2, ..., x_n)$ eine Funktion der n Variabelen, welche für alle in Betracht kommenden Wertsysteme der Argumente samt ihren höheren Ableitungen, soweit diese gebraucht werden, eindeutig und stetig ist.

Erklärung: *Man sagt, die Funktion $f(x_1, x_2, ..., x_n)$ werde für das spezielle Wertsystem x_1, x_2, ..., x_n der Argumente zu einem Maximum (Minimum), falls der Wert der Funktion für das System x_1, x_2, ..., x_n größer (kleiner) als für „alle" übrigen Wertsysteme in der Umgebung von x_1, x_2, ..., x_n ist.*

---

[1]) Um von vorstehenden Rechnungen direkt Gebrauch machen zu können, hat man im einzelnen Falle ein neues Koordinatensystem einzuführen, dessen xy-Ebene der Tangentialebene des zu betrachtenden Punktes der Fläche parallel läuft.

Im Falle eines Maximums (Minimums) wird somit die Differenz:

$$(2) \quad \ldots \quad \varDelta = f(x_1 + h_1, x_2 + h_2, \ldots, x_n + h_n) - f(x_1, x_2, \ldots, x_n)$$

für *alle* in Übereinstimmung mit (1) gewählten Wertsysteme $h_1, \ldots, h_n$ außer $h_1 = h_2 = \cdots = h_n = 0$ kleiner (größer) als 0 sein müssen.

Die rechte Seite der Gleichung (2) entwickele man nun auf Grund des Taylorschen Lehrsatzes. Die Untersuchungen von Nr. 2 über die Vorzeichen der Werte von $\varDelta$ gelten, wie man sich leicht überzeugt, ohne weiteres auch für Funktionen $f(x_1, \ldots, x_n)$ beliebig vieler Variabelen.

Die Wiederholung der Überlegungen von Nr. 3, S. 135 u. f., liefert nunmehr (unter Ausschluß von Ausnahmefällen, welche ein Eingehen auf höhere Ableitungen nötig machen) den

Lehrsatz: *Soll die Funktion $f(x_1, \ldots, x_n)$ für $x_1, \ldots, x_n$ zu einem Maximum oder Minimum werden, so müssen die n Gleichungen gelten:*

$$(3) \quad \cdots \cdots \quad \frac{\partial f}{\partial x_1} = 0, \quad \frac{\partial f}{\partial x_2} = 0, \quad \ldots, \quad \frac{\partial f}{\partial x_n} = 0,$$

deren Auflösung nach $x_1, \ldots, x_n$ somit die hier möglicherweise in Betracht kommenden Wertsysteme $x_1, \ldots, x_n$ kennen lehrt. Es wird dann ein Maximum (Minimum) vorliegen, wenn der Ausdruck:

$$(4) \quad \begin{cases} F(u_1, u_2, \ldots u_n) = f''_{x_1 x_1} u_1^2 + \cdots + f''_{x_n x_n} u_n^2 + 2 f''_{x_1 x_2} u_1 u_2 + \cdots \\ \qquad\qquad + f''_{x_{n-1} x_n} u_{n-1} u_n \end{cases}$$

für alle Systeme endlicher, nicht zugleich verschwindender, $u_1, \ldots, u_n$ beständig $< 0 \, (> 0)$ ist. Dagegen hat man weder ein Maximum noch ein Minimum, wenn der Ausdruck (4) sowohl > 0 als < 0 werden kann.

Wir wählen als Beispiel den Fall $n = 3$, wo wir für die Quotienten der u_1, u_2, u_3 folgende Bezeichnungen brauchen:

$$\frac{u_1}{u_3} = X, \qquad \frac{u_2}{u_3} = Y.$$

Aus (4) folgt alsdann für $n = 3$:

$$(5) \quad \begin{cases} F(u_1, u_2, u_3) = (f''_{x_1 x_1} X^2 + 2 f''_{x_1 x_2} XY + f''_{x_2 x_2} Y^2 + 2 f''_{x_1 x_3} X \\ \qquad\qquad + 2 f''_{x_2 x_3} Y + f''_{x_3 x_3}) u_3^2. \end{cases}$$

Denken wir jetzt X, Y als rechtwinkelige Koordinaten in einer Ebene, so entspringt durch Nullsetzen des in (5) rechts in der Klammer stehenden Ausdrucks *eine Kurve zweiten Grades.*

Hat letztere keinen reellen Punkt in der XY-Ebene, so liegt ein Maximum oder Minimum vor; hat man aber hier mit einer reellen Kurve zweiten Grades zu tun, so tritt weder Maximum noch Minimum ein.

Die analytische Geometrie liefert die Mittel, den Ausdruck (5) in dieser Hinsicht näher zu untersuchen.

6. Maxima und Minima bei Angabe von Nebenbedingungen.

Es sei eine Funktion $f(x, y, z, t)$ der vier Variabelen x, y, z, t gegeben.   Letztere sollen nicht unabhängig voneinander sein; vielmehr mögen die beiden Relationen bestehen:

$$(1) \ \ . \ . \ . \ . \ \varphi(x, y, z, t) = 0, \qquad \psi(x, y, z, t) = 0.$$

Die Aufgabe, die Maxima und Minima der Funktion f unter diesen Bedingungen zu bestimmen, erledigen wir nur beiläufig und zwar insoweit, daß wir die nun an Stelle von (3), S. 139, tretenden Gleichungen ansetzen.

Man kann z und t aus (1) als Funktionen von x und y berechnen und in $f(x, y, z, t)$ eingetragen denken. Letztere Funktion wird alsdann eine solche der beiden unabhängigen Variabelen x und y; und also haben wir das Verschwinden der beiden Ableitungen dieser Funktion nach x und y zu fordern.

Bei Berechnung der Ableitung nach x hat man zu beachten, daß x zunächst als erstes Argument in $f(x, y, z, t)$, dann aber auch noch als Argument in z und t enthalten ist, da wir z und t aus (1) als Funktionen von x und y berechnet dachten.

Die Berechnung der beiden gleich 0 zu setzenden Ableitungen ist somit nach dem Lehrsatze in Nr. 6, S. 123, zu leisten:

$$(2) \ . \ . \ . \ . \ . \ . \ . \begin{cases} \dfrac{\partial f}{\partial x} + \dfrac{\partial f}{\partial z}\dfrac{\partial z}{\partial x} + \dfrac{\partial f}{\partial t}\dfrac{\partial t}{\partial x} = 0, \\[3mm] \dfrac{\partial f}{\partial y} + \dfrac{\partial f}{\partial z}\dfrac{\partial z}{\partial y} + \dfrac{\partial f}{\partial t}\dfrac{\partial t}{\partial y} = 0. \end{cases}$$

Da die in (1) links stehenden Funktionen φ, ψ für alle Veränderungen der unabhängigen Variabelen x und y konstant gleich 0 sind, so folgt z. B. für partielle Abänderung von x:

$$\frac{\partial \varphi}{\partial x} + \frac{\partial \varphi}{\partial z}\frac{\partial z}{\partial x} + \frac{\partial \varphi}{\partial t}\frac{\partial t}{\partial x} = 0,$$

$$\frac{\partial \psi}{\partial x} + \frac{\partial \psi}{\partial z}\frac{\partial z}{\partial x} + \frac{\partial \psi}{\partial t}\frac{\partial t}{\partial x} = 0.$$

Diese Gleichungen multipliziere man mit zwei sogleich näher zu bestimmenden Faktoren λ und μ und addiere sie darauf zur ersten Gleichung (2). Indem man für die zweite unabhängige Variabele y analog verfährt, ergeben sich die beiden Gleichungen:

$$\left(\frac{\partial f}{\partial x} + \lambda\frac{\partial \varphi}{\partial x} + \mu\frac{\partial \psi}{\partial x}\right) + \left(\frac{\partial f}{\partial z} + \lambda\frac{\partial \varphi}{\partial z} + \mu\frac{\partial \psi}{\partial z}\right)\frac{\partial z}{\partial x}$$

$$+ \left(\frac{\partial f}{\partial t} + \lambda\frac{\partial \varphi}{\partial t} + \mu\frac{\partial \psi}{\partial t}\right)\frac{\partial t}{\partial x} = 0,$$

$$\left(\frac{\partial f}{\partial y} + \lambda \frac{\partial \varphi}{\partial y} + \mu \frac{\partial \psi}{\partial y}\right) + \left(\frac{\partial f}{\partial z} + \lambda \frac{\partial \varphi}{\partial z} + \mu \frac{\partial \psi}{\partial z}\right) \frac{\partial z}{\partial y}$$
$$+ \left(\frac{\partial f}{\partial t} + \lambda \frac{\partial \varphi}{\partial t} + \mu \frac{\partial \psi}{\partial t}\right) \frac{\partial t}{\partial y} = 0.$$

An zweiter und dritter Stelle stehen in diesen beiden Gleichungen dieselben Klammerausdrücke. Fordern wir, daß diese beiden Ausdrücke verschwinden, so sind aus dieser Forderung die beiden linear auftretenden Größen λ und μ eindeutig bestimmt. Die beiden letzten Gleichungen reduzieren sich aber je auf ihre ersten Klammern.

So entspringt als besonderer Ausdruck für die Bedingungsgleichungen (3) S. 139 im vorliegenden Falle das symmetrisch gebaute Gleichungssystem:

$$(3) \cdot \cdot \cdot \cdot \cdot \cdot \cdot \begin{cases} \dfrac{\partial f}{\partial x} + \lambda \dfrac{\partial \varphi}{\partial x} + \mu \dfrac{\partial \psi}{\partial x} = 0, \\[2mm] \dfrac{\partial f}{\partial y} + \lambda \dfrac{\partial \varphi}{\partial y} + \mu \dfrac{\partial \psi}{\partial y} = 0, \\[2mm] \dfrac{\partial f}{\partial z} + \lambda \dfrac{\partial \varphi}{\partial z} + \mu \dfrac{\partial \psi}{\partial z} = 0, \\[2mm] \dfrac{\partial f}{\partial t} + \lambda \dfrac{\partial \varphi}{\partial t} + \mu \dfrac{\partial \psi}{\partial t} = 0. \end{cases}$$

Zu diesem Gleichungssystem kann man aber auch so gelangen:

Man stelle aus $f(x, y, z, t)$ und den in (1) links stehenden Funktionen die neue Funktion:

$$(4) \cdot \cdot F(x, y, z, t) = f(x, y, z, t) + \lambda \varphi(x, y, z, t) + \mu \psi(x, y, z, t)$$

her und sehe in ihr x, y, z, t als *unabhängige* Variabele, λ und μ aber als *Konstante* an.

Die Gleichungen (3) schreiben sich dann so:

$$(5) \cdot \cdot \cdot \cdot \frac{\partial F}{\partial x} = 0, \quad \frac{\partial F}{\partial y} = 0, \quad \frac{\partial F}{\partial z} = 0, \quad \frac{\partial F}{\partial t} = 0.$$

Dieselben stimmen formal wieder vollständig mit den Bedingungen (3), S. 139, für die Maxima und Minima der eben hergestellten Funktion F überein.

Durch Auflösung der Gleichungen (5) erhält man allerdings die gewünschten Wertsysteme x, y, z, t noch nicht endgültig; vielmehr ergeben sich für die x, y, z, t erst Ausdrücke in λ und μ. Indem man aber diese Ausdrücke in (1) einträgt, entstehen zwei Gleichungen zur Berechnung der richtigen Wertsysteme λ, μ.

Die vorstehende Betrachtung überträgt man leicht auf den Fall einer Funktion $f(x_1, \ldots, x_{m+n})$ von $(m+n)$ Variabelen $x_1, \ldots, x_{m+n}$, zwischen denen m Relationen:

$$(6) \cdot \cdot \varphi_1(x_1, \ldots, x_{m+n}) = 0, \ldots, \varphi_m(x_1, \ldots, x_{m+n}) = 0$$

vorgeschrieben sind.

Lehrsatz: *Sollen die Maxima und Minima einer Funktion* $f(x_1, \ldots, x_{m+n})$ *bei Angabe der* m *Nebenbedingungen (6) gefunden werden, so sehe man einstweilen von diesen Relationen ab und bilde den Ansatz zur Bestimmung der Maxima und Minima der Funktion:*

$$(7) \ . \ . \ F(x_1, \ldots, x_{m+n}) = f + \lambda_1 \varphi_1 + \lambda_2 \varphi_2 + \cdots + \lambda_m \varphi_m$$

unter Annahme „konstanter Multiplikatoren" λ *und „unabhängiger"* $x_1, \ldots, x_{m+n}$. *Der gewünschte Ansatz ist nach (3), S. 139:*

$$(8) \ . \ . \ . \ . \ \frac{\partial F}{\partial x_1} = 0, \quad \frac{\partial F}{\partial x_2} = 0, \ \ldots, \quad \frac{\partial F}{\partial x_{m+n}} = 0.$$

Die Auflösung dieser Gleichungen liefert die gesuchten Systeme $x_1, \ldots, x_{m+n}$, *dargestellt in den Größen* $\lambda_1, \ldots, \lambda_m$. *Durch Eintragung der betreffenden Ausdrücke der* $x_1, \ldots, x_{m+n}$ *in die Relationen (6) entspringen* m *Gleichungen für* $\lambda_1, \ldots, \lambda_m$, *durch deren Auflösung man die richtigen Wertsysteme der* $\lambda_1, \ldots, \lambda_m$ *gewinnt.*

Drittes Kapitel.

Geometrische Anwendungen der Funktionen mehrerer Variabelen.

---

1. Die Tangenten und Normalen einer ebenen Kurve.

Der Taylorsche Lehrsatz (S. 132) liefert ein neues Mittel zur Aufstellung der Gleichungen der *Tangente* und *Normale* einer ebenen Kurve K in einem ihrer Punkte P (vgl. S. 41 ff.).

Die Kurve K sei gegeben durch $f(x, y) = 0$, und es handle sich um Darstellung der Tangente und Normale im Punkte P der Koordinaten x, y auf K.

Ein nahe bei (x, y) gelegener Punkt habe die Koordinaten $\xi = x + h$, $\eta = y + k$. Nach dem Taylorschen Lehrsatze (3), S. 132, für $n = 2$ gebildet, findet man, da $f(x, y)$ verschwindet:

$$f(\xi, \eta) = \frac{\partial f(x, y)}{\partial x} h + \frac{\partial f(x, y)}{\partial y} k + R_2.$$

Man nehme an, *daß die beiden rechts stehenden Ableitungen erster Ordnung von* $f(x, y)$ *für die Stelle* (x, y) *nicht zugleich verschwinden.*

Soll unter dieser Voraussetzung der Punkt (ξ, η) an (x, y) unendlich nahe herankommen, so werden wir h und k als unendlich klein von 1ter Ordnung ansehen und haben R_2 als unendlich klein von 2ter Ordnung neben den beiden ersten Gliedern zu vernachlässigen:

$$(1) \ . \ . \ . \ . \ . \ . \ f(\xi, \eta) = \frac{\partial f(x, y)}{\partial x} h + \frac{\partial f(x, y)}{\partial y} k.$$

Führen wir jetzt im speziellen (ξ, η) *auf der Tangente* und also auf der Kurve unendlich nahe an den Punkt P heran, so ist auch $f(\xi, \eta) = 0$, d. h. man hat:

$$\frac{\partial f(x, y)}{\partial x} h + \frac{\partial f(x, y)}{\partial y} k = 0$$

oder, falls man $h = \xi - x$ und $k = \eta - y$ einsetzt:

$$(2) \quad \cdots \quad \frac{\partial f(x, y)}{\partial x} (\xi - x) + \frac{\partial f(x, y)}{\partial y} (\eta - y) = 0.$$

Lehrsatz: *Durch Gleichung (2) ist in variabelen Koordinaten ξ, η die Tangente der Kurve K im Punkte (x, y) dargestellt; für die zugehörige Normale ergibt sich daraufhin leicht die Gleichung:*

$$(3) \quad \cdots \quad \frac{\partial f(x, y)}{\partial y} (\xi - x) - \frac{\partial f(x, y)}{\partial x} (\eta - y) = 0.$$

Auf Grund der S. 122 für die Differentiation einer unentwickelten Funktion y von x aufgestellten Regel leitet man aus den Gleichungen (2) und (3) sofort die S. 41 unter (1) und (2) angegebenen Gleichungen ab.

2. Die Doppelpunkte ebener Kurven.

Unter Festhaltung an den Bezeichnungen von Nr. 1 nehme man jetzt den soeben ausgeschlossenen Fall an, *daß nämlich für den Punkt (x, y) von K die Ableitungen f'_x und f'_y zugleich verschwinden. Dagegen mögen $f''_{xx}, f''_{xy}, f''_{yy}$ für die Stelle (x, y) nicht auch noch alle zugleich verschwinden.*

Für einen unendlich nahe bei (x, y) gelegenen Punkt der Koordinaten $\xi = x + h$, $\eta = y + k$ liefert der Taylorsche Lehrsatz an Stelle von (1), Nr. 1, durch Wiederholung der soeben durchgeführten Überlegung nunmehr:

$$f(\xi, \eta) = f''_{xx} h^2 + 2 f''_{xy} h k + f''_{yy} k^2$$

oder, wenn wir $h = \xi - x$, $k = \eta - y$ setzen:

$$(1) \quad f(\xi, \eta) = f''_{xx} \cdot (\xi - x)^2 + 2 f''_{xy} \cdot (\xi - x)(\eta - y) + f''_{yy} \cdot (\eta - y)^2.$$

Soll demnach der Punkt (ξ, η) auch auf der Kurve K liegen, so gilt:

$$(2) \quad \cdots \quad f''_{xx} \cdot (\xi - x)^2 + 2 f''_{xy} \cdot (\xi - x)(\eta - y) + f''_{yy} \cdot (\eta - y)^2 = 0,$$

eine Gleichung, deren linke Seite sich in das Produkt zweier in ξ, η *linearen* Faktoren zerlegen läßt, und die dementsprechend, in ξ, η als variabele Koordinaten gedeutet, *die beiden durch:*

$$(3) \quad \cdots \quad \begin{cases} (\eta - y) f''_{yy} + (\xi - x)\left(f''_{xy} + \sqrt{f''^{2}_{xy} - f''_{xx} f''_{yy}}\right) = 0, \\ (\eta - y) f''_{yy} + (\xi - x)\left(f''_{xy} - \sqrt{f''^{2}_{xy} - f''_{xx} f''_{yy}}\right) = 0 \end{cases}$$

dargestellten geraden Linien liefert.

Da somit der Verlauf der Kurve in nächster Nähe von P durch *zwei* Geraden angegeben ist, so läuft die Kurve *zweimal* durch den Punkt (x, y) hindurch; letzterer heißt dieserhalb ein *„zweifacher Punkt"* oder ein *„Doppelpunkt"* der Kurve, und durch die Gleichungen (3) sind die *beiden zugehörigen Tangenten* der Kurve dargestellt.

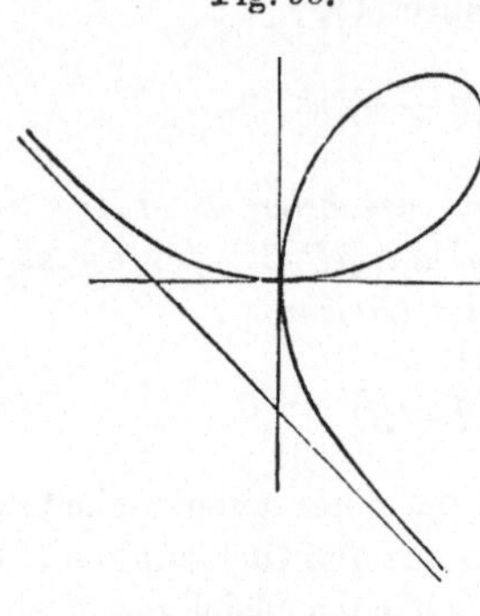

Fig. 53.

Für den geometrischen Charakter des Doppelpunktes hat man zu unterscheiden, ob die in (3) auftretende Quadratwurzel reell und von 0 verschieden oder gleich 0 oder endlich imaginär ist.

Erklärung: *Je nachdem die erste, zweite oder dritte Bedingung:*

$$(4) \quad . \; . \; f_{xy}''^{2} - f_{xx}'' f_{yy}'' > 0, \; = 0, \; < 0$$

zutrifft, bezeichnet man den fraglichen Punkt als einen „eigentlichen Doppelpunkt" (Knotenpunkt), einen „Rückkehrpunkt" (Spitze) oder einen „isolierten Punkt" (Einsiedler) der Kurve K.

Im letzteren Falle stellen die Gleichungen (3) wegen der komplexen Koeffizienten keine „reellen" Geraden dar; hier liegen in der Nähe des singulären Punktes keine „reellen" Punkte der Kurve.

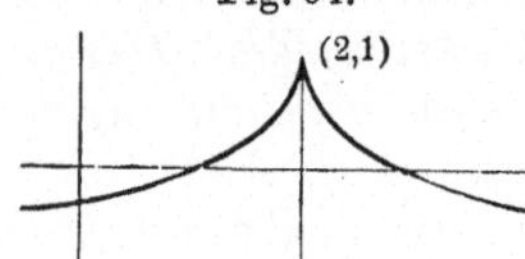

Fig. 54.

Den Charakter des *eigentlichen Doppelpunktes* versinnlicht die in Fig. 53 angedeutete Kurve, welche durch die Gleichung:

$$x^3 + y^3 - 3\,x\,y = 0$$

dargestellt wird; der fragliche Punkt liegt bei $x = 0$, $y = 0$, und das Paar der Tangenten in diesem Punkte wird durch die Achsen des Koordinatensystems geliefert.

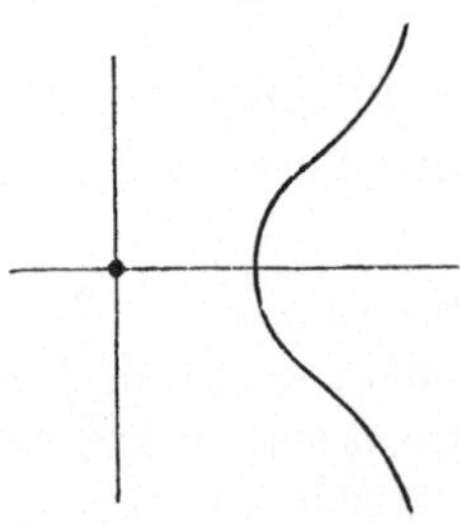

Fig. 55.

Einen bei $x = 2$, $y = 1$ gelegenen *Rückkehrpunkt* besitzt die durch:

$$(x - 2)^2 + (y - 1)^5 = 0$$

dargestellte Kurve fünften Grades, deren Verlauf in Fig. 54 näher angegeben ist; für die Koordinaten des Rückkehrpunktes gilt $f_{xx}'' = 1$, $f_{xy}'' = f_{yy}'' = 0$.

Das Beispiel eines *isolierten Punktes* liefert die durch:

$$x^3 - x^2 - y^2 = 0$$

dargestellte Kurve dritter Ordnung. Man hat hier $y = \pm\, x\,\sqrt{x - 1}$ und erkennt im Nullpunkte einen isolierten Punkt. Die Gestalt der Kurve ist in Fig. 55 angegeben.

3. Die Tangentialebenen und Normalen einer Fläche.

Im Raume seien rechtwinkelige Koordinaten x, y, z zugrunde gelegt, und es werde eine vorgelegte Fläche F durch die Gleichung $f(x, y, z) = 0$ dargestellt.

Ein einzelner Punkt P auf F habe die Koordinaten x, y, z, so daß für letztere $f(x, y, z) = 0$ gilt.

Sind die Koordinaten eines unendlich nahe bei (x, y, z) gelegenen Punktes:

$$\xi = x + h, \qquad \eta = y + k, \qquad \zeta = z + l,$$

so liefert der Taylorsche Lehrsatz analog wie in Nr. 1:

$$f(\xi, \eta, \zeta) = \frac{\partial f}{\partial x}(\xi - x) + \frac{\partial f}{\partial y}(\eta - y) + \frac{\partial f}{\partial z}(\zeta - z),$$

falls wir die Voraussetzung machen, *daß die partiellen ersten Ableitungen von f an der Stelle (x, y, z) jedenfalls nicht alle drei zugleich verschwinden* [1]).

Soll somit der Punkt (ξ, η, ζ) in nächster Nähe des Punktes P *auf der Fläche F* gelegen sein, so muß er die Gleichung $f(\xi, \eta, \zeta) = 0$, d. i. ausführlich:

$$(1) \cdot \cdot \cdot \quad \frac{\partial f}{\partial x} \cdot (\xi - x) + \frac{\partial f}{\partial y} \cdot (\eta - y) + \frac{\partial f}{\partial z} \cdot (\zeta - z) = 0$$

befriedigen und also auf der durch diese Gleichung (1) in variabeln Koordinaten ξ, η, ζ dargestellten *Ebene* liegen.

Erklärung: *Die durch (1) in ξ, η, ζ dargestellte Ebene, welche hiernach den Verlauf der Fläche F in nächster Nähe von P angibt, heißt die „Tangentialebene" von F mit dem Berührungspunkte P der Koordinaten x, y, z.*

Eine in der Tangentialebene gelegene und durch den Berührungspunkt P laufende Gerade wird als eine *„Tangente"* der Fläche F im Punkte P bezeichnet.

Weiter gilt folgende

Erklärung: *Die im Punkte P auf der Tangentialebene und also auf der Fläche F senkrecht stehende Gerade heißt „Normale" der Fläche im Punkte P.*

Auf Grund der Gleichung (1) findet man vermöge bekannter Sätze der analytischen Geometrie des Raumes den

Lehrsatz: *Die Normale der durch $f(x, y, z) = 0$ dargestellten Fläche im Punkte F der Koordinaten x, y, z hat die Gleichungen:*

---

[1]) Das gleichzeitige Verschwinden würde eine solche besondere Stelle der Fläche F anzeigen, wie sie einem Doppelpunkte einer ebenen Kurve (vgl. Nr. 2) entspricht.

$$(2) \cdot \cdot \cdot \cdot \cdot \cdot \cdot \frac{\xi - x}{\left(\dfrac{\partial f}{\partial x}\right)} = \frac{\eta - y}{\left(\dfrac{\partial f}{\partial y}\right)} = \frac{\zeta - z}{\left(\dfrac{\partial f}{\partial z}\right)}.$$

4. Die Tangenten und Normalebenen einer Raumkurve.

Es mögen jetzt *zwei* Flächen durch ihre Gleichungen:

$$(1) \cdot \cdot \cdot \cdot \cdot \cdot f(x, y, z) = 0, \qquad g(x, y, z) = 0$$

gegeben sein.

Falls beide Flächen nicht gänzlich getrennt voneinander verlaufen, so schneiden sie sich in einer sogenannten *„Raumkurve“ K, welche man als durch das Gleichungenpaar (1) dargestellt ansehen kann.*

Man kann die Raumkurve K auch in der Weise darstellen, *daß man die Koordinaten x, y, z für die einzelnen Punkte der Kurve als Funktionen:*

$$(2) \cdot \cdot \cdot \cdot \cdot x = \varphi(t), \qquad y = \psi(t), \qquad z = \chi(t)$$

einer vierten, als unabhängig anzusehenden Variabelen t ansetzt.

Läßt man t von $-\infty$ bis $+\infty$ laufen, so wird der aus (2) zu berechnende Punkt (x, y, z) die Kurve K beschreiben. Diese letztere Art der Darstellung einer Kurve wurde bereits oben bei der Zykloide benutzt (vgl. [4,] S. 44).

Nunmehr seien P und P_1 zwei einander unendlich nahe gelegene Punkte auf K; P habe die Koordinaten x, y, z und P_1 entsprechend $x + dx$, $y + dy$, $z + dz$.

Das zwischen P und P_1 gelegene Stück der Kurve heiße *„Bogendifferential“* oder *„Bogenelement“* der Raumkurve und werde durch ds bezeichnet.

Die Richtungsunterschiede des von P nach P_1 gerichteten Elementes ds gegen die positiven Richtungen der Koordinatenachsen sollen die *„Richtungswinkel“* von ds heißen und mögen durch α, β, γ bezeichnet werden.

Die Projektionen von ds auf die Achsen sind dx, dy, dz:

$$(3) \cdot \cdot \quad dx = ds \cdot \cos\alpha, \qquad dy = ds \cdot \cos\beta, \qquad dz = ds \cdot \cos\gamma.$$

Unter Benutzung bekannter Formeln der analytischen Geometrie des Raumes folgt der

Lehrsatz: *Für das Bogendifferential ds einer Raumkurve und für die zugehörigen „Richtungskosinus“ gelten die Ansätze:*

$$(4) \cdot \cdot \cdot \cdot \cdot \cdot \cdot \cdot ds = \sqrt{dx^2 + dy^2 + dz^2}$$

$$(5) \cdot \cdot \cdot \cdot \cos\alpha = \frac{dx}{ds}, \qquad \cos\beta = \frac{dy}{ds}, \qquad \cos\gamma = \frac{dz}{ds}.$$

Zur weiteren Ausrechnung dieser Formeln beachte man, daß die Punkte P und P_1 auf jeder der beiden durch die Gleichungen (1) dargestellten Flächen liegen. Demnach werden z. B. für die erste Fläche gleichzeitig die beiden Gleichungen gelten:

$$f(x + dx, y + dy, z + dz) = 0, \quad f(x, y, z) = 0.$$

Man folgert hieraus, daß die zu den vorliegenden x, y, z und dx, dy, dz gehörenden totalen Differentiale df und dg der auf den linken Seiten der Gleichungen (1) stehenden Funktionen $f(x, y, z)$ und $g(x, y, z)$ verschwinden (vgl. S. 121):

$$(6) \cdots \cdots \begin{cases} f'_x dx + f'_y dy + f'_z dz = 0, \\ g'_x dx + g'_y dy + g'_z dz = 0. \end{cases}$$

Für die Verhältnisse der dx, dy, dz berechnet man hieraus:

$$(7) \quad dx : dy : dz = (f'_y g'_z - f'_z g'_y) : (f'_z g'_x - f'_x g'_z) : (f'_x g'_y - f'_y g'_x).$$

Durch Einsetzung in (4) und (5) lassen sich daraufhin die Richtungskosinus des Elementes ds vermittelst der partiellen Ableitungen von f und g in den Koordinaten von P darstellen.

Bevorzugt man die Darstellung (2) von K, so mögen zu P und P_1 die Werte t und $(t + dt)$ der unabhängigen Variabelen gehören.

Die Gleichungen (2) liefern nun unmittelbar:

$$(8) \cdots \begin{cases} dx = \varphi'(t)\, dt, \quad dy = \psi'(t)\, dt, \quad dz = \chi'(t)\, dt, \\ ds = \sqrt{\varphi'^2 + \psi'^2 + \chi'^2}\, dt, \text{ usw.} \end{cases}$$

Erklärung: *Die von P aus durch den unendlich nahe gelegenen Punkt P_1 der Kurve hindurchzulegende Gerade heißt „Tangente" der Raumkurve im Punkte P; die zur Tangente und also zur Kurve im Punkte P senkrecht verlaufende Ebene heißt „Normalebene" der Kurve K im Punkte P.*

Indem wir uns auf die soeben gemachten Angaben über Berechnung von $\cos\alpha$, $\cos\beta$, $\cos\gamma$ berufen, haben wir den

Lehrsatz: *Die Tangente der Raumkurve K im Punkte P ist darstellbar durch:*

$$(9) \cdots \frac{\xi - x}{f'_y g'_z - f'_z g'_y} = \frac{\eta - y}{f'_z g'_x - f'_x g'_z} = \frac{\zeta - z}{f'_x g'_y - f'_y g'_x},$$

die Normalebene aber durch:

$$(10) \cdots \begin{cases} (\xi - x)(f'_y g'_z - f'_z g'_y) + (\eta - y)(f'_z g'_x - f'_x g'_z) \\ \qquad + (\zeta - z)(f'_x g'_y - f'_y g'_x) = 0. \end{cases}$$

Damit diese Gleichungen brauchbar sind, hat man anzunehmen, *daß die drei in (9) als Nenner und in (10) als Faktoren auftretenden Ausdrücke nicht zugleich verschwinden.*

5. Die Schmiegungsebenen einer Raumkurve.

Erklärung: *Durch drei einander unendlich nahe gelegene oder, wie man sagt, „konsekutive" Punkte P, P_1, P_2 von K läßt sich im all-*

gemeinen nur „eine“ Ebene legen, welche man als „Schmiegungsebene“ der Raumkurve im Punkte P bezeichnet. Die Schnittgerade der Schmiegungsebene und Normalebene heißt die „Hauptnormale“ von K im Punkte P. Auf dieser Hauptnormalen liegt das zu P gehörende „Krümmungszentrum“ der Raumkurve, d. i. das Zentrum des durch P, P_1, P_2 hindurchzulegenden sogenannten „Krümmungskreises“.

Es soll hier nur die Gleichung der Schmiegungsebene, und zwar unter Benutzung der Darstellung (2), S. 146, unserer Raumkurve K angegeben werden.

Mögen zu P, P_1, P_2 die Werte t, $t + dt$, $t + 2\,dt$ der unabhängigen Variabelen gehören.

Da die Schmiegungsebene durch P hindurchläuft, so können wir ihre Gleichung mit Hilfe variabeler Koordinaten ξ, η, ζ in die Gestalt setzen:

$$(1) \ldots \quad a\,[\xi - \varphi\,(t)] + b\,[\eta - \psi\,(t)] + c\,[\zeta - \chi\,(t)] = 0.$$

Die a, b, c sind so zu bestimmen, daß (1) durch die Koordinaten ξ, η, ζ sowohl von P_1 wie P_2 befriedigt wird:

$$a\,[\varphi\,(t + dt) - \varphi\,(t)] + b\,[\psi\,(t + dt) - \psi\,(t)] + \cdots = 0,$$
$$a\,[\varphi\,(t + 2\,dt) - \varphi\,(t)] + b\,[\psi\,(t + 2\,dt) - \psi\,(t)] + \cdots = 0.$$

Indem man einerseits die erste Gleichung durch dt teilt, andererseits aber die erste von der zweiten Gleichung abzieht und die Differenz durch dt teilt, folgt:

$$(2) \ \cdot \ \cdot \quad \begin{cases} a\,\varphi'\,(t) + b\,\psi'\,(t) + c\,\chi'\,(t) = 0, \\ a\,\varphi'\,(t + dt) + b\,\psi'\,(t + dt) + c\,\chi'\,(t + dt) = 0. \end{cases}$$

Man ziehe jetzt nochmals die erste Gleichung (2) von der zweiten ab und teile die Differenz durch dt; es folgt:

$$(3) \ldots \ldots \quad a\,\varphi''\,(t) + b\,\psi''\,(t) + c\,\chi''\,(t) = 0,$$

eine Gleichung, welche im Verein mit der ersten Gleichung (2) die Verhältnisse der a, b, c zu berechnen erlaubt.

Lehrsatz: *Die Gleichung der Schmiegungsebene der durch:*

$$x = \varphi\,(t), \quad y = \psi\,(t), \quad z = \chi\,(t)$$

dargestellten Raumkurve in dem zum Werte t gehörenden Punkte P ist die folgende:

$$(4) \ \cdot \ \cdot \quad \begin{cases} (\xi - \varphi)\,(\psi'\,\chi'' - \psi''\,\chi') + (\eta - \psi)\,(\chi'\,\varphi'' - \chi''\,\varphi') \\ \quad + (\zeta - \chi)\,(\varphi'\,\psi'' - \varphi''\,\psi') = 0. \end{cases}$$

Hier ist bei φ, φ', $\ldots$ das Argument t allenthalben der Kürze halber fortgelassen.

Die Brauchbarkeit der Gleichung (4) setzt voraus, *daß die drei in den Klammern auftretenden Ausdrücke $\psi'\,\chi'' - \psi''\,\chi'$, $\ldots$ für die betrachtete Stelle von K nicht zugleich verschwinden.*

6. Kurvenscharen und deren einhüllende Kurven.

In einer Ebene seien rechtwinkelige Koordinaten x, y zugrunde gelegt.

Es sei weiter eine Gleichung $f(x, y, p) = 0$ vorgelegt, welche neben x und y noch eine dritte variabele Größe p enthält. Dem Einzelwerte p entspricht eine durch $f(x, y, p) = 0$ dargestellte Kurve. Läßt man nach und nach für p alle Werte von $-\infty$ bis $+\infty$ zu, so entsteht eine „*Schar ebener Kurven*". Die Größe p heißt der „*Parameter*" der Schar.

So wird z. B. durch $x^2 + y^2 - p^2 = 0$ die Schar der konzentrischen Kreise um den Nullpunkt dargestellt. Man gewinnt übrigens hier bereits die ganze Schar, falls man p auf das Intervall von 0 bis ∞ beschränkt.

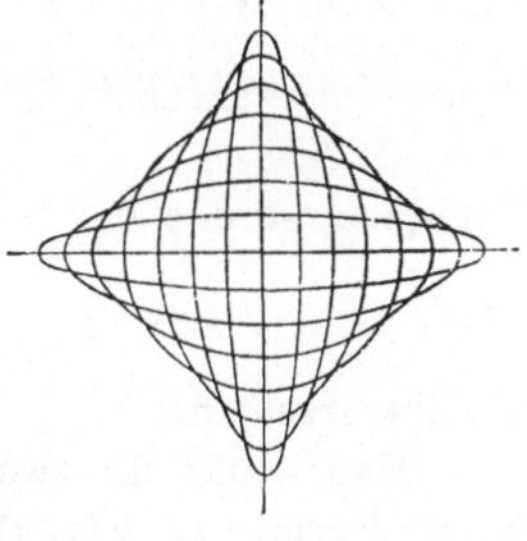

Fig. 56.

Als zweites Beispiel diene eine Schar von Ellipsen, für deren einzelne die Summe der Halbachsen einer gegebenen Konstanten a gleich ist. Die Gestalt dieser Kurvenschar wird durch Fig. 56 erläutert. Ihre Gleichung ist:

$$(1) \quad (a - p)^2 x^2 + p^2 y^2 - p^2 (a - p)^2 = 0.$$

Man hat hierbei p auf das Intervall $0 \leq p \leq a$ zu beschränken; für $p < 0$, sowie für $p > a$ schließen sich nämlich Ellipsen an, bei denen jeweils die Differenz der Halbachsen konstant gleich a ist.

Wir betrachten nun bei einer vorgelegten Schar zwei zu unendlich wenig verschiedenen Werten p und $(p + dp)$ des Parameters gehörende Kurven:

$$(2) \quad \cdot \cdot \quad f(x, y, p) = 0, \qquad f(x, y, p + dp) = 0,$$

Fig. 57.

die wir kurz „konsekutive" Kurven der Schar nennen wollen.

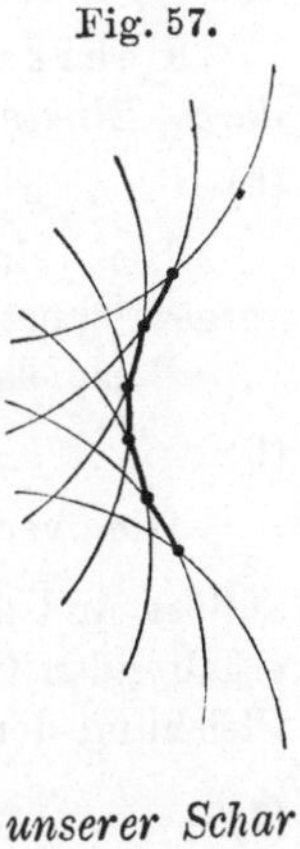

Bei den konzentrischen Kreisen schneiden sich zwei konsekutive Kurven niemals. Dagegen haben, wie man sich mittels der Fig. 56 leicht klar macht, im Falle der Schar (1) je zwei konsekutive Ellipsen vier Schnittpunkte gemeinsam.

Wir verfolgen nun insbesondere den Fall einer Schar, bei der konsekutive Kurven jeweils einander schneiden und denken die Gesamtheit der solcherweise entspringenden Schnittpunkte markiert. *Dieselben bilden, wie Fig. 57 näher darlegt, eine Kurve, welche die Kurven unserer Schar rings einhüllt, und welche dieserhalb als „einhüllende Kurve" der Schar bezeichnet wird.*

Wie Fig. 57 andeutet, werden auf der einzelnen Kurve der Schar zwei unendlich nahe Punkte durch die nächst voraufgehende und die nächst folgende Kurve der Schar ausgeschnitten. Verbindet man diese beiden Punkte geradlinig, so hat man ein Bogenelement für die betreffende Kurve der Schar, zugleich aber auch für die einhüllende Kurve gewonnen. Daraus folgt der

Lehrsatz: Die Tangente der einhüllenden Kurve in ihrem einzelnen Punkte ist zugleich Tangente der durch diesen Punkt hindurchlaufenden Kurve der Schar.

Um die Gleichung $F(x, y)$ der einhüllenden Kurve herzustellen, gehen wir auf die Gleichungen (2) zurück. Wir gewinnen alle Punkte der einhüllenden Kurve, wenn wir die Gleichungen (2) für alle einzelnen Werte p nach x, y auflösen. Statt der zweiten Gleichung (2) kann man auch die durch Kombination beider entspringende Gleichung:

$$\frac{f(x,y,p+dp) - f(x,y,p)}{dp} = \frac{\partial f(x,y,p)}{\partial p} = 0$$

benutzen, so daß das System (2) durch:

$$(3) \cdot \cdot \cdot \cdot \cdot \cdot \quad f(x,y,p) = 0, \quad \frac{\partial f(x,y,p)}{\partial p} = 0$$

ersetzt erscheint.

Man denke die zweite Gleichung (3) nach p aufgelöst und dadurch in die Form $p = g(x,y)$ gesetzt. Jedes irgend einem einzelnen Werte p entsprechende Lösungssystem x, y befriedigt dann:

$$(4) \cdot \cdot \cdot \cdot \cdot \cdot \cdot \cdot \cdot \cdot \quad f[x, y, g(x, y)] = 0,$$

wie auch umgekehrt jedes diese letzte Gleichung befriedigende Wertsystem x, y bei dem zugehörigen Werte $p = g(x, y)$ als Lösungssystem von (3) auftritt.

Lehrsatz: Die Gleichung der einhüllenden Kurve gewinnt man durch Elimination von p aus den beiden Gleichungen (3) in der Gestalt:
$$(5) \cdot \cdot \cdot \cdot \cdot \cdot \quad F(x, y) = f[x, y, g(x, y)] = 0.$$

Die Elimination braucht übrigens nicht notwendig in der hier vorgezeichneten Art vollzogen zu werden.

Beispielsweise liefert die zweite Gleichung (3) bei der Schar (1):
$$(6) \cdot \cdot \cdot \cdot \quad (p - a)x^2 + py^2 + p(a - p)(2p - a) = 0.$$

Hier verfährt man besser so, daß man (1) und (6) nach x^2 und y^2 auflöst und dann $x^{\frac{2}{3}}, y^{\frac{2}{3}}$ herstellt. Bei der Addition der beiden so zu erhaltenden Gleichungen fällt p einfach heraus, und man gewinnt als Gleichung der einhüllenden Kurve:

$$(7) \cdot \cdot \cdot \cdot \cdot \cdot \cdot \cdot \cdot \cdot \quad x^{\frac{2}{3}} + y^{\frac{2}{3}} = a^{\frac{2}{3}}.$$

Die hierdurch dargestellte Kurve, deren Gestalt in Fig. 56, S. 149, leicht zu erkennen ist, heißt „Astroide".

7. Kubatur der Volumina.

Eine vorgelegte Fläche F möge in rechtwinkeligen Raumkoordinaten durch die Gleichung $z = f(x,y)$ dargestellt sein. Die xy-Ebene liege horizontal, der positive Teil der z-Achse weise nach oben.

In der xy-Ebene möge durch $g(x, y) = 0$ eine geschlossene Kurve K dargestellt sein; und es gelte die Voraussetzung, daß für alle Punkte (x,y) des von K umrandeten Stückes der xy-Ebene die Funktion $z = f(x, y)$ eindeutig und stetig sei. Auch gelte zunächst die Annahme, daß daselbst z überall positiv sei, d. h. daß die Fläche F oberhalb der xy-Ebene liege.

Man denke über der Kurve K als Grundriß einen Zylinder mit zur z-Achse parallelen Mantellinien errichtet.

Es sei alsdann durch V' das Volumen desjenigen Raumteiles bezeichnet, *welcher seitlich durch den Mantel des Zylinders, oberhalb durch den im Inneren des Zylinders verlaufenden Teil der Fläche F und unterhalb durch die xy-Ebene eingegrenzt wird.*

Sollte der gemachten Annahme entgegen die Fläche F unterhalb der xy-Ebene verlaufen, so haben wir genau wie bei der Quadratur ebener Kurven (S. 91) die Maßzahl für das entsprechend einzugrenzende Volumen negativ zu nehmen.

Das Volumen V' kann in Gestalt eines sogenannten *Doppelintegrales* ausgedrückt werden (vgl. S. 129).

Der Einfachheit halber nehmen wir an (was nötigenfalls durch eine Verschiebung der Koordinatenachsen immer erreichbar ist), daß der Nullpunkt innerhalb des durch die Kurve K umschlossenen Flächenstückes liegt. Letzteres wird dann durch die Achsen in vier Quadranten zerlegt und wir können uns auf die Betrachtung des ersten in Fig. 58 stark umrandeten Quadranten beschränken.

Die Kurve K schneide die positive x-Achse bei $x = a$ und die positive y-Achse bei $y = b$. Es gelte die Annahme, daß das den bevorzugten Quadranten begrenzende

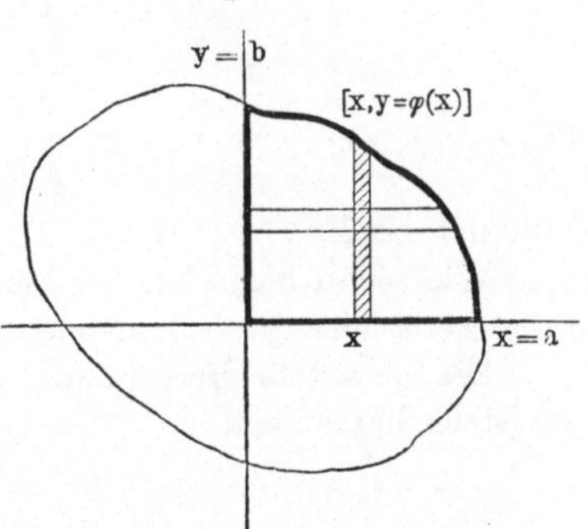

Fig. 58.

Stück von K für jede Abszisse x zwischen 0 und a stets nur *eine* zugehörige Ordinate $y = \varphi(x)$ liefere [1]).

Wir bezeichnen mit V das Volumen des über dem ausgewählten Quadranten gelegenen Teiles des oben eingegrenzten Raumstückes vom Volumen V'.

---

[1]) Ist diese Bedingung nicht erfüllt, so muß man das von K umrandete Flächenstück in mehrere Teile zerlegen und letztere einzeln behandeln.

Zur Bestimmung von V zerlege man die in der xy-Ebene gelegene Grundfläche des fraglichen Raumteiles durch Parallele zu den Achsen in unendlich kleine Rechtecke, wobei der Flächeninhalt eines einzelnen Rechteckes gleich $dx \cdot dy$ sein wird (vgl. die gleiche Erörterung S. 128).

Über dem einzelnen Rechtecke steht alsdann vom Volumen V ein vierseitiges Prisma des Inhaltes $z \cdot dx\, dy = f(x, y)\, dx\, dy$. Sollte F und damit dies Prisma unterhalb der xy-Ebene liegen, so wird obiger Bestimmung entsprechend $z \cdot dx\, dy$ negativ ausfallen.

Bei konstanten x und dx bilde man nun durch Integration nach y zwischen den Grenzen 0 und $\varphi(x)$ den Inhalt derjenigen unendlich schmalen Scheibe des auszumessenden Raumteiles, welche oberhalb des in Fig. 58, S. 151, schraffierten Streifens liegt.

Integriert man jetzt den erhaltenen Ausdruck

$$\left(\int\limits_0^{\varphi(x)} f(x, y)\, dy \right) dx,$$

der nur noch von x und dx abhängt, in bezug auf x zwischen den Grenzen 0 und a, so gewinnt man das Volumen V.

Statt zuerst nach y zu integrieren, kann man auch mit der Integration nach x bei konstanten y und dy beginnen; hierbei möge $x = \psi(y)$ die zu y gehörende Abszisse von K sein.

Lehrsatz: *Das oben ausführlich beschriebene Volumen V kann durch Auswertung jedes der beiden Doppelintegrale:*

$$(1) \quad \cdots \cdots \cdots \quad V = \int\limits_0^a \left(\int\limits_0^{\varphi(x)} f(x, y)\, dy \right) dx,$$

$$(2) \quad \cdots \cdots \cdots \quad V = \int\limits_0^b \left(\int\limits_0^{\psi(y)} f(x, y)\, dx \right) dy,$$

bestimmt werden.

Wie schon bemerkt, ist hier jeweils bei Ausführung des inneren Integrals x bzw. y als konstant anzusehen.

Die geleistete Berechnung des Volumens V wird als „*Kubatur*" desselben bezeichnet.

8. Kubatur des Ellipsoids.

Als Beispiel diene die Bestimmung des Volumens eines dreiachsigen Ellipsoids, das gegeben ist durch:

$$\frac{x^2}{a^2} + \frac{y^2}{b^2} + \frac{z^2}{c^2} = 1.$$

Gleichung (1), Nr. 7, liefert den Rauminhalt eines Oktanten des Ellipsoids, wenn wir in jene Gleichung eintragen:

$$f(x,y) = \frac{c}{b} \sqrt{b^2 \left(1 - \frac{x^2}{a^2}\right) - y^2}, \qquad \varphi(x) = b\sqrt{1 - \frac{x^2}{a^2}}.$$

Man hat somit:

$$(1) \ldots \ldots \quad V = \frac{c}{b} \int\limits_0^a \left[dx \int\limits_0^{b\sqrt{1 - \frac{x^2}{a^2}}} \sqrt{b^2 \left(1 - \frac{x^2}{a^2}\right) - y^2} \, dy \right].$$

Für das innere Integral erhält man nach den S. 109 ff. entwickelten Methoden:

$$\int \sqrt{b^2 \left(1 - \frac{x^2}{a^2}\right) - y^2} \, dy = \tfrac{1}{2} y \sqrt{b^2 \left(1 - \frac{x^2}{a^2}\right) - y^2}$$

$$+ \frac{b^2}{2} \left(1 - \frac{x^2}{a^2}\right) arc\,sin \frac{y}{b\sqrt{1 - \frac{x^2}{a^2}}}.$$

Durch Eintragung der Grenzen für y und Integration in bezug auf x folgt:

$$(2) \ldots \ldots \quad V = \frac{\pi b c}{4} \int\limits_0^a \left(1 - \frac{x^2}{a^2}\right) dx = \frac{\pi\,a\,b\,c}{6}.$$

Das Gesamtvolumen des Ellipsoids ist somit $\tfrac{4}{3}\pi\,abc$.

9. Komplanation der krummen Flächen.

Vermöge der Doppelintegrale kann man auch die Bestimmung des Flächeninhaltes von Teilen der Fläche F, die sogenannte „*Komplanation*" der Fläche F, durchführen.

Es sollen hier alle Voraussetzungen und Bezeichnungen von Nr. 7 beibehalten werden; und es liege die Aufgabe vor, *den Inhalt S desjenigen Stückes der Fläche F zu bestimmen, welches oberhalb bzw. unterhalb des in Fig. 58, S. 151, stark umrandeten Teiles der xy-Ebene liegt.*

Letzteres Stück der xy-Ebene wurde vorhin in unendlich kleine Rechtecke eingeteilt.

Über bzw. unter einem einzelnen solchen Rechtecke, dessen Inhalt $dx \cdot dy$ ist, liege das „Flächenelement" dS von F.

Man darf dies Element dS als eben ansehen, und man nenne den Neigungswinkel des Elementes gegen die xy-Ebene γ, so daß man die Gleichung $dS \cdot cos\,\gamma = dx\,dy$ gewinnt.

Da γ gleich dem Richtungsunterschiede zwischen der auf dS errichteten Normale und der z-Achse ist, so findet man nach Nr. 3, S. 145, unter Zugrundelegung der Gleichung $z - f(x,y) = 0$ der krummen Fläche:

$$\cos \gamma = \frac{1}{\sqrt{1 + \left(\frac{\partial f}{\partial x}\right)^2 + \left(\frac{\partial f}{\partial y}\right)^2}}.$$

Es ergibt sich hieraus der

Lehrsatz: *Das oben näher bezeichnete Stück der Fläche F hat den durch die erste oder zweite der nachfolgenden Formeln dargestellten Flächeninhalt S:*

$$(1) \ \cdots \cdots \ S = \int\limits_0^a \left[\int\limits_0^{\varphi(x)} \sqrt{1 + \left(\frac{\partial f}{\partial x}\right)^2 + \left(\frac{\partial f}{\partial y}\right)^2} \, dy \right] dx,$$

$$(2) \ \cdots \cdots \ S = \int\limits_0^b \left[\int\limits_0^{\psi(y)} \sqrt{1 + \left(\frac{\partial f}{\partial x}\right)^2 + \left(\frac{\partial f}{\partial y}\right)^2} \, dx \right] dy.$$

10. Komplanation der Kugelfläche.

Als Beispiel diene die Komplanation der Kugeloberfläche vom Radius r um den Nullpunkt. Zur Bestimmung der Oberfläche S des Kugeloktanten hat man zu setzen:

$$f(x, y) = \sqrt{r^2 - x^2 - y^2}, \quad \varphi(x) = \sqrt{r^2 - x^2}.$$

Bei Benutzung von (1), Nr. 9, gilt also der Ansatz:

$$(1) \ \cdots \cdots \cdots \ S = r \int\limits_0^r \left(\int\limits_0^{\sqrt{r^2-x^2}} \frac{dy}{\sqrt{r^2 - x^2 - y^2}} \right) dx. \ .$$

Nun ist bei konstantem x nach Formel (9), S. 83:

$$\int \frac{dy}{\sqrt{r^2 - x^2 - y^2}} = arc \, sin \, \frac{y}{\sqrt{r^2 - x^2}}.$$

Durch Eintragung der Grenzen erhält man aus (1):

$$S = \frac{\pi r}{2} \int\limits_0^r dx = {}^1/_2 \, \pi \, r^2.$$

11. Gebrauch der Polarkoordinaten.

Will man in der xy-Ebene an Stelle der x, y Polarkoordinaten r, ϑ gebrauchen, so wähle man den bisherigen Nullpunkt als Pol und die positive x-Achse als Achse der Polarkoordinaten.

Es sei eine den Pol umlaufende, geschlossene Kurve K durch $r = \varphi(\vartheta)$ gegeben, wobei $\varphi(\vartheta)$ eine eindeutige Funktion sei; weiter möge durch die im Innern von K eindeutige Funktion $z = f(r, \vartheta)$ eine krumme Fläche F gegeben sein.

Zur Kubatur und Komplanation von F errichten wir über K einen Zylinder, dessen Mantellinien zur z-Achse parallel sind, und definieren das Volumen V und die Oberfläche S analog wie in Nr. 7 und 9.

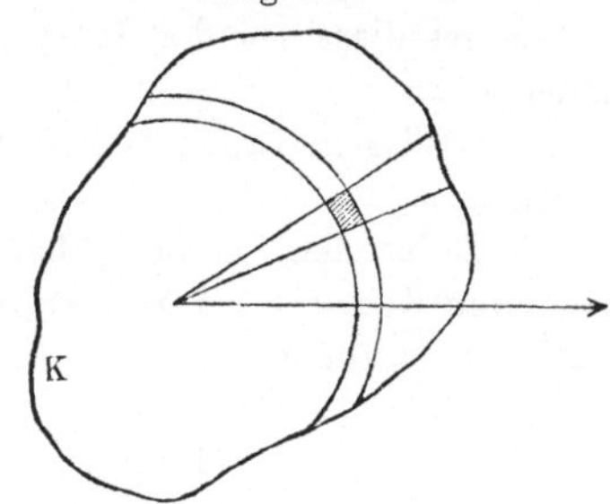

Fig. 59.

Das in Fig. 59 schraffierte Element der $r\vartheta$-Ebene hat den Flächeninhalt $r \cdot dr \cdot d\vartheta$.

Man beweist daraufhin leicht folgenden

Lehrsatz: Das von dem zu K gehörenden Zylinder, der $r\vartheta$-Ebene und der Fläche F eingegrenzte Volumen V ist:

$$(1) \quad \cdots \cdots \quad V = \int\limits_{0}^{2\pi}\left(\int\limits_{0}^{\varphi(\vartheta)} f(r,\vartheta)\, r\, dr\right) d\vartheta,$$

und entsprechend gilt für die Oberfläche S:

$$(2) \quad \cdots \cdots \quad S = \int\limits_{0}^{2\pi}\left(\int\limits_{0}^{\varphi(\vartheta)} \frac{r\, dr}{\cos\gamma}\right) d\vartheta,$$

wobei γ in derselben Bedeutung wie in Nr. 9 gebraucht ist.

12. Beispiel einer Kubatur mittels der Polarkoordinaten.

Die in der xz-Ebene durch $z = e^{-x^2}$ dargestellte Kurve hat den in Fig. 60 skizzierten Verlauf; sie nähert sich der x-Achse sowohl nach rechts wie nach links hin asymptotisch.

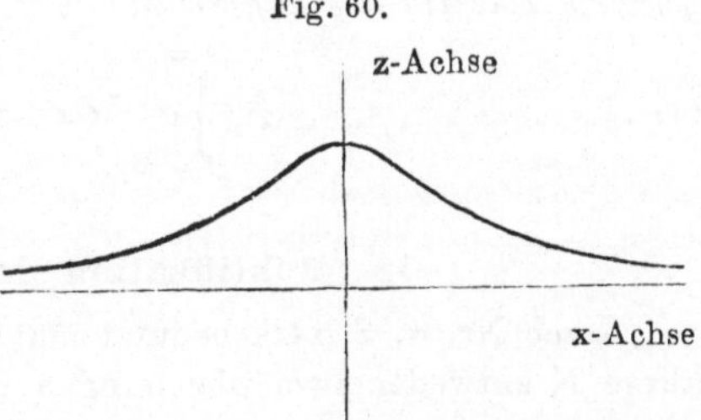

Fig. 60.

Durch Rotation dieser Kurve um die z-Achse entspringt eine glockenförmig gestaltete Oberfläche F, welche durch $z = e^{-r^2}$ dargestellt ist.

Der zwischen F und der $r\vartheta$-Ebene gelegene Raum hat, obschon er sich nach allen Richtungen der $r\vartheta$-Ebene ins Unendliche zieht, einen endlichen Inhalt V:

$$V = \int\limits_{0}^{2\pi}\left(\int\limits_{0}^{\infty} e^{-r^2}\, r\, dr\right) d\vartheta.$$

Da nämlich das innere Integral die Variabele ϑ nicht mehr enthält, so kann man dasselbe vor das auf ϑ bezogene Integral setzen:

$$V = \left(\int_0^\infty e^{-r^2}\, r\, dr \right) \cdot \left(\int_0^{2\pi} d\vartheta \right).$$

Jedes dieser beiden Integrale ist leicht zu bestimmen, und man findet $V = \pi$.

Aus diesem Ergebnis können wir eine bemerkenswerte Folgerung ziehen.

Wendet man nämlich bei der eben behandelten Aufgabe rechtwinkelige Koordinaten x, y an, so hat man nach der in Nr. 7, S. 151 ff., befolgten Methode:

$$V = \int_{-\infty}^{+\infty} \left(\int_{-\infty}^{+\infty} e^{-x^2-y^2}\, dy \right) dx.$$

Spaltet man $e^{-x^2-y^2}$ in das Produkt von e^{-x^2} und e^{-y^2}, und setzt man den ersten Faktor, als von y unabhängig, vor das Integral in bezug auf y, so folgt:

$$V = \int_{-\infty}^{+\infty} \left(e^{-x^2} \int_{-\infty}^{+\infty} e^{-y^2}\, dy \right) dx.$$

Nun hat das innere Integral einen von x unabhängigen Wert und kann also vor das auf x bezogene Integral gesetzt werden; es ist somit:

$$V = \left(\int_{-\infty}^{+\infty} e^{-y^2}\, dy \right) \cdot \left(\int_{-\infty}^{+\infty} e^{-x^2}\, dx \right) = \left(\int_{-\infty}^{+\infty} e^{-x^2}\, dx \right)^2.$$

Da wir aber vorhin $V = \pi$ fanden, so folgt der

Lehrsatz: *Das zwischen den Grenzen* $-\infty$ *und* $+\infty$ *ausgeführte Integral des Differentials* $e^{-x^2}\, dx$ *ist gleich* $\sqrt{\pi}$:

$$(1) \ldots \ldots \ldots \int_{-\infty}^{+\infty} e^{-x^2}\, dx = \sqrt{\pi}.$$

13. Rektifikation der Raumkurven.

Nach Nr. 4, S. 146, benutzt man für die Darstellung einer Raumkurve K entweder zwei Gleichungen der Gestalt:

$$(1) \ldots \ldots \quad f(x,y,z) = 0, \qquad g(x,y,z) = 0$$

oder drei Gleichungen:

$$(2) \ldots \ldots \quad x = \varphi(t), \qquad y = \psi(t), \qquad z = \chi(t),$$

wobei im letzten Falle t als unabhängige Variabele gilt.

Das Bogenelement ds der Raumkurve K ist durch Formel (4), S. 146, gegeben.

Zur Weiterentwickelung dieser Formel kann man erstlich y und z als Funktionen von x aus (1) ausrechnen und findet dann:

$$(3) \ \cdots \ \cdots \ \ ds = \sqrt{1 + \left(\frac{dy}{dx}\right)^2 + \left(\frac{dz}{dx}\right)^2} \cdot dx.$$

Bevorzugt man dagegen die Darstellung (2), so gilt:

$$(4) \ \cdots \ \cdots \ \ ds = \sqrt{\varphi'(t)^2 + \psi'(t)^2 + \chi'(t)^2}\, dt.$$

Die „*Rektifikation*“, d. i. die Berechnung der Bogenlänge der Raumkurve K wird nun durch Integration dieses Differentials ds geleistet.

Lehrsatz: *Zur Berechnung der Bogenlänge s der Raumkurve K zwischen den beiden durch $x = a$ und $x = b$ fixierten Stellen dient das Integral:*

$$(5) \ \cdots \ \cdots \ \cdots \ \ s = \int_a^b \sqrt{1 + \left(\frac{dy}{dx}\right)^2 + \left(\frac{dz}{dx}\right)^2}\, dx.$$

An Stelle desselben tritt das Integral:

$$(6) \ \cdots \ \cdots \ \cdots \ \ s = \int_{t_0}^{t_1} \sqrt{\varphi'(t)^2 + \psi'(t)^2 + \chi'(t)^2}\, dt,$$

falls man sich der Darstellung (2) bedient und die Bogenlänge zwischen den zu t_0 und t_1 gehörigen Stellen ausmessen will.

Als Beispiel diene die „zylindrische Schraubenlinie“, welche dargestellt wird durch:

$$x^2 + y^2 = m^2, \quad y = x \cdot tg\left(\frac{z}{n}\right)$$

oder (was noch zweckmäßiger ist) durch:

$$x = m \cos t, \quad y = m \sin t, \quad z = nt.$$

Gleichung (6) liefert:

$$s = \int_{t_0}^{t_1} \sqrt{m^2 + n^2}\, dt = \sqrt{m^2 + n^2}\, (t_1 - t_0).$$

Die Länge eines „Schraubenganges“ ist hiernach $2\pi\sqrt{m^2 + n^2}$.

Fünfter Abschnitt.

Einführung in die Theorie der Differential-gleichungen.

Erstes Kapitel.

Allgemeine Bemerkungen über Differentialgleichungen.

---

1. Begriff der Differentialgleichungen.

Erklärung: *Kommen in einer Gleichung neben veränderlichen Größen auch noch Differentialquotienten derselben vor, so spricht man von einer „Differentialgleichung".*

Wir unterscheiden folgende Fälle:

I. Es mögen *zwei* Variabele x, y vorliegen, von denen die erste als unabhängig gilt, während y als Funktion von x angesehen wird.

Gegeben sei eine Gleichung der Gestalt:

$$(1) \ldots \ldots \quad F\left(x, y, \frac{dy}{dx}, \frac{d^2y}{dx^2}, \ldots\right) = 0.$$

Erklärung: *Wir bezeichnen (1) als eine „gewöhnliche" Differentialgleichung zwischen einer unabhängigen Variabelen x und einer abhängigen y.*

Ein Beispiel sei:

$$(2) \ldots \ldots (3x^2 - 7y^2)\frac{dy}{dx} - 17x + 12xy = 0.$$

II. Hat man *eine* unabhängige Variabele x und *zwei* abhängige Variabele y und z, so seien der Anzahl der abhängigen Variabelen entsprechend *zwei* Gleichungen gegeben:

$$(3) \ldots \ldots \begin{cases} F_1\left(x, y, z, \dfrac{dy}{dx}, \dfrac{dz}{dx}, \dfrac{d^2y}{dx^2}, \ldots\right) = 0. \\[2ex] F_2\left(x, y, z, \dfrac{dy}{dx}, \dfrac{dz}{dx}, \dfrac{d^2y}{dx^2}, \ldots\right) = 0. \end{cases}$$

Erklärung: *Man sagt, durch (3) sei ein System „simultaner", „gewöhnlicher" Differentialgleichungen mit einer unabhängigen Variabelen x und zwei abhängigen Variabelen y, z vorgelegt.*

Als Beispiel gelte das System:

$$(4) \quad \cdots \cdots \quad \frac{dy}{dx} = y + z, \qquad \frac{dz}{dx} = y - z.$$

III. Sind *zwei* unabhängige Variabele x, y und *eine* abhängige z vorgelegt, so sei *eine* Gleichung von der Gestalt gegeben:

$$(5) \quad \cdots \cdots \quad F\left(x, y, z, \frac{\partial z}{\partial x}, \frac{\partial z}{\partial y}, \frac{\partial^2 z}{\partial x^2}, \frac{\partial^2 z}{\partial x \partial y}, \cdots\right) = 0.$$

Erklärung: *Die Gleichung (5) bezeichnet man als eine „partielle" Differentialgleichung mit zwei unabhängigen Variabelen x, y und einer abhängigen z.*

Ein hierher gehöriges Beispiel ist:

$$(6) \quad \cdots \cdots \cdots \cdots \quad \frac{\partial^2 z}{\partial x^2} + \frac{\partial^2 z}{\partial y^2} = 0.$$

IV. Der allgemeinste Fall, unter den sich die drei bisher genannten Fälle einordnen, ist offenbar der, daß n unabhängige Variabele $x_1, \ldots, x_n$ und m abhängige $y_1, \ldots, y_m$ durch m Gleichungen verbunden erscheinen, in denen neben diesen Variabelen noch Ableitungen der y in bezug auf die x auftreten.

2. Einteilungen der Differentialgleichungen in Ordnungen und in Grade.

Erklärung: *Kommen in einer Differentialgleichung Ableitungen n^{ter}, jedoch nicht solche von höherer als n^{ter} Ordnung vor, so bezeichnen wir die Differentialgleichung als eine solche von der n^{ten} Ordnung.*

Die Gleichungen (2) und (4), Nr. 1, sind von der *ersten* Ordnung, in (6), Nr. 1, liegt eine partielle Differentialgleichung *zweiter* Ordnung vor.

Die beiden Fälle I. und II., Nr. 1, betrifft folgender

Lehrsatz: *Eine gewöhnliche Differentialgleichung „erster" Ordnung zwischen zwei Variabelen x, y nimmt durch Auflösung nach $\dfrac{dy}{dx}$ die Normalform an:*

$$(1) \quad \cdots \cdots \cdots \cdots \quad \frac{dy}{dx} = G(x, y);$$

ein System simultaner, gewöhnlicher Differentialgleichungen „erster" Ordnung kann entsprechend auf die Normalform gebracht werden:

$$(2) \quad \cdots \cdots \quad \frac{dy}{dx} = G_1(x, y, z), \qquad \frac{dz}{dx} = G_2(x, y, z).$$

Erklärung: *Hat die linke Seite einer Differentialgleichung in den „abhängigen" Variabelen und den Ableitungen derselben die Gestalt einer rationalen ganzen Funktion, so bezeichnet man als „Grad" des einzelnen Gliedes die Summe der in diesem Gliede auftretenden Exponenten der abhängigen Variabelen und Ableitungen. Hierbei wird die Gleichung als eine solche vom m^{ten} Grade bezeichnet, wenn ein Glied m^{ten} Grades, aber keines von höherem Grade auftritt.*

Ein Beispiel einer Differentialgleichung *dritten* Grades ist:

$$(3) \quad \cdots \quad 3\,x y^2 + 7\,y\left(\frac{dy}{dx}\right)^2 \sin x - 25\,y + 3 = 0.$$

Ob die linke Seite der Differentialgleichung in der *unabhängigen* Variabelen x die Gestalt einer algebraischen oder (wie beim eben angegebenen Beispiel) transzendenten Funktion hat, ist zufolge der eben gegebenen Erklärung für die Gradeinteilung gleichgültig.

Erklärung: *Eine Differentialgleichung, deren Glieder sämtlich von gleichem Grade sind, heißt „homogen"; eine Differentialgleichung ersten Grades wird auch als „linear" bezeichnet.*

Eine lineare und homogene Differentialgleichung erster Ordnung vom Typus III, Nr. 1, hat demnach die Gestalt:

$$(4) \quad \cdots \quad H_1\,(x, y)\,\frac{\partial z}{\partial x} + H_2\,(x, y)\,\frac{\partial z}{\partial y} + H_3\,(x, y)\,z = 0,$$

wo $H_1\,(x, y)$, $H_2\,(x, y)$ und $H_3\,(x, y)$ irgend welche Funktionen der unabhängigen Variabelen x und y sind.

Lehrsatz: *Eine lineare Differentialgleichung n^{ter} Ordnung zwischen einer unabhängigen Variabelen x und einer abhängigen y kann in die geordnete Gestalt gebracht werden:*

$$(5) \quad \cdots \quad F_0\,(x)\,\frac{d^n y}{dx^n} + F_1\,(x)\,\frac{d^{n-1} y}{dx^{n-1}} + \cdots$$

$$\cdots + F_{n-1}\,(x)\,\frac{dy}{dx} + F_n\,(x)\,y = F_{n+1}\,(x),$$

wo $F_0\,(x)$, …, $F_{n+1}\,(x)$ irgend welche Funktionen von x sind.

3. Begriff der Lösungen von Differentialgleichungen.

Es sei zunächst eine Differentialgleichung erster Ordnung mit einer unabhängigen Variabelen vorgelegt:

$$(1) \quad \cdots \cdots \quad F\left(x, y, \frac{dy}{dx}\right) = 0.$$

Erklärung: *Die Differentialgleichung (1) auflösen heißt eine Funktion $y = f(x)$ bestimmen, die der Gleichung (1) in der Weise genügt, daß die Gleichung:*

$$(2) \quad \cdots \cdots \quad F[x, f(x), f'(x)] = 0$$

*für „jeden" Wert von x richtig ist und also in x eine „identische"
Gleichung darstellt.*

Eine solche Funktion $y = f(x)$ heißt eine „*Lösung*" oder eine
„*Integralfunktion*" oder auch kurz ein „*Integral*" der gegebenen Differentialgleichung.   Eine solche Integralfunktion y kann auch unentwickelt durch eine Gleichung:

$$(3) \quad \ldots \ldots \ldots \quad g(x, y) = 0$$

gegeben sein; letztere heißt alsdann eine „*Integralgleichung*" der vorgelegten Differentialgleichung.

Zur Differentialgleichung:

$$(1 - x^2)\frac{dy}{dx} + y = 0$$

gehört als ein Integral die Funktion:

$$y = \sqrt{\frac{x-1}{x+1}},$$

wie man durch Eintragung dieser Funktion in die Differentialgleichung
leicht zeigt.

Man wird den Begriff einer Lösung sofort auf die übrigen in Nr. 1,
S. 158 u. f., aufgestellten Differentialgleichungen übertragen.

Beispielsweise gilt die

Erklärung: *Als ein „Integral" der partiellen Differentialgleichung:*

$$(4) \quad \ldots \ldots \quad F\left(x, y, z, \frac{\partial z}{\partial x}, \frac{\partial z}{\partial y}, \frac{\partial^2 z}{\partial x^2}, \ldots\right) = 0$$

*bezeichnet man eine solche Funktion $z = f(x, y)$, deren Eintragung in (4)
eine in x und y „identisch" bestehende, d. i. für „alle" Wertsysteme x, y
richtige Gleichung:*

$$(5) \quad \ldots \ldots \quad F[x, y, f(x, y), f'_x(x, y), \ldots] = 0$$

liefert.

Hieran schließe sich auch noch die folgende

Erklärung: *An ein „System von Integralgleichungen" für das
System der Differentialgleichungen:*

$$(6) \quad \ldots \ldots \quad \frac{dy}{dx} = G_1(x, y, z), \quad \frac{dz}{dx} = G_2(x, y, z)$$

bezeichnet man die beiden Gleichungen:

$$(7) \quad \ldots \ldots \quad g_1(x, y, z) = 0, \quad g_2(x, y, z) = 0,$$

*wenn die aus (7) zu berechnenden Funktionen $y = f_1(x)$, $z = f_2(x)$,
in (6) substituiert, die in x „identischen" Gleichungen liefern:*

$$f_1(x) = G_1[x, f_1(x), f_2(x)], \quad f'_2(x) = G_2[x, f_1(x), f_2(x)].$$

4. Geometrische Deutung von Differentialgleichungen.

Die drei ersten in Nr. 1 unterschiedenen Fälle wollen wir kurz durch Angabe der Gleichungen zitieren:

$$(I) \quad \ldots \ldots \quad F\left(x,\, y,\, \frac{dy}{dx},\, \frac{d^2 y}{dx^2},\, \ldots\right) = 0,$$

$$(II) \quad \ldots \ldots \quad \begin{cases} F_1\left(x,\, y,\, z,\, \dfrac{dy}{dx},\, \dfrac{dz}{dx},\, \dfrac{d^2 y}{dx^2},\, \ldots\right) = 0, \\[2ex] F_2\left(x,\, y,\, z,\, \dfrac{dy}{dx},\, \dfrac{dz}{dx},\, \dfrac{d^2 y}{dx^2},\, \ldots\right) = 0, \end{cases}$$

$$(III) \quad \ldots \ldots \quad F\left(x,\, y,\, z,\, \frac{\partial z}{\partial x},\, \frac{\partial z}{\partial y},\, \frac{\partial^2 z}{\partial x^2},\, \frac{\partial^2 z}{\partial x\, \partial y},\, \ldots\right) = 0.$$

Erklärung: *In diesen drei Fällen kann man eine geometrische Deutung der Differentialgleichungen und ihrer Lösungen entwickeln, indem man im Falle (1) x, y als rechtwinkelige Koordinaten in der Ebene, in den beiden anderen Fällen aber x, y, z als ebensolche Koordinaten im Raume ansieht.*

Für die Lösungen ist diese Deutung handgreiflich: Eine Integralgleichung:

$$(1) \quad \ldots \ldots \ldots \ldots \ldots \quad g(x,\, y) = 0$$

von (I) deuten wir in der Ebene als eine „*Integralkurve*" der Differentialgleichung (I); ein Lösungssystem:

$$(2) \quad \ldots \ldots \ldots \quad g_1(x,\, y,\, z) = 0, \quad g_2(x,\, y,\, z) = 0$$

von (II) liefert im Raume eine „*Integralkurve*" der simultanen Gleichungen (II); endlich stellt eine Integralgleichung:

$$(3) \quad \ldots \ldots \ldots \ldots \ldots \quad g(x,\, y,\, z) = 0$$

von (III) im Raume eine „*Integralfläche*" der partiellen Differentialgleichung (III) dar.

Bei der Deutung der Differentialgleichungen selbst müssen wir uns auf die „erste" Ordnung beschränken.

Im Falle (I) benutzen wir die Normalgleichung:

$$(I^a) \quad \ldots \ldots \ldots \ldots \ldots \quad \frac{dy}{dx} = G(x,\, y)$$

und nehmen (wie auch analog in den späteren Fällen) der einfachen Sprechweise halber $G(x,\, y)$ als eindeutige Funktion von x und y an [1]).

---

[1]) Ist $G(x, y)$ zunächst mehrdeutig, so hat man durch geeignete Zusatzbestimmungen G eindeutig zu erklären.

An irgend einer Stelle (x, y) einer zugehörigen Integralkurve (1) ergibt sich nach S. 18 für den Winkel α zwischen der Tangente jener Kurve und der x-Achse:

$$tg\,\alpha = \frac{dy}{dx},$$

wobei rechts y als Funktion von x durch (1) zu erklären ist.

Nun sollen andererseits zufolge des Begriffs einer Integralgleichung der vorgelegten Differentialgleichung die aus (1) entspringende Funktion y und ihre eben berechnete Ableitung $\frac{dy}{dx}$ für *jedes* Argument x und also für *jede* Stelle (x, y) der Integralkurve die Gleichung (I\u1d43) befriedigen. Es ergibt sich sonach für alle Stellen dieser Kurve:

$$(4) \quad \ldots \ldots \ldots \ldots \quad tg\,\alpha = G(x, y),$$

und damit folgt der

Lehrsatz: *Die geometrische Bedeutung der Differentialgleichung (I\u1d43) ist die, daß sie vermöge ihrer in der Normalform (I\u1d43) rechts stehenden Funktion $G(x, y)$ auf Grund von (4) an jeder Stelle (x, y) einer Integralkurve die Tangentenrichtung oder, wie wir sagen wollen, die „Fortschrittsrichtung“ dieser Kurve bestimmt.*

Diese Betrachtung ist unmittelbar übertragbar auf den Fall:

$$(\text{II}^{a}) \quad \ldots \ldots \quad \frac{dy}{dx} = G_1(x, y, z), \quad \frac{dz}{dx} = G_2(x, y, z).$$

Nach (5), S. 146 gilt für die dort mit α, β, γ bezeichneten Richtungswinkel der Tangente einer Integralkurve (2) an der Stelle (x, y, z)

$$\cos\alpha : \cos\beta : \cos\gamma = dx : dy : dz.$$

An Stelle der soeben benutzten Gleichung (4) tritt also jetzt:

$$(5) \quad \ldots \quad \cos\alpha : \cos\beta : \cos\gamma = 1 : G_1(x, y, z) : G_2(x, y, z),$$

und wir gewinnen den

Lehrsatz: *Die geometrische Bedeutung der simultanen Gleichungen (II\u1d43) ist die, daß sie auf Grund von (5) an jeder Stelle (x, y, z) einer Integralkurve die „Fortschrittsrichtung“ der letzteren bestimmen.*

In dem etwas umständlicheren dritten Falle, den wir hier nur beiläufig betrachten, beschränken wir uns auf Gleichungen, die in $\frac{\partial z}{\partial x}$, $\frac{\partial z}{\partial y}$ linear sind:

$$(\text{III}^{a}) \quad \ldots \quad H_1(x, y, z)\frac{\partial z}{\partial x} + H_2(x, y, z)\frac{\partial z}{\partial y} = H_3(x, y, z).$$

Von irgend einer Stelle (x, y, z) einer zugehörigen Integralfläche:

$$(6) \quad \ldots \ldots \ldots \ldots \ldots \quad z = f(x, y)$$

beschreiben wir auf dieser Fläche ein Linienelement ds, dessen Projektionen auf die Achsen dx, dy, dz seien. Die für die Linienelemente auf der Fläche (6) charakteristische Beziehung ist[1]):

$$(7) \ldots \ldots \ldots dz = \frac{\partial z}{\partial x}\,dx + \frac{\partial z}{\partial y}\,dy.$$

Man wähle nun speziell dasjenige Element ds, für welches:

$$dx : dy = H_1(x,\,y,\,z) : H_2(x,\,y,\,z)$$

gilt. Dann folgt aus (7):

$$\frac{dz}{dx} = \frac{\partial z}{\partial x} + \frac{\partial z}{\partial y}\cdot\frac{H_2}{H_1},$$

wo die Argumente von H_1 und H_2 die Koordinaten der ausgewählten Stelle sind. Die rechte Seite dieser Gleichung soll aber zufolge (III^{a}) stets $H_3 : H_1$ sein. Also folgt:

$$(8) \ldots \ldots dx : dy : dz = H_1(x,y,z) : H_2(x,y.\,z) : H_3(x,y,z),$$

oder wenn man lieber mit den Richtungswinkeln α, β, γ des Elementes ds operiert:

$$(9) \ldots \ldots \cos\alpha : \cos\beta : \cos\gamma = H_1(x,y,z) : H_2(x,y,z) : H_3(x,y,z).$$

Lehrsatz: *Die geometrische Bedeutung der partiellen Differentialgleichung (III^{a}) ist die, daß sie auf Grund von (9) an jeder Stelle einer Integralfläche eine „Fortschrittsrichtung" bestimmt, welche in der Integralfläche liegt.*

5. Existenzbeweis von Lösungen für Differentialgleichungen erster Ordnung.

In Nr. 3 wurde nur erst der „Begriff" von Lösungen der Differentialgleichungen aufgestellt, ohne daß dabei die Frage nach der „*Existenz*" solcher Lösungen berührt wurde. Die letzten Betrachtungen über die Differentialgleichungen *erster* Ordnung gestatten uns, wenigstens für diese Ordnung den Beweis zu führen, daß die fraglichen Lösungen auch wirklich existieren.

Man überlege zunächst im Anschluß an die Gleichung (I^{a}), Nr. 4, daß nicht nur eine vorgelegte Integralkurve an allen Stellen die daselbst unter (4) angegebene Gleichung befriedigt, sondern daß auch umgekehrt *jede* Kurve, welche längs ihres ganzen Verlaufs die fragliche Gleichung (4) erfüllt, eine Integralkurve von (I^{a}) ist.

Hieraus ergibt sich die Möglichkeit, *von der Differentialgleichung (I^{a}) selbst aus durch „Aneinanderreihung von Kurvenelementen" eine Integralkurve herzustellen und so den „Prozeß der Integration" der Gleichung zu vollziehen.*

---

[1]) Siehe die Entwickelungen über das totale Differential einer Funktion $z = f(x, y)$ oben S. 121.

Wir beginnen die Konstruktion etwa *an einer beliebig gewählten Stelle der y-Achse,* sagen wir bei $y = C$, wo C eine willkürlich fixierte Konstante ist. Die Richtung des ersten Kurvenelementes ist dann aus $tg\,\alpha = G\,(o, C)$ zu entnehmen, und auch für die Richtungen der weiter sich anreihenden Elemente ist jedesmal der zugehörige Funktionswert $G\,(x, y)$ heranzuziehen.

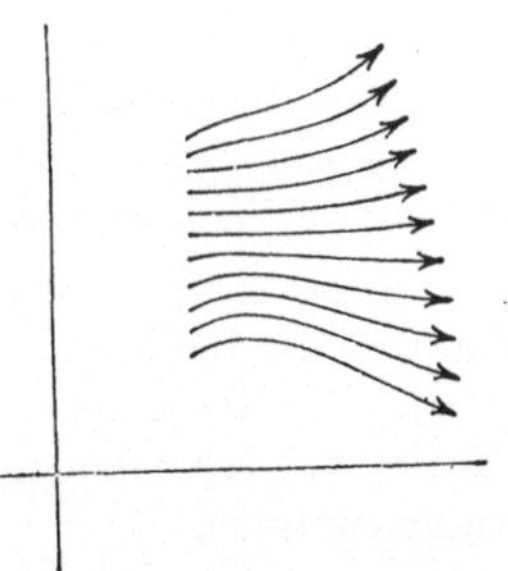
Fig. 61.

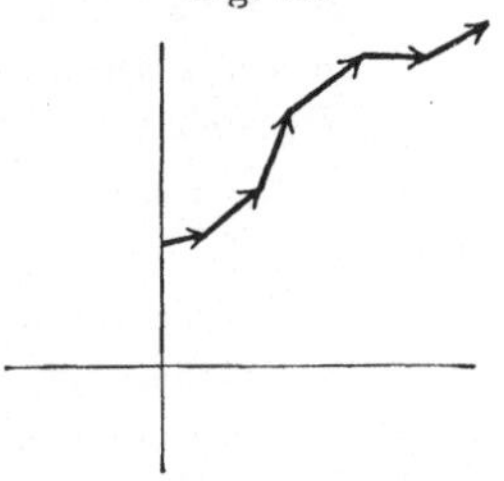

Das Zustandekommen der Integralkurve sei durch Fig. 61 versinnlicht, in welcher an Stelle der Bogenelemente endliche Geradenstückchen stehen.

Wechseln wir die Anfangskoordinate C, so kommen wir zu einer neuen Integralkurve. Der willkürlichen Auswahl von C entsprechend finden wir somit nicht nur eine, *sondern gleich unendlich viele Integralkurven, welche (vgl. Fig. 62) eine Kurvenschar bilden (siehe S. 149).*

Die einzelnen Integralkurven müssen wir dabei als durch die Anfangskoordinaten C mit bedingt ansehen und schreiben die Integralgleichung deshalb ausführlich in der Gestalt:

Fig. 62.

(1) $g\,(x, y, C) = 0$ oder $y = f\,(x, C),$

falls wir nach y auflösen.

Lehrsatz: *Insofern in $f\,(x, C)$ „eine" willkürliche Konstante C enthalten ist, sagt man, es gäbe für eine Differentialgleichung erster Ordnung zwischen zwei Variabelen x, y „einfach" unendlich viele Integrale y, denen eine „Schar" von Integralkurven entspricht.*

Erklärung: *Denkt man C in $f\,(x, C)$ noch unbestimmt, so spricht man vom „allgemeinen" Integrale der Differentialgleichung; jede spezielle Auswahl von C liefert ein „partikuläres" Integral.*

Die Frage nach der näheren Natur der Funktion $f\,(x, C)$, insbesondere ob dieselbe im Einzelfalle eine „elementare" Funktion ihrer beiden Argumente x, C ist oder nicht, bleibt hier zunächst noch unberührt.

Die vorstehenden Entwickelungen sind unmittelbar vorbildlich für den Fall der Gleichungen (II[a]), S. 163.

Wir beginnen die Aneinanderreihung von Kurvenelementen, welche im Raume der Proportion (5), S. 163, entsprechend zu richten sind, etwa mit dem willkürlich zu wählenden Punkte $x = C_1$, $z = C_2$ der $x\,z$-Ebene.

Den *beiden* willkürlichen Größen C_1, C_2 entsprechend gewinnen wir *zweifach unendlich viele Integralkurven,* deren Gleichungen wir analog wie in (1) so schreiben:

$$(2) \ldots \ldots g_1(x, y, z, C_1, C_2) = 0, \quad g_2(x, y, z, C_1, C_2) = 0,$$

oder nach y und z aufgelöst:

$$(3) \ldots \ldots \ldots y = f_1(x, C_1, C_2), \quad z = f_2(x, C_1, C_2).$$

Lehrsatz: *Die simultanen Differentialgleichungen (II^a), S. 163, haben zweifach unendlich viele Systeme von Integralen (3). Man spricht vom „allgemeinen" Integralsystem, falls die C_1, C_2 unbestimmt bleiben, während jedes spezielle Wertsystem C_1, C_2 ein „partikuläres" Integralsystem liefert.*

Für die partielle Differentialgleichung (III^a), S. 163, gilt der Satz, daß *jede* Fläche, bei welcher an der einzelnen Stelle das gemäß (9), S. 164, gerichtete Linienelement *in* der Fläche gelegen ist, eine Integralfläche ist.

Die zweifach unendlich vielen Integralkurven der simultanen Differentialgleichungen:

$$(4) \ldots \ldots \ldots \frac{dy}{dx} = \frac{H_2(x, y, z)}{H_1(x, y, z)}, \quad \frac{dz}{dx} = \frac{H_3(x, y, z)}{H_1(x, y, z)}$$

liefern uns nun gerade die Linienelemente der Richtungen (9), S. 164.

Lehrsatz: *Man gewinnt stets eine Integralfläche der Differentialgleichung (III^a), wenn man aus den zweifach unendlich vielen Integralkurven von (4) eine einfach unendliche Mannigfaltigkeit, welche eine Fläche bildet, herausgreift.*

Dies kann in verschiedenen Weisen durchgeführt werden. Man kann z. B. in der xz-Ebene eine *willkürliche Kurve*, welche durch $z = \chi(x)$ dargestellt sei, vorzeichnen und die von den Punkten dieser Kurve ausziehenden Integralkurven der Schar (4) zu einer Fläche zusammenfassen.

Lehrsatz: *Für die partielle Differentialgleichung (III^a) existiert ein Integral z, welches sich für $y = 0$ auf die „willkürlich wählbare" Funktion $\chi(x)$ von x reduziert. Bleibt letztere Funktion unbestimmt, so spricht man vom „allgemeinen" Integral; jeder besonderen Auswahl von $\chi(x)$ entspricht ein „partikuläres" Integral.*

Zweites Kapitel.

Gewöhnliche Differentialgleichungen erster Ordnung mit zwei Variabelen.

1. Differentialgleichungen ohne y.

Kommen in einer Differentialgleichung erster Ordnung vom Typus I, S. 162, nur x und $\dfrac{dy}{dx}$, nicht aber y vor, so ist die in der Normalgleichung (1), S. 159, rechts stehende Funktion G von x allein abhängig.

In diesem Falle können wir die Gleichung so schreiben:

$$(1) \qquad dy = G(x)\, dx$$

und finden somit das Differential dy der gesuchten Funktion y von x in x und dx allein dargestellt.

Der Begriff des unbestimmten Integrals (S. 80) liefert hier unmittelbar y als Funktion von x in der Gestalt:

$$(2) \qquad y = \int G(x)\, dx + C.$$

An Stelle von (2) können wir auch ein bestimmtes Integral:

$$(3) \qquad y = \int\limits_{a}^{x} G(x)\, dx$$

treten lassen; die willkürliche Konstante erscheint hier durch die willkürlich wählbare konstante untere Grenze a ersetzt.

Den Zahlenwert eines solchen Integrals deuteten wir oben (S. 86) als Flächeninhalt eines daselbst näher bestimmten ebenen Flächenstückes. Die Auswertung dieses Inhaltes wurde aber als „*Quadratur*" bezeichnet. Im Anschluß hieran bezeichnet man in der Theorie der Differentialgleichungen allgemein die Ausrechnung eines bestimmten Integrals als eine „Quadratur" und überträgt diese Benennung auch auf die Berechnung eines unbestimmten Integrals.

Beim Gebrauch dieser Sprechweise können wir sagen, *die Differentialgleichung (1) sei durch eine „Quadratur" lösbar.*

Es gilt der Satz, *daß viele (aber keineswegs alle) Differentialgleichungen erster Ordnung entweder unmittelbar oder nach geeigneten Transformationen durch Quadraturen lösbar sind.*

Auf derartige Auflösungen durch Quadraturen beziehen sich die zunächst zu entwickelnden Regeln.

2. Lösung von Differentialgleichungen durch Trennung der Variabelen.

Man multipliziere die in unserer Differentialgleichung (I^a), S. 162, auftretende Funktion $G(x, y)$ mit einer irgendwie gewählten Funktion $\Psi(x, y)$ und bezeichne das negativ genommene Produkt beider Funktionen durch $\Phi(x, y)$:

$$- \Psi(x, y) \cdot G(x, y) = \Phi(x, y).$$

Die Differentialgleichung läßt sich daraufhin auch in die Gestalt:

$$(1) \quad \ldots \ldots \quad \Phi(x, y) \cdot dx + \Psi(x, y) \cdot dy = 0$$

setzen, welche wir als „*zweite Normalform*" bezeichnen.

Lehrsatz: In der zweiten Normalform (1) sind die Funktionen Φ und Ψ nur erst insoweit bestimmt, daß ihr negativ genommener Quotient gleich der gegebenen Funktion $G(x, y)$ ist.

Lehrsatz: Gelingt es, eine gegebene Differentialgleichung in der Weise in die zweite Normalform zu setzen, daß Φ nur von x und zugleich Ψ nur von y abhängt:

$$(2) \quad \ldots \ldots \ldots \quad \Phi(x)\, dx + \Psi(y)\, dy = 0,$$

so wird das allgemeine Integral durch Quadraturen in der Form:

$$(3) \quad \ldots \ldots \quad \int \Phi(x)\, dx + \int \Psi(y)\, dy = C$$

gewonnen. Diese Art der Lösung wird als die „Methode der Trennung der Variabelen" bezeichnet, insofern im ersten Gliede von (2) nur x und dx, im zweiten nur y und dy vorkommen.

Um Formel (3) zu beweisen, führe man eine dritte Variabele z ein, indem man $dz = \Phi(x)\, dx$ setzt. Dann ist $dz = - \Psi(y)\, dy$, und man hat somit nach Nr. 1:

$$z = \int \Phi(x)\, dx + C_1,$$

$$- z = \int \Psi(y)\, dy + C_2.$$

Die Addition dieser Gleichungen liefert Formel (3), falls man die Summe von C_1 und C_2 durch $- C$ bezeichnet.

Beispiel. Es sollen alle ebenen Kurven gefunden werden, für welche die Subtangente jedes Punktes die konstante Länge 1 hat (vgl. Fig. 63).

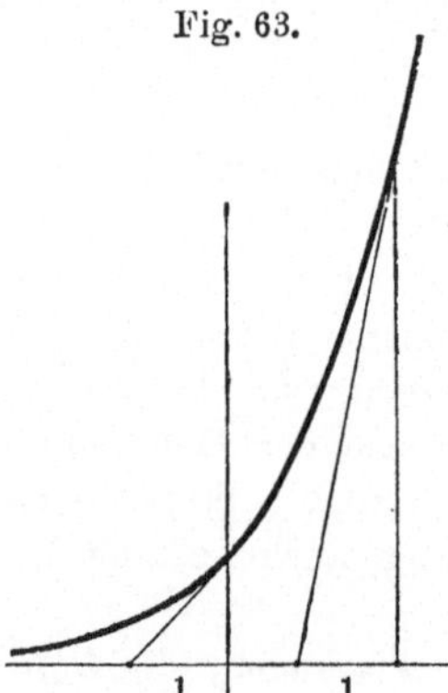

Fig. 63.

Nach S. 42 ist die Subtangente St im einzelnen Punkte einer Kurve durch $y \dfrac{dx}{dy}$ dargestellt. Soll demnach St stets $= 1$ sein, so gilt die Gleichung:

$$y \frac{dx}{dy} = 1 \quad \text{oder} \quad \frac{dy}{dx} = y;$$

dieselbe stellt die „*Differentialgleichung der gesuchten Kurven*" dar.

Die Trennung der Variabelen und Lösung wird vollzogen durch:

$$dx - \frac{dy}{y} = 0, \quad x - \ln y = c,$$

woraus man $y = e^{x-c}$ als allgemeines Integral erhält.

Schreiben wir hier noch $e^{-c} = C$, so nimmt das allgemeine Integral die Gestalt $y = C e^x$ an.

Für $C = 1$ gewinnt man die Exponentialkurve, für welche die Eigenschaft konstanter Subtangente der Länge 1 durch Fig. 63 versinnlicht werden mag.

3. Lösung der Differentialgleichungen von der Gestalt

$$\frac{dy}{dx} = G\left(\frac{y}{x}\right).$$

Die Funktion G von x und y möge jetzt insbesondere so gebaut sein, daß sie als Funktion allein vom Quotienten $\frac{y}{x}$ angesehen werden kann; wir bedienen uns dieserhalb direkt der Schreibweise $G\left(\frac{y}{x}\right)$ und haben es hiernach zu tun mit der Differentialgleichung:

$$(1) \cdot \cdot \cdot \cdot \cdot \cdot \cdot \cdot \quad \frac{dy}{dx} = G\left(\frac{y}{x}\right).$$

Lehrsatz: *Die Auflösung der Differentialgleichung (1) gelingt nach Substitution der neuen Variabelen $z = \frac{y}{x}$ vermöge der Methode der Trennung der Variabelen und liefert als allgemeine Integralgleichung*:

$$(2) \cdot \cdot \cdot \cdot \cdot \cdot \quad \ln x - \int \frac{dz}{G(z) - z} = C,$$

wobei man nach Berechnung des Integrals linker Hand für z wieder $\frac{y}{x}$ gesetzt denke.

Durch Differentiation von $y = xz$ folgt nämlich:

$$\frac{dy}{dx} = x \frac{dz}{dx} + z,$$

so daß sich die Differentialgleichung transformiert in:

$$x \frac{dz}{dx} + z = G(z) \quad \text{oder} \quad \frac{dx}{x} - \frac{dz}{G(z) - z} = 0.$$

Hier ist die Trennung der Variabelen x und z vollzogen, und die Integration liefert die Formel (2).

4. Lösung der linearen Differentialgleichungen erster Ordnung.

Eine lineare Differentialgleichung erster Ordnung zwischen einer unabhängigen Variabelen x und einer abhängigen y hat nach (5), S. 160, die Gestalt:

$$F_0(x)\,\frac{d\,y}{d\,x} + F_1(x)\,y = F_2(x).$$

Bringen wir die rechts stehende Funktion $F_2(x)$ mit auf die linke Seite und teilen die Gleichung durch $F_0(x)$, so entspringt als „*Normalform*" der linearen Differentialgleichung erster Ordnung:

$$(1) \quad\cdots\cdots\quad \frac{d\,y}{d\,x} + P(x)\,y + Q(x) = 0,$$

wo $P(x)$ und $Q(x)$ irgend welche Funktionen von x sind.

Um diese Differentialgleichung zu lösen, verstehen wir unter z irgend ein partikuläres Integral der linearen „homogenen" Differentialgleichung:

$$(2) \quad\cdots\cdots\quad \frac{d\,z}{d\,x} + P(x)\,z = 0,$$

die mit (1) in den beiden ersten Gliedern gleichgebaut ist.

Die Gleichung (2) ist durch Trennung der Variabelen lösbar und liefert:

$$(3) \quad\cdots\cdots\cdots\quad z = e^{-\int P(x)\,d\,x}.$$

Der Quotient von y und z heiße u; dann ist:

$$y = z\,u, \quad \frac{d\,y}{d\,x} = z\,\frac{d\,u}{d\,x} + u\,\frac{d\,z}{d\,x},$$

so daß die Differentialgleichung (1) die Gestalt annimmt:

$$z\,\frac{d\,u}{d\,x} + u\left(\frac{d\,z}{d\,x} + P(x)\,z\right) + Q(x) = 0$$

oder mit Rücksicht auf (2):

$$z\,\frac{d\,u}{d\,x} + Q(x) = 0 \quad\text{oder}\quad d\,u = -\frac{Q(x)}{z}\,d\,x.$$

Da z als Funktion von x aus (3) bekannt ist, so folgt durch Integration der letzten Differentialgleichung:

$$u = C - \int \frac{Q(x)}{z}\,d\,x,$$

wo C die Integrationskonstante ist.

Durch Wiedereinführung von y und Einsetzung des in (3) berechneten Ausdrucks von z ergibt sich der

Lehrsatz: *Die lineare Differentialgleichung erster Ordnung (1) ist durch Quadraturen lösbar und besitzt als allgemeines Integral:*

$$(4) \ldots \quad y = e^{-\int P(x)\,dx} \cdot \left[C - \int Q(x) \cdot e^{\int P(x)\,dx}\,d x \right].$$

Man beachte hierbei, daß eine andere Auswahl der Integrationskonstanten bei $\int P(x)\,dx$ allein eine Veränderung der Konstanten C zur Folge hat.

Beispiel. Im Falle der Differentialgleichung:

$$\frac{d\,y}{d\,x} - \frac{x}{1 + x^2}\,y - \frac{1}{1 + x^2} = 0$$

ist die Funktion z gegeben durch:

$$z = e^{\int \frac{x\,d x}{1 + x^2}} = e^{\frac{1}{2}\,ln\,(1 + x^2)} = \sqrt{1 + x^2}.$$

Die oben mit u bezeichnete Funktion wird demnach hier:

$$u = C + \int \frac{d x}{(1 + x^2)^{3/2}} = C + \frac{x}{\sqrt{1 + x^2}},$$

und man findet als allgemeines Integral:

$$y = x + C\sqrt{1 + x^2}.$$

5. Der integrierende Faktor einer Differentialgleichung erster Ordnung.

Eine Differentialgleichung erster Ordnung zwischen x und y sei in der zweiten Normalform gegeben:

$$(1) \ldots \ldots \ldots \quad \Phi(x, y)\,d x + \Psi(x, y)\,dy = 0.$$

Wir multiplizieren die linke Seite mit einer Funktion $\mu(x, y)$ von x und y und erhalten so unter Gebrauch der Abkürzungen:

$$(2) \quad \mu(x, y) \cdot \Phi(x, y) = \varphi(x, y), \quad \mu(x, y) \cdot \Psi(x, y) = \psi(x, y)$$

als neue Gestalt der Differentialgleichung:

$$(3) \ldots \ldots \ldots \quad \varphi(x, y)\,d x + \psi(x, y)\,dy = 0.$$

Erklärung: *Die Funktion $\mu(x, y)$ heißt ein „integrierender Faktor" der gegebenen Differentialgleichung (1), falls die linke Seite von (3) für „unabhängig gedachte Variabele x, y" ein totales Differential darstellt (vgl. S. 121 und S. 126).*

Erster Lehrsatz: *Für jede Differentialgleichung (1) existiert mindestens ein integrierender Faktor.*

Es existiert nämlich nach S. 165 für (1) eine Integralgleichung $g(x, y, C) = 0$, die wir nach C auflösen und in die Gestalt setzen:

$$(4) \ldots \quad \ldots \quad h(x, y) = C \quad \text{oder} \quad h(x, y) - C = 0.$$

Somit wird der aus (4) zu berechnende Differentialquotient:

$$\frac{d\,y}{d\,x} = -\,\frac{\left(\dfrac{\partial\,h}{\partial\,x}\right)}{\left(\dfrac{\partial\,h}{\partial\,y}\right)}$$

für alle Wertpaare x, y mit dem aus (1) entspringenden Quotienten $-\dfrac{\Phi}{\Phi}$ gleich sein.   Die Gleichung:

$$-\,\frac{\left(\dfrac{\partial\,h}{\partial\,x}\right)}{\left(\dfrac{\partial\,h}{\partial\,y}\right)} = -\,\frac{\Phi}{\Psi} \quad \text{oder} \quad \frac{\dfrac{\partial\,h}{\partial\,x}}{\Phi\,(x,\,y)} = \frac{\dfrac{\partial\,h}{\partial\,y}}{\Psi\,(x,\,y)}$$

besteht also für unabhängig gedachte Variabele x, y.

Bezeichnen wir die einander gleichen Seiten der letzten Gleichung mit $\mu\,(x,\,y)$, so ist μ in der Tat ein integrierender Faktor; denn $(\mu\,\Phi\,dx + \mu\,\Psi\,dy)$ ist das totale Differential der Funktion $h\,(x,\,y)$.

Zweiter Lehrsatz: *Mit dem soeben aus $h\,(x,y)$ abgeleiteten Faktor $\mu\,(x,y)$ ist auch:*

$$(5) \quad . \quad . \quad . \quad . \quad . \quad . \quad \mu_1\,(x,y) = \mu\,(x,y)\cdot\chi\,[h\,(x,y)],$$

wo χ eine „willkürlich wählbare Funktion" bedeutet, ein integrierender Faktor von (1). Es gibt somit für (1) unendlich viele integrierende Faktoren.

Man bezeichne nämlich, indem man x und y auch weiterhin als unabhängig voneinander ansieht, $h\,(x,y)$ als Funktion von x und y abgekürzt durch $z = h\,(x,y)$.

Dann gilt für das totale Differential $d\,x$ dieser Funktion:

$$\mu\,\Phi\,dx + \mu\,\Psi\,dy = d\,z,$$

woraus sich durch Multiplikation mit der willkürlich zu wählenden Funktion $\chi\,(z)$ ergibt:

$$\mu\,\chi\cdot(\Phi\,dx + \Psi\,dy) = \chi\,(z)\,dz = d\left[\int\chi\,(z)\,dz\right]\cdot$$

Das Integral rechter Hand denke man ausgerechnet und darauf $z = h\,(x,y)$ gesetzt, was:

$$\int\chi\,(z)\,dz = h_1\,(x,y)$$

liefere.   Die letzte Gleichung geht solcherweise über in:

$$\mu\,\chi\cdot(\Phi\,dx + \Psi\,dy) = d\,h_1\,(x,y),$$

so daß $\mu\,\chi$ in der Tat ein integrierender Faktor ist.

Dritter Lehrsatz: *„Jeder" integrierende Faktor von (1) ist durch μ und h in der Gestalt (5) darstellbar.*

Ist nämlich $M\,(x,\,y)$ irgend ein integrierender Faktor der Differentialgleichung (1), so möge die mit $M(x, y)$ multiplizierte linke Seite von (1) das totale Differential von $Z = H(x, y)$ sein:

$$M \cdot (\Phi\, dx + \Psi\, dy) = dZ = dH(x, y).$$

Man findet somit:

$$\Phi\, dx + \Psi\, dy = \frac{dZ}{M} = \frac{dz}{\mu},$$

so daß für je zwei einander entsprechende (d. h. den gleichen x, y, dx, dy zugehörende) totale Differentiale dZ und dz der Funktionen $Z = H(x, y)$ und $z = h(x, y)$ die Beziehung gilt:

$$(6) \quad\ldots\ldots\ldots\quad dZ = \left(\frac{M}{\mu}\right) dz.$$

Ändert man somit x und y derart, daß z konstant bleibt und also $dz = 0$ ist, so ist auch $dZ = 0$, und also bleibt auch Z konstant.

Man berechne nun y aus $z = h(x, y)$ in der Gestalt $y = \eta\,(x, z)$ und trage diesen Ausdruck für y in Z ein. Z ist auf diese Weise darstellbar in der Gestalt:

$$Z = H[x, \eta\,(x, z)] = F(x, z)$$

als Funktion von x und z.

Da nun diese Funktion $F(x, z)$, falls wir nur x ändern und z konstant erhalten, unveränderlich ist, so ist sie von x unabhängig und eine Funktion von z allein, die wir $F(z)$ nennen.

Aus $Z = F(z)$ und (6) folgt aber:

$$\frac{dZ}{dz} = F'(z), \qquad \frac{M}{\mu} = F'[h(x, y)];$$

ersetzen wir hier die Bezeichnung F' durch χ, so folgt:

$$M(x\ y) = \mu(x, y) \cdot \chi\,[h(x, y)],$$

und also ist der aufgestellte Lehrsatz bewiesen.

6. Partielle Differentialgleichung für den integrierenden Faktor.

Nach S. 127 ist dafür, daß $(\varphi\, dx + \psi\, dy)$ ein totales Differential ist, das Bestehen der folgenden Gleichung charakteristisch:

$$\frac{\partial\,\varphi(x, y)}{\partial y} = \frac{\partial\,\psi(x, y)}{\partial x}.$$

Damit μ ein integrierender Faktor der Gleichung (1), S. 171 ist, hat man hiernach als hinreichende und notwendige Bedingung zu fordern:

$$\frac{\partial\,(\mu\,\Phi)}{\partial y} = \frac{\partial\,(\mu\,\Psi)}{\partial x}.$$

Durch Weiterentwickelung dieser Relation entspringt der

Lehrsatz: *Jeder integrierende Faktor μ der Differentialgleichung*

(1), S. 171, befriedigt die „lineare partielle Differentialgleichung erster Ordnung":

$$(1) \dots \quad \Psi \frac{\partial \mu}{\partial x} - \Phi \frac{\partial \mu}{\partial y} + \left(\frac{\partial \Psi}{\partial x} - \frac{\partial \Phi}{\partial y} \right) \mu = 0,$$

und umgekehrt ist jede diese Gleichung befriedigende Funktion μ (x, y) ein integrierender Faktor jener Gleichung.

Gleichung (1) ordnet sich der Gleichung (III^a), S. 163, unter, falls man in letzterer $z = ln\,\mu$ setzt. Der S. 166 geführte Existenzbeweis der Lösungen dieser Gleichung (III^a) liefert uns also einen neuen Beleg für die Existenz von integrierenden Faktoren.

Gibt es einen von y unabhängigen Faktor μ, so gelten für diesen die Gleichungen:

$$\frac{\partial \mu}{\partial x} = \frac{d \mu}{d x} \quad \text{und} \quad \frac{\partial \mu}{\partial y} = 0,$$

so daß die Gleichung (1) liefert:

$$(2) \dots\dots\dots \quad \frac{1}{\mu} \frac{d\mu}{dx} = \frac{\dfrac{\partial \Phi}{\partial y} - \dfrac{\partial \Psi}{\partial x}}{\Psi}.$$

Da μ hier nur von x abhängt, so muß dasselbe von der linken und also auch der rechten Seite dieser Gleichung gelten.

Fällt andererseits in dem ausgerechneten Ausdrucke der rechten Seite von (2) die Variable y heraus, so findet man durch Lösung der „gewöhnlichen" Differentialgleichung (2) für μ eine Funktion von x allein, die (1) befriedigt und also einen integrierenden Faktor darstellt.

Lehrsatz: *Zeigt sich, daß aus dem Quotienten* $\left(\dfrac{\partial \Phi}{\partial y} - \dfrac{\partial \Psi}{\partial x} \right) : \Psi$
die Variable y herausfällt, so gibt es den nur von x abhängenden integrierenden Faktor:

$$(3) \dots\dots \quad \mu = e^{\displaystyle\int \frac{\frac{\partial \Phi}{\partial y} - \frac{\partial \Psi}{\partial x}}{\Psi} \cdot dx}.$$

Entsprechendes gilt für den Fall, daß ein nur von y abhängender integrierender Faktor existiert.

7. Lösung der Differentialgleichung vermöge eines integrierenden Faktors.

Lehrsatz: *Liefert die linke Seite einer Differentialgleichung (1), S. 171, nach Zusatz eines integrierenden Faktors μ das totale Differential (φ dx + ψ dy) der Funktion h (x, y), so ist die allgemeine Integralgleichung:*

$$(1) \dots\dots\dots\dots \quad h\,(x, y) = C.$$

Da nämlich die Gleichungen:

$$\frac{\partial h}{\partial x} = \varphi(x, y) = \mu \cdot \Phi, \qquad \frac{\partial h}{\partial y} = \psi(x, y) = \mu \cdot \Psi$$

gelten, so befriedigt der aus (1) zu berechnende Differentialquotient $\frac{dy}{dx}$ zufolge der Gleichung:

$$\frac{dy}{dx} = -\frac{\left(\frac{\partial h}{\partial x}\right)}{\left(\frac{\partial h}{\partial y}\right)} = -\frac{\varphi(x, y)}{\psi(x, y)} = -\frac{\Phi(x, y)}{\Psi(x, y)}$$

die vorgelegte Differentialgleichung.

Die Berechnung von $h(x, y)$ aus φ und ψ leistet man nach (6), S. 128, vermöge der Formel:

$$(2) \ . \ . \ . \ . \ . \ h(x, y) = \int \varphi\, dx + \int \left[\psi - \frac{\partial}{\partial y}\int \varphi\, dx\right] dy.$$

Lehrsatz: *Hat die vorgelegte Differentialgleichung (1), S. 171, nach Zusatz des integrierenden Faktors μ die Gestalt:*

$$\varphi(x, y)\, dx + \psi(x, y)\, dy = 0$$

angenommen, so ist das allgemeine Integral angebbar in der Gestalt:

$$(3) \ . \ . \ . \ . \ . \ . \ \int \varphi\, dx + \int \left[\psi - \frac{\partial}{\partial y}\int \varphi\, dx\right] dy = C.$$

Beispiel. Für die Differentialgleichung:

$$(x^2 y + y + 1)\, dx + (x + x^3)\, dy = 0$$

ergibt sich:

$$\frac{\dfrac{\partial \Phi}{\partial y} - \dfrac{\partial \Psi}{\partial x}}{\Psi} = -\frac{2x}{1 + x^2},$$

so daß hier ein von y unabhängiger integrierender Faktor existiert. Für denselben findet man aus Formel (3), S. 174:

$$\mu = \frac{1}{1 + x^2},$$

so daß die mit μ multiplizierte Differentialgleichung:

$$\left(y + \frac{1}{1 + x^2}\right) dx + x\, dy = 0$$

lautet.

Die Gleichung (3) liefert als allgemeines Integral:

$$x y + \operatorname{arc} tg\, x = C.$$

8. Von den singulären Lösungen der Differentialgleichungen erster Ordnung.

Die durch:

$$(1) \ . \ . \ . \ . \ . \ . \ . \ . \ . \ g(x, y, C) = 0$$

dargestellte Schar der Integralkurven einer vorgelegten Differential-gleichung erster Ordnung möge eine *einhüllende Kurve* besitzen. Da letztere nach einem Lehrsatze von S. 150 an ihrer einzelnen Stelle die-selbe Tangentenrichtung besitzt, wie die durch diese Stelle hindurch-laufende Kurve der Schar (1), so stellt auch die einhüllende Kurve eine Integralkurve der Differentialgleichung dar.

L e h r s a t z: *Besitzt die Schar (1) der Integralkurven eine ein-hüllende Kurve, so liefert letztere ein neues Integral der Differential-gleichung, welches nicht zu den aus (1) durch besondere Werte C zu ge-winnenden partikulären Integralen gehört. Dieses neue Integral wird als ein „singuläres" Integral oder eine „singuläre" Lösung der Diffe-rentialgleichung bezeichnet.*

Nach S. 150 gewinnt man die Gleichung der einhüllenden Kurve durch Elimination von C aus den beiden Gleichungen:

$$(2) \ldots \ldots \quad g(x, y, C) = 0, \qquad \frac{\partial g(x, y, C)}{\partial C} = 0.$$

Diese Elimination wurde daselbst so vollzogen, daß wir die zweite Gleichung (2) nach C auflösten:

$$(3) \ldots \ldots \ldots \ldots \quad C = h(x, y)$$

und diesen Ausdruck von C in die erste Gleichung (2) eintrugen:

$$(4) \ldots \ldots \ldots \ldots \quad g[x, y, h(x, y)] = 0.$$

Man kann auch durch direkte Rechnung zeigen, daß in der durch diesen Eliminationsprozeß zu gewinnenden Gleichung (4) eine Integral-gleichung vorliegt.

Schreiben wir nämlich die Gleichung (4) kurz $g(x, y, C) = 0$, *indem wir unter C die Funktion h(x, y) verstehen*, so liefert die durch (4) gegebene implizite Funktion y von x nach der Differentiationsregel für zusammengesetzte Funktionen (vgl. S. 122 und S. 123):

$$(5) \ldots \ldots \ldots \quad \frac{dy}{dx} = - \frac{\dfrac{\partial g}{\partial x} + \dfrac{\partial g}{\partial C} \dfrac{\partial C}{\partial x}}{\dfrac{\partial g}{\partial y} + \dfrac{\partial g}{\partial C} \dfrac{\partial C}{\partial y}}.$$

Nun ist für jede Stelle (x, y) der Kurve (4) vermöge des zu-gehörigen Wertes C die Gleichung $\frac{\partial g}{\partial C} = 0$ erfüllt [vgl. zweite Glei-chung (2)].

Gleichung (5) reduziert sich somit auf:

$$\frac{dy}{dx} = - \frac{\left(\dfrac{\partial g}{\partial x}\right)}{\left(\dfrac{\partial g}{\partial y}\right)}.$$

Dieser Wert $\dfrac{dy}{dx}$ genügt aber in der Tat der Differentialgleichung; denn er wird gewonnen, wenn man die in (1) bei *konstantem C* dargestellte Lösung y der Differentialgleichung nach x differenziert.

Beispiel. Die Gleichung:

$$(6) \quad\ldots\ldots\ldots\ldots y = x y' + \sqrt{1 + y'^2},$$

in welcher y' zur Abkürzung für $\dfrac{dy}{dx}$ steht, erweist sich nach Fortschaffung der Quadratwurzel als eine Differentialgleichung erster Ordnung zweiten Grades.

Man kann bei diesem Beispiele durch einen „*Differentiationsprozeß*" zur Kenntnis der Lösungen gelangen, eine Methode, die jedoch nur in vereinzelten Fällen zum Ziele führt.

Differenziert man die Gleichung (6) nach x, so folgt, sofern wir die zweite Ableitung von y nach x abkürzend mit y'' bezeichnen:

$$y' = y' + x y'' + \frac{y' y''}{\sqrt{1 + y'^2}}, \qquad y''\left(x + \frac{y'}{\sqrt{1 + y'^2}}\right) = 0.$$

Dies Resultat erfordert, daß entweder die erste oder die zweite der beiden folgenden Gleichungen besteht:

$$\text{(I)} \quad y'' = 0, \qquad \text{(II)} \quad x = -\frac{y'}{\sqrt{1 + y'^2}}.$$

Gilt die erste Gleichung, so folgt, daß y' einer Konstante C gleich sein muß; und man gewinnt aus (6), indem man $y' = C$ einträgt, das *allgemeine Integral*:

$$(7) \quad\ldots\ldots\ldots\ldots y = C x + \sqrt{1 + C^2}.$$

Gilt Gleichung (II), so setze man den in (II) rechts stehenden Ausdruck für x in Gleichung (6) ein und findet:

$$y = \frac{1}{\sqrt{1 + y'^2}}.$$

Quadriert man diese Gleichung und die Gleichung (II) und addiert sodann beide, so ergibt sich:

$$(8) \quad\ldots\ldots\ldots\ldots\ldots x^2 + y^2 = 1,$$

womit das singuläre Integral gewonnen ist.

Die Gleichung (8) stellt einen Kreis dar, die Gleichung (7) aber die Schar der Tangenten desselben.

Man wird die Gleichung (8) des singulären Integrals aus der Gleichung (7) sehr leicht durch den oben (im Anschluß an das unter (2) gegebene Gleichungssystem) allgemein entwickelten Eliminationsprozeß gewinnen.

9. Von den isogonalen Trajektorien einer Kurvenschar.

Erklärung: *Eine Kurve, welche die Kurven einer gegebenen Schar immer unter dem gleichen Winkel ϑ durchschneidet, heißt eine „gleichwinklige" oder „isogonale Trajektorie" dieser Schar. Ist insbesondere ϑ ein rechter Winkel, so spricht man von einer „orthogonalen Trajektorie".*

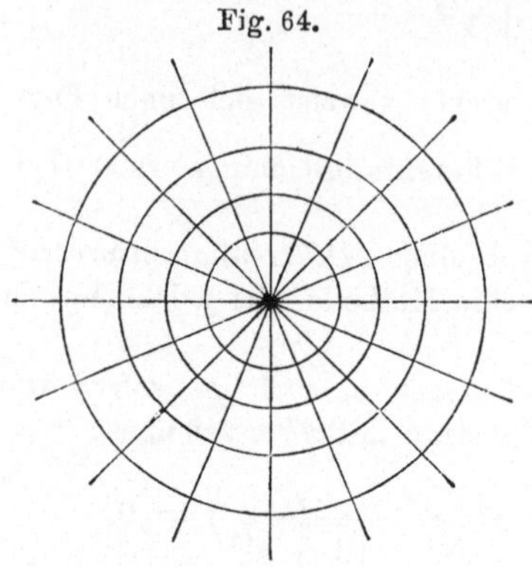

Fig. 64.

Die gegebene Schar, welche durch $g(x, y, C) = 0$ dargestellt sein mag, besitzt stets eine ganze Schar isogonaler Trajektorien eines gegebenen Winkels ϑ, die wir etwa durch $g_1(x, y, C) = 0$ dargestellt denken. Offenbar ist das Verhältnis beider Scharen ein gegenseitiges.

Als Beispiel benutze man die Schar aller Geraden durch den Nullpunkt der xy-Ebene. Die konzentrischen Kreise um diesen Punkt liefern dann die Schar der orthogonalen Trajektorien (vgl. Fig. 64).

Ist die Schar $g(x, y, C) = 0$ gegeben, so kann man die Differentialgleichung für die Schar der Trajektorien des Winkels ϑ in folgender Art aufstellen:

Ein beliebiger Punkt P habe die Koordinaten x, y. Um die durch ihn hindurchziehende Kurve der gegebenen Schar zu finden, löse man $g(x, y, C) = 0$ nach C auf, was $C = h(x, y)$ liefere. Indem man die Koordinaten von P in $h(x, y)$ einsetzt, gewinnt man den zu der gewünschten Kurve gehörenden Wert des Parameters C.

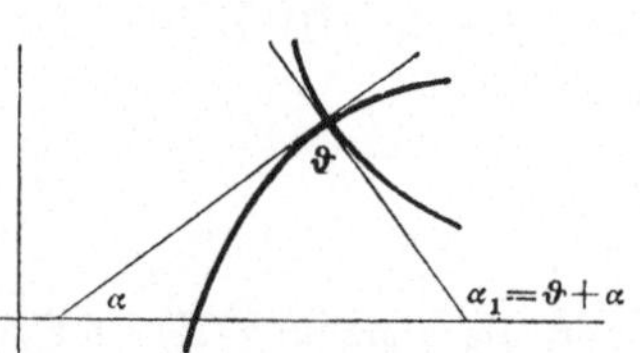

Fig. 65.

Der Richtungswinkel α (vgl. Fig. 65) der fraglichen Kurve im Punkte P ist nach der Differentiationsregel unentwickelter Funktionen (S. 122) aus:

$$(1) \quad \begin{cases} tg\,\alpha = -\dfrac{g'_x(x, y, C)}{g'_y(x, y, C)}, \\ C = h(x, y) \end{cases}$$

zu entnehmen.

Die durch P hindurchziehende Trajektorie des Winkels ϑ liefert nach Fig. 65 folgenden Differentialquotienten bzw. folgende Richtung:

$$\frac{dy}{dx} = tg\,\alpha_1 = tg\,(\vartheta + \alpha) = \frac{tg\,\vartheta + tg\,\alpha}{1 - tg\,\vartheta\,tg\,\alpha}.$$

Setzt man für $tg\,\alpha$ den in (1) berechneten Ausdruck und erinnert sich, daß in die Ableitungen g'_x und g'_y nachträglich $C = h(x, y)$ einzutragen ist, so ergibt sich der

Lehrsatz: *Die Differentialgleichung der zur Schar $g(x, y, C) = 0$ gehörenden isogonalen Trajektorien des Winkels ϑ entspringt durch Elimination von C aus $g(x, y, C) = 0$ und:*

$$(2) \quad \cdot \cdot \quad \frac{dy}{dx}(g'_x \sin\vartheta + g'_y \cos\vartheta) + (g'_x \cos\vartheta - g'_y \sin\vartheta) = 0.$$

Speziell für die orthogonalen Trajektorien lautet die Gleichung (2):

$$(3) \quad \cdot \cdot \cdot \cdot \quad \frac{dy}{dx} g'_x -- g'_y = 0.$$

Fig. 66.

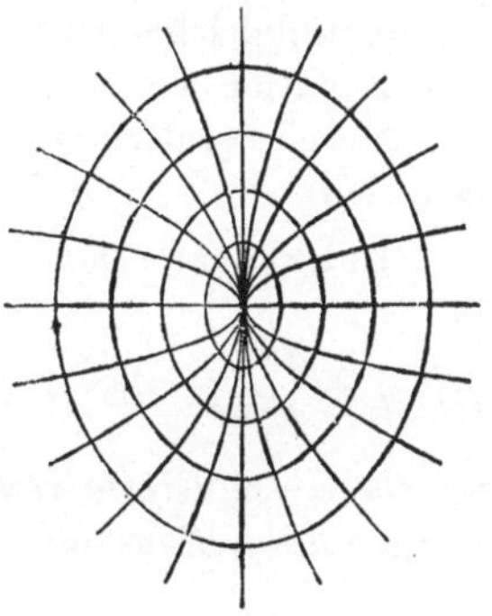

Beispiel. Durch $y^2 - Cx = 0$ ist die Schar aller Parabeln dargestellt, welche den Nullpunkt zum Scheitelpunkte und die x-Achse zur Achse haben.

Die Differentialgleichung der orthogonalen Trajektorien ergibt sich durch Elimination von C aus:

$$C\frac{dy}{dx} + 2y = 0 \quad \text{und} \quad y^2 - Cx = 0$$

und hat somit die Gestalt:

$$2x\,dx + y\,dy = 0.$$

Durch Integration findet man als Gleichung der Schar der Trajektorien:

$$2x^2 + y^2 = C_1.$$

Hierdurch ist eine Schar von Ellipsen dargestellt, welche den Nullpunkt zum Mittelpunkte und eine auf der y-Achse gelegene große Achse haben. In Fig. 66 sind diese Verhältnisse zur Darstellung gebracht.

Drittes Kapitel.

Gewöhnliche Differentialgleichungen höherer Ordnung mit zwei Variabelen.

---

1. Lösung der Differentialgleichungen $y^{(n)} = G(x)$.

Wie oben bezeichnen wir auch weiterhin die Differentialquotienten von y vielfach kurz durch y', y'', $y^{(3)}$, $y^{(4)}$, ...

Eine Differentialgleichung höherer Ordnung ist im allgemeinen nicht durch Quadraturen lösbar; doch gelingt dies in mehreren speziellen Fällen.

Ein erstes hierher gehöriges Beispiel liefert die Differentialgleichung n^{ter} Ordnung:

$$(1) \quad \cdot \cdot \cdot \cdot \cdot \cdot \cdot \cdot \cdot \quad \frac{d^n y}{dx^n} = G(x),$$

unter $G(x)$ eine Funktion von x allein verstanden.

Die linke Seite von (1) ist die erste Ableitung von $y^{(n-1)}$, so daß man aus (1) folgert:

$$d\,y^{(n-1)} = G\,(x)\,d\,x.$$

Durch Integration ergibt sich hieraus:

$$y^{(n-1)} = \frac{d^{n-1}y}{d\,x^{n-1}} = \int G\,(x)\,d\,x + C_1,$$

wo C_1 eine erste willkürlich zu wählende Konstante ist. Hier liegt eine Differentialgleichung $(n-1)^{\text{ter}}$ Ordnung vor, deren rechte Seite wieder eine Funktion von x allein ist.

Durch wiederholte Anwendung des gleichen Verfahrens gewinnt man den

Lehrsatz: *Das „allgemeine" Integral der Differentialgleichung (1) ist:*

$$(2)\quad y = \int^{(n)} G\,(x)\,d\,x^n + C_1\,\frac{x^{n-1}}{(n-1)!} + C_2\,\frac{x^{n-2}}{(n-2)!} + \cdots + C_{n-1}\,x + C_n,$$

wo im ersten Gliede rechter Hand n Male hintereinander integriert ist, und wo die n Konstanten $C_1, \ldots, C_n$ willkürlich wählbar sind.

2. Lösung der Differentialgleichungen $F\,(y', y'') = 0$.

Es sollen zweitens die Differentialgleichungen zweiter Ordnung:

$$(1)\ \ldots\ldots\ldots\ldots\ F\,(y', y'') = 0$$

betrachtet werden, in denen nur die zweite und erste Ableitung der abhängigen Variabelen y, aber weder diese selbst noch x auftritt.

Man löse die Gleichung (1) nach y'' auf:

$$y'' = G\,(y')$$

und substituiere $y' = z$, wodurch man erhält:

$$\frac{d\,z}{d\,x} = G\,(z), \qquad d\,x = \frac{d\,z}{G\,(z)}\,.$$

Die Integration liefert:

$$(2)\ \ldots\ldots\ldots\ldots\ x + C_1 = \int \frac{d\,z}{G\,(z)},$$

eine Gleichung, deren Auflösung nach z ergeben mag:

$$(3)\ \ldots\ldots\ldots\ldots\ z = H\,(x, C_1).$$

Setzt man jetzt für z wieder $\dfrac{d\,y}{d\,x}$, so folgt:

$$d\,y = H\,(x, C_1)\,d\,x,$$

so daß eine erneute Integration die gesuchte Funktion:

$$(4)\ \ldots\ldots\ldots\ldots\ y = \int H\,(x, C_1)\,d\,x + C_2$$

liefert.

Lehrsatz: *Eine Differentialgleichung zweiter Ordnung, in welcher x und y sclber nicht vorkommen, ist durch zwei Quadraturen lösbar, wobei sich im „allgemeinen" Integral (4) zwei willkürliche Konstanten C_1 und C_2 einfinden.*

Beispiel. Um nach der angegebenen Methode die Differentialgleichung

$$(5) \ldots \ldots \ldots \frac{d^2 y}{d x^2} - \frac{d y}{d x}\left[1 + \left(\frac{d y}{d x}\right)^2\right] = 0$$

zu lösen, setze man $\dfrac{d y}{d x} = z$ und gewinnt:

$$\frac{d z}{d x} = z(1 + z^2) \quad \text{oder} \quad d x = \frac{d z}{z} - \frac{z\,d z}{1 + z^2},$$

woraus durch Integration folgt:

$$ln\, z - ln\, \sqrt{1 + z^2} = x + C_1 \quad \text{oder} \quad \frac{z}{\sqrt{1 + z^2}} = e^{x + C_1}.$$

Zur Abkürzung schreibe man weiter:

$$u = e^{x + C_1}, \quad \text{so daß} \quad d u = u\,d x$$

wird, während sich z in u wie folgt darstellt:

$$z = \frac{u}{\sqrt{1 - u^2}}.$$

Setzt man jetzt für z wieder $\dfrac{d y}{d x}$ ein, so ergibt sich:

$$d y = \frac{u\,d x}{\sqrt{1 - u^2}} \quad \text{und also} \quad d y = \frac{d u}{\sqrt{1 - u^2}}.$$

Die zweite Integration liefert $y + C_2 = arc\,sin\,u$, ein Ergebnis, welches durch Wiedereinführung von x und einfache Umgestaltung als allgemeine Integralgleichung liefert:

$$(6) \ldots \ldots \ldots x + C_1 = ln\,sin\,(y + C_2).$$

3. Lösung der Differentialgleichungen $F(y^{(n-1)}, y^{(n)}) = 0$.

Die in Nr. 2 behandelte Gleichung kann als Spezialfall der folgenden allgemeineren Differentialgleichung aufgefaßt werden:

$$(1) \ldots \ldots \ldots F(y^{(n-1)}, y^{(n)}) = 0,$$

in welcher außer der n^{ten} und $(n-1)^{\text{ten}}$ Ableitung von y keine weitere Ableitung und auch x und y selbst nicht vorkommen.

Um das Integral der Gleichung (1) zu gewinnen, löse man dieselbe zunächst nach $y^{(n)}$ auf:

$$(2) \ldots \ldots \ldots \frac{d^n y}{d x^n} = G\left(\frac{d^{n-1} y}{d x^{n-1}}\right)$$

und führe $y^{(n-1)}$ als neue Variabele z ein, womit die Gleichung (2) die Gestalt annimmt:

$$(3) \quad \cdots \cdots \quad \frac{dz}{dx} = G(z) \quad \text{oder} \quad dx = \frac{dz}{G(z)}.$$

Die Integration liefert:

$$(4) \quad \cdots \cdots \cdots \quad x + C_1 = \int \frac{dz}{G(z)},$$

eine Gleichung, die man nach Ausrechnung des rechts stehenden Integrals auf die Form bringen wolle:

$$(5) \quad \cdots \cdots \cdots \cdots \quad z = H(x, C_1).$$

Durch Wiedereinführung von $y^{(n-1)}$ statt z entspringt:

$$(6) \quad \cdots \cdots \cdots \cdots \quad \frac{d^{n-1}y}{dx^{n-1}} = H(x, C_1),$$

womit wir auf eine Differentialgleichung der in Nr. 1, S. 179 u. f., behandelten Art geführt sind.

Lehrsatz: Eine Differentialgleichung n^{ter} Ordnung, in welcher einzig $y^{(n)}$ und $y^{(n-1)}$ auftreten, läßt sich durch Ausführung einer Quadratur auf eine Differentialgleichung $(n-1)^{ter}$ Ordnung des S. 179 ff. behandelten Typus zurückführen. Letztere Differentialgleichung wird unmittelbar durch $(n-1)$ weitere Quadraturen gelöst. Insgesamt stellen sich n willkürliche Konstanten ein.

4. Lösung der Differentialgleichungen $F(y, y'') = 0$.

Als weiteres Beispiel einer durch Quadraturen lösbaren Differentialgleichung betrachten wir:

$$(1) \quad \cdots \cdots \cdots \cdots \quad F(y, y'') = 0,$$
wo neben der zweiten Ableitung der abhängigen Variabelen y nur noch diese selbst auftritt.

Durch Auflösung nach y'' setze man Gleichung (1) in die Gestalt:

$$(2) \quad \cdots \cdots \cdots \cdots \quad \frac{d^2 y}{dx^2} = G(y).$$

Durch Multiplikation mit $2\,dy$ folgt weiter:

$$(3) \quad \cdots \cdots \cdots \quad 2\,\frac{dy}{dx} \cdot \frac{d^2 y}{dx^2} \cdot dx = 2\,G(y)\,dy.$$

Zur Umformung der linken Seite benutze man:

$$d(y'^2) = 2\,y'\,dy' = 2\,y' \cdot y''\,dx,$$
oder ausführlich geschrieben:

$$d\left[\left(\frac{dy}{dx}\right)^2\right] = 2\,\frac{dy}{dx} \cdot \frac{d^2 y}{dx^2} \cdot dx,$$

womit sich unsere Differentialgleichung in die neue Gestalt transformiert:

$$(4) \quad \ldots \ldots \ldots \quad d\left[\left(\frac{dy}{dx}\right)^2\right] = 2\,G(y)\,dy.$$

Gleichung (4) gestattet unmittelbar die Integration und liefert:

$$\left(\frac{dy}{dx}\right)^2 = 2\int G(y)\,dy + C_1, \quad dx = \frac{dy}{\sqrt{2\int G(y)\,dy + C_1}}$$

Durch Integration der letzten Gleichung gewinnt man die Lösung der vorgelegten Differentialgleichung.

Lehrsatz: *Die Differentialgleichung zweiter Ordnung (2), in welcher x und y' nicht vorkommen, läßt sich durch zwei Quadraturen auflösen und liefert als allgemeine Integralgleichung:*

$$(5) \quad \ldots \ldots \ldots \quad x = \int \frac{dy}{\sqrt{2\int G(y)\,dy + C_1}} + C_2.$$

Beispiel. Zur Lösung der Differentialgleichung:

$$\frac{d^2 y}{dx^2} = \mu^2 y$$

multipliziere man, wie oben, mit $2\,dy$ und findet:

$$2\frac{dy}{dx}\cdot\frac{d^2 y}{dx^2}\cdot dx = d\left[\left(\frac{dy}{dx}\right)^2\right] = \mu^2\cdot 2\,y\,dy.$$

Durch Integration folgt:

$$\left(\frac{dy}{dx}\right)^2 = \mu^2\,(y^2 + C_1),$$

$$\mu\,dx = \frac{dy}{\sqrt{y^2 + C_1}},$$

so daß die zweite Integration auf die Gleichung führt:

$$\mu x = \ln\left(y + \sqrt{y^2 + C_1}\right) + C_2.$$

Um das allgemeine Integral y explizit zu berechnen, entnehmen wir aus der letzten Gleichung durch leichte Zwischenrechnung:

$$y + \sqrt{y^2 + C_1} = e^{\mu x - C_2},$$
$$-y + \sqrt{y^2 + C_1} = C_1\,e^{-\mu x + C_2}.$$

Durch Subtraktion der zweiten Gleichung von der ersten folgt:

$$2y = e^{-C_2}\cdot e^{\mu x} - C_1\,e^{C_2}\cdot e^{-\mu x}.$$

Setzt man hier zur Abkürzung:

$$e^{-C_2} = 2\,A, \quad -C_1\,e^{C_2} = 2\,B,$$

so entspringt als einfachste Gestalt des gesuchten Integrals:

$$y = A\,e^{\mu x} + B\,e^{-\mu x},$$

wo A und B willkürliche Konstante sind.

Auch in den *hyperbolischen Funktionen* (vgl. S. 28) drückt sich y einfach aus. Da nämlich:

$$e^{\pm \mu x} = \mathfrak{Cof}\, \mu x \pm \mathfrak{Sin}\, \mu x$$

ist, so folgt, wenn man $A + B = a$, $A - B = b$ setzt:

$$y = a\, \mathfrak{Cof}\, \mu x + b\, \mathfrak{Sin}\, \mu x.$$

5. Lösung der Differentialgleichungen $F(y^{(n-2)}, y^{(n)}) = 0$.

Die in Nr. 4 entwickelte Methode überträgt sich unmittelbar auf die Differentialgleichungen n^{ter} Ordnung:

$$(1) \quad \ldots \ldots \ldots \ldots F(y^{(n-2)}, y^{(n)}) = 0,$$

in denen neben der n^{ten} Ableitung der abhängigen Variabelen y nur noch die $(n-2)^{\text{te}}$ vorkommt.

Eine vorgelegte Gleichung (1) löse man nach $y^{(n)}$ auf:

$$(2) \quad \ldots \ldots \ldots \ldots y^{(n)} = G(y^{(n-2)})$$

und substituiere demnächst für $y^{(n-2)}$ die neue Variabele z:

$$y^{(n-2)} = z, \quad \frac{d^2 z}{d x^2} = G(z).$$

Die damit erhaltene Differentialgleichung zweiter Ordnung für z liefert nach Nr. 4 als allgemeine Integralgleichung:

$$x = \int \frac{dz}{\sqrt{2 \int G(z)\, dz + C_1}} + C_2.$$

Nach Berechnung des Integrales rechter Hand denke man die zwischen x und z erhaltene Gleichung nach z aufgelöst:

$$z = H(x, C_1, C_2)$$

und führe hier wieder y ein.

Lehrsatz: *Die Differentialgleichung (1), in welcher neben $y^{(n)}$ nur $y^{(n-2)}$ auftritt, kann in der bezeichneten Weise durch Ausführung zweier Quadraturen auf die Differentialgleichung $(n-2)^{\text{ter}}$ Ordnung:*

$$(3) \quad \ldots \ldots \ldots \frac{d^{n-2} y}{d x^{n-2}} = H(x, C_1, C_2)$$

reduziert werden, welche letztere nach Nr. 1 durch weitere $(n-2)$ Quadraturen lösbar ist.

6. Auf die erste Ordnung reduzierbare Differentialgleichungen zweiter Ordnung.

Lehrsatz: *Eine Differentialgleichung zweiter Ordnung, in welcher entweder y oder x nicht auftritt, kann auf eine Differentialgleichung erster Ordnung reduziert werden.*

Im ersteren Falle hat die Differentialgleichung die Gestalt:

$$(\mathrm{I}) \quad \ldots \ldots \ldots \quad F(x, y', y'') = 0.$$

Setzen wir hier $y' = z$, so ist z in der Tat durch Lösung der Differentialgleichung *erster* Ordnung:

$$(1) \quad \ldots \ldots \ldots \quad F(x, z, z') = 0$$

zu gewinnen. Man erhalte $z = f(x, C_1)$; dann gilt:

$$(2) \quad \ldots \ldots \quad \frac{dy}{dx} = f(x, C), \qquad y = \int f(x, C_1)\, dx + C_2.$$

Beispiel. Es sollen die Kurven gefunden werden, bei denen der Krümmungsradius ϱ eine gegebene Funktion $G(x)$ der Abszisse x ist.

Nach (2), S. 48, handelt es sich um die Integralkurven der Differentialgleichung:

$$(3) \quad \ldots \ldots \ldots \ldots \quad \frac{(1 + y'^2)^{\frac{3}{2}}}{y''} = G(x).$$

Diese Gleichung hat die Gestalt der Differentialgleichung (I). Nach Einführung von $z = y'$ nimmt sie die Gestalt an:

$$\frac{dz}{(1 + z^2)^{3/2}} = \frac{dx}{G(x)},$$

woraus man durch Integration gewinnt:

$$\frac{z}{\sqrt{1 + z^2}} = \int \frac{dx}{G(x)} + C_1.$$

Zur Abkürzung schreibe man $H(x)$ für $\int \dfrac{dx}{G(x)}$. Dann liefert die Auflösung der letzten Gleichung nach z:

$$z = \frac{dy}{dx} = \frac{H(x) + C_1}{\sqrt{1 - [H(x) + C_1]^2}}.$$

Die gesuchten Kurven sind also dargestellt durch:

$$y = \int \frac{H(x) + C_1}{\sqrt{1 - [H(x) + C_1]^2}}\, dx + C_2.$$

Der zweite im obigen Lehrsatz gemeinte Fall betrifft die Differentialgleichungen der Gestalt:

$$(\mathrm{II}) \quad \ldots \ldots \ldots \quad F(y, y', y'') = 0,$$

in denen x nicht auftritt.

Man löse dieselbe nach y'' auf:

$$(4) \quad \ldots \ldots \ldots \ldots \quad y'' = G(y, y')$$

und entwickele die linke Seite so:

$$y'' = \frac{dy'}{dx} = \frac{dy'}{dy} \cdot \frac{dy}{dx} = y' \cdot \frac{dy'}{dy}.$$

Gleichung (4) liefert auf diese Weise die Differentialgleichung *erster* Ordnung für y und y':

$$(5) \quad \cdots \cdots \qquad y' \cdot \frac{dy'}{dy} = G(y, y').$$

Haben wir als Lösung derselben $y' = f(y, C_1)$ gewonnen, so folgt weiter:

$$(6) \quad \cdots \cdots \quad \frac{dy}{f(y, C_1)} = dx \quad \text{und} \quad x = \int \frac{dy}{f(y, C_1)} + C_2.$$

Beispiel. Es sollen die Kurven gefunden werden, bei denen der Krümmungsradius ϱ eine gegebene Funktion $G_1(y)$ der Ordinate y ist.

Jetzt handelt es sich nach (2), S. 48, um die Integralkurven der Differentialgleichung:

$$(7) \quad \cdots \cdots \cdots \cdots \quad \frac{(1 + y'^2)^{\frac{3}{2}}}{y''} = G_1(y),$$

welche die Gestalt (II) besitzt.

Als Differentialgleichung erster Ordnung zwischen y und y' erhält man hier:

$$\frac{y'\,dy'}{(1 + y'^2)^{3/2}} = \frac{dy}{G_1(y)},$$

deren Integration auf:

$$- \frac{1}{\sqrt{1 + y'^2}} = \int \frac{dy}{G_1(y)} + C_1$$

führt.

Liefert die Berechnung des rechts stehenden Integrals die Funktion $H(y)$, so ergibt die Auflösung der letzten Gleichung nach y':

$$y' = \frac{dy}{dx} = \frac{\sqrt{1 - [H(y) + C_1]^2}}{H(y) + C_1}.$$

Die gesuchten Kurven sind also dargestellt durch:

$$(8) \quad \cdots \cdots \quad x = \int \frac{H(y) + C_1}{\sqrt{1 - [H(y) + C_1]^2}}\, dy + C_2.$$

7. Lineare homogene Differentialgleichungen n^{ter} Ordnung.

Eine *lineare* Differentialgleichung n^{ter} Ordnung zwischen einer unabhängigen Variabelen x und einer abhängigen y hat die geordnete Gestalt (5), S. 160. Soll die Gleichung überdies *homogen* sein, so muß die rechts stehende Funktion $F_{n+1}(x)$ konstant gleich 0 sein. Schreiben wir wieder $y^{(k)}$ für den k^{ten} Differentialquotienten von y nach x, so haben wir es also mit einer Differentialgleichung folgender Gestalt zu tun:

$$(1) \quad F_0(x) \cdot y^{(n)} + F_1(x) \cdot y^{(n-1)} + \cdots + F_{n-1}(x) \cdot y' + F_n(x) \cdot y = 0.$$

Die $F_0(x)$, ..., $F_n(x)$ sind irgend welche Funktionen von x; doch wird vorausgesetzt, daß die erste, $F_0(x)$, nicht konstant gleich 0 ist weil sonst die Ordnung der Differentialgleichung $< n$ wäre.

Der in (1) links stehende Ausdruck soll zur Abkürzung weiter folgender Formeln symbolisch durch $D(y)$ bezeichnet werden:

$$D(y) = F_0(x)\, y^{(n)} + F_1(x)\, y^{(n-1)} + \cdots + F_n(x)\, y.$$

Erster Hilfssatz: *Ist y ein Integral der Differentialgleichung (1), so genügt derselben auch die Funktion Cy, unter dem Faktor C eine beliebige Konstante verstanden.*

Da nämlich:

$$\frac{d^k(Cy)}{dx^k} = C \cdot \frac{d^k y}{dx^k} \quad \text{oder} \quad (Cy)^{(k)} = C \cdot y^{(k)}$$

ist, so folgt bei der Bauart von $D(y)$:

$$D(Cy) = C \cdot D(y).$$

Ist also $D(y) = 0$, d. h. ist y ein Integral von (1), so folgt auch $D(Cy) = 0$, so daß Cy in der Tat auch ein Integral ist.

Zweiter Hilfssatz: *Sind y_1, y_2, ..., y_ν Integrale der Differentialgleichung (1), so ist auch:*

$$(2) \qquad \ldots \ldots \ldots \quad y = y_1 + y_2 + \cdots + y_\nu$$

ein solches.

Da nämlich:

$$(y_1 + y_2 + \cdots + y_\nu)^{(k)} = y_1^{(k)} + y_2^{(k)} + \cdots + y_\nu^{(k)}$$

ist, so folgt wieder aus der Bauart von $D(y)$:

$$D(y_1 + y_2 + \cdots + y_\nu) = D(y_1) + D(y_2) + \cdots + D(y_\nu).$$

Hier sind aber sämtliche Glieder der rechten Seite gleich 0; es ist also auch $D(y) = D(y_1 + y_2 + \cdots + y_\nu) = 0$, d. h. die Funktion (2) befriedigt unsere Differentialgleichung $D(y) = 0$.

Durch Zusammenfassung der beiden aufgestellten Sätze ergibt sich als

Dritter Hilfssatz: *Sind y_1, y_2, ..., y_ν irgend welche ν partikuläre Integrale der Differentialgleichung (1), so genügt derselben auch die Funktion:*

$$(3) \qquad \ldots \ldots \quad y = C_1 y_1 + C_2 y_2 + \cdots + C_\nu y_\nu,$$

wo C_1, ..., C_ν irgend ν Konstante bedeuten.

Hieran schließt sich der folgende für die Theorie der linearen homogenen Differentialgleichungen fundamentale

Lehrsatz: *Es lassen sich (und zwar auf unendlich viele Weisen) n partikuläre Integrale y_1, y_2, ..., y_n der Differentialgleichung n^{ter} Ordnung (1) auswählen, so daß nicht nur jede mit irgend welchen n Konstanten C gebildete Funktion:*

$$(4) \qquad \ldots \ldots \quad y = C_1 y_1 + C_2 y_2 + \cdots + C_n y_n$$

eine Lösung von (1) darstellt, sondern daß umgekehrt „jedes" Integral y der Differentialgleichung (1) durch $y_1, \ldots, y_n$ in der Gestalt (4) darstellbar ist. Die in (4) dargestellte Funktion heißt demnach bei willkürlich gedachten C das „allgemeine" Integral der Differentialgleichung $D(y) = 0$.

Der Nachweis dieses Satzes, welcher weitgehende funktionentheoretische Vorbereitungen erfordern würde, soll hier nicht gegeben werden.

8. Lineare homogene Differentialgleichungen mit konstanten Koeffizienten.

Als Beispiel zu den allgemeinen Angaben von Nr. 7 betrachten wir die lineare homogene Differentialgleichung:

$$(1) \quad \ldots \quad a_0 y^{(n)} + a_1 y^{(n-1)} + \cdots + a_{n-1} y' + a_n y = 0$$

mit konstanten Koeffizienten $a_0, a_1, \ldots, a_{n-1}, a_n$, deren erster nicht verschwinden soll. Abgekürzt schreiben wir (1) wieder $D(y) = 0$.

Differentialgleichungen $D(y) = 0$ dieser Gestalt kann man durch elementare Funktionen lösen.

Zu diesem Zwecke stelle man mit den in (1) auftretenden Koeffizienten $a_0, a_1, \ldots, a_n$ die *algebraische Gleichung n^{ten} Grades:*

$$(2) \quad \ldots \ldots \quad a_0 \mu^n + a_1 \mu^{n-1} + \cdots + a_{n-1} \mu + a_n = 0$$

mit der Unbekannten μ auf und bezeichne die in (2) links stehende ganze Funktion $G(\mu)$ von μ *als die zum Differentialausdruck $D(y)$ n^{ter} Ordnung gehörende ganze Funktion n^{ten} Grades.*

Lehrsatz: *Ist μ eine reelle Wurzel der durch Nullsetzen der ganzen Funktion $G(\mu)$ entspringenden Gleichung n^{ten} Grades (2), so ist:*

$$(3) \quad \ldots \ldots \ldots \ldots \quad y = e^{\mu x}$$

ein Integral der in (1) vorgelegten Differentialgleichung $D(y) = 0$ von der n^{ten} Ordnung.

Aus (3) folgt nämlich:

$$y^{(k)} = \mu^k e^{\mu x},$$

woraus sich ergibt:

$$D(e^{\mu x}) = e^{\mu x} G(\mu).$$

Ist somit $G(\mu) = 0$, so befriedigt $y = e^{\mu x}$ in der Tat die Gleichung (1).

Hat die Gleichung $G(\mu) = 0$ n reelle und durchgehends verschiedene Wurzeln $\mu_1, \mu_2, \ldots, \mu_n$, so finden wir n verschiedene Integrale von (1):

$$y_1 = e^{\mu_1 x}, \quad y_2 = e^{\mu_2 x}, \quad \ldots, \quad y_n = e^{\mu_n x}.$$

Es läßt sich zeigen, daß man mittels dieser n partikulären Integrale im Sinne des letzten Lehrsatzes von Nr. 7 das *allgemeine Integral y* von (1) in der Gestalt aufbauen kann:

$$(4) \quad \ldots \ldots \quad y = C_1 e^{\mu_1 x} + C_2 e^{\mu_2 x} + \cdots + C_n e^{\mu_n x},$$

wo $C_1, C_2, \ldots, C_n$ willkürliche Konstante sind.

Sind die Lösungen der Gleichung $G(\mu) = 0$ zwar alle reell, aber nicht mehr durchgehends voneinander verschieden, so liefert der eben entwickelte Ansatz nicht mehr n verschiedene Integrale; dieselben sind dann nach dem letzten Lehrsatze in Nr. 7 auch noch nicht ausreichend zur Darstellung des allgemeinen Integrals.

Um in diesem Falle weitere Integrale zu finden, verfahren wir so:

Ist μ eine mindestens zweifache Wurzel von $G(\mu) = 0$, so befriedigt (vgl. S. 100) μ auch die Gleichung $(n-1)^{\text{ten}}$ Grades $G'(\mu) = 0$, deren linke Seite $G'(\mu)$ durch Differentiation von $G(\mu)$ nach μ entsteht.

Diese Funktion $G'(\mu)$ gehört der Differentialgleichung $(n-1)^{\text{ter}}$ Ordnung:

$$n\, a_0\, y^{(n-1)} + (n-1)\, a_1\, y^{(n-2)} + \cdots + a_{n-1}\, y = 0$$

zu, deren linke Seite wir durch $D'(y)$ bezeichnen wollen. Die Gleichung $D'(y) = 0$ wird also nach dem letzten Lehrsatze im vorliegenden Falle gleichfalls die Lösung:

$$(5) \ldots \ldots \ldots \ldots \ldots y = e^{\mu x}$$

besitzen.

Ist nun zunächst y eine beliebige Funktion von x, und setzt man $y_1 = xy$, so folgt aus der Leibnizschen Regel (1), S. 31:

$$y_1^{(k)} = x\, y^{(k)} + k\, y^{(k-1)}.$$

Hieraus ergibt sich für den in (1) vorliegenden Ausdruck $D(y)$:

$$(6) \ldots \ldots \ldots D(y_1) = x\, D(y) + D'(y).$$

Versteht man jetzt wieder unter y die Funktion $e^{\mu x}$, so gilt $D(y) = 0$ und $D'(y) = 0$, so daß aus (6) sofort $D(y_1) = D(xy) = 0$ folgt.

Lehrsatz: *Ist μ eine mindestens zweifache Wurzel der zu $D(y) = 0$ gehörenden Gleichung $G(\mu) = 0$, so hat die Differentialgleichung die beiden Lösungen:*

$$(7) \ldots \ldots \ldots \ldots e^{\mu x} \quad und \quad x\, e^{\mu x}.$$

Diese Überlegung ist leicht zu verallgemeinern: Ist μ eine mindestens dreifache Wurzel von $G(\mu) = 0$, so haben wir erstlich die beiden Integrale (7) für $D(y) = 0$. Da aber jetzt μ eine mindestens zweifache Wurzel von $G'(\mu) = 0$ ist, so hat nach dem eben aufgestellten Lehrsatze auch $D'(y) = 0$ das Integral $x\, e^{\mu x}$. Setzt man sonach diese Funktion für y in (6) ein, so folgt $D(x^2 e^{\mu x}) = 0$.

Durch Fortsetzung dieses Verfahrens entspringt der

Lehrsatz: *Eine α-fache Wurzel μ der Gleichung $G(\mu) = 0$ liefert für die Differentialgleichung $D(y) = 0$ die α Integrale:*

$$(8) \ldots \ldots \ldots e^{\mu x}, \quad x\, e^{\mu x}, \quad x^2 e^{\mu x}, \ldots, x^{\alpha-1} e^{\mu x}.$$

Auf Grund dieses Lehrsatzes gewinnen wir, falls die Wurzeln von $G(\mu) = 0$ alle reell sind, stets n verschiedene Integrale der Differentialgleichung (1), welche, wie hier nicht weiter gezeigt werden soll, zur Darstellung des allgemeinen Integrals in der Gestalt (4), S. 187, ausreichen.

Auf den Fall, daß die Gleichung $G(\mu) = 0$ komplexe Lösungen hat, kommen wir im Anhange zurück.

9. Lineare nichthomogene Differentialgleichungen n^{ter} Ordnung.

Es sei jetzt eine lineare nichthomogene Gleichung:

$$(1) \quad \begin{cases} F_0(x) y^{(n)} + F_1(x) y^{(n-1)} + \cdots + F_{n-1}(x) y' + F_n(x) y \\ \qquad = F_{n+1}(x), \end{cases}$$

oder abgekürzt geschrieben:

$$D(y) = F_{n+1}(x)$$

vorgelegt, wobei natürlich wieder $F_0(x)$ als nicht mit 0 identisch angenommen wird.

Zur Erleichterung der folgenden Überlegung setzen wir $n = 4$; doch ist diese Überlegung auf beliebige Ordnungen n übertragbar.

Die Gleichung $D(y) = 0$ bezeichnen wir als *die zur vorgelegten Gleichung (1) gehörige homogene Differentialgleichung.* Wir nehmen an, daß ier partikuläre Integrale dieser homogenen Gleichung in y_1, y_2, y_3, y_4 bekannt gegeben seien, aus denen sich das allgemeine Integral in der Gestalt:

$$(2) \quad \ldots \ldots \ldots C_1 y_1 + C_2 y_2 + C_3 y_3 + C_4 y_4$$

berechnet. Für die vier Funktionen y_1, y_2, y_3, y_4 gelten hiernach die Gleichungen:

$$(3) \quad \ldots \ldots D(y_1) = 0, \; D(y_2) = 0, \; D(y_3) = 0, \; D(y_4) = 0.$$

Man setze nun in (2) an Stelle der C vier zunächst noch nicht näher bestimmte Funktionen $\varphi_1(x)$, ..., $\varphi_4(x)$ ein und versuche mit dem so entspringenden Ausdruck:

$$(4) \quad \ldots \ldots y = \varphi_1(x) \cdot y_1 + \varphi_2(x) \cdot y_2 + \varphi_3(x) \cdot y_3 + \varphi_4(x) \cdot y_4$$

der Gleichung (1) zu genügen.

Hierbei bemerke man, daß man über die drei Funktionen φ_1, φ_2, φ_3 willkürlich verfügen darf, dann aber immer noch φ_4 so bestimmen kann, daß y eine gewünschte Funktion, hier ein Integral von (1) wird. Man kann die Sachlage auch dahin aussprechen, daß man für die *vier* Funktionen φ von vornherein *drei* Bedingungen willkürlich vorschreiben darf, dann aber immer noch mit dem in (4) angesetzten y der Differentialgleichung (1) zu genügen vermag.

Als die drei vorzuschreibenden Bedingungen wählen wir:

$$(5) \quad \ldots \ldots \ldots \begin{cases} y_1 \varphi_1' + y_2 \varphi_2' + y_3 \varphi_3' + y_4 \varphi_4' = 0, \\ y_1' \varphi_1' + y_2' \varphi_2' + y_3' \varphi_3' + y_4' \varphi_4' = 0, \\ y_1'' \varphi_1' + y_2'' \varphi_2' + y_3'' \varphi_3' + y_4'' \varphi_4' = 0. \end{cases}$$

Es sind somit für die Ableitungen φ_1', ..., φ_4' drei lineare Gleichungen vorgeschrieben, deren Koeffizienten die als bekannt geltenden y_1, ..., y_4 und deren Ableitungen sind.

Um nun die in (4) angesetzte Funktion y in (1) einzutragen, berechne man vorab erst noch die Ableitungen y', ..., $y^{(4)}$ derselben. Unter Rücksicht auf (5) findet sich:

$$y = \varphi_1 y_1 + \varphi_2 y_2 + \varphi_3 y_3 + \varphi_4 y_4,$$
$$y' = \varphi_1 y_1' + \varphi_2 y_2' + \varphi_3 y_3' + \varphi_4 y_4',$$
$$y'' = \varphi_1 y_1'' + \varphi_2 y_2'' + \varphi_3 y_3'' + \varphi_4 y_4'',$$
$$y''' = \varphi_1 y_1''' + \varphi_2 y_2''' + \varphi_3 y_3''' + \varphi_4 y_4''',$$

während man für $y^{(4)}$ den achtgliedrigen Ausdruck gewinnt:

$$y^{(4)} = \varphi_1 y_1^{(4)} + \varphi_2 y_2^{(4)} + \varphi_3 y_3^{(4)} + \varphi_4 y_4^{(4)} + \varphi_1' y_1''' + \cdots + \varphi_4' y_4'''.$$

Multipliziert man diese fünf Gleichungen der Reihe nach mit $F_4(x)$, ..., $F_0(x)$ und addiert dieselben sodann, so folgt:

$$D(y) = \varphi_1 D(y_1) + \varphi_2 D(y_2) + \varphi_3 D(y_3) + \varphi_4 D(y_4)$$
$$+ F_0(x)(\varphi_1' y_1''' + \varphi_2' y_2''' + \varphi_3' y_3''' + \varphi_4' y_4''').$$

Infolge von (3) verschwinden hier die vier ersten Glieder rechter Hand, und es wird demnach y in der Tat eine Lösung der Gleichung $D(y) = F_5(x)$ darstellen, wenn die Gleichung gilt:

$$y_1''' \varphi_1' + y_2''' \varphi_2' + y_3''' \varphi_3' + y_4''' \varphi_4' = \frac{F_5(x)}{F_0(x)}.$$

Diese Gleichung reihen wir als vierte den drei Gleichungen (5) an und besitzen damit *ein System von vier Gleichungen mit den vier linear vorkommenden Unbekannten* φ_1', φ_2', φ_3', φ_4', *wobei die Koeffizienten dieser Gleichungen bekannte Funktionen* y_1, ..., y_4''', $F_0(x)$, $F_5(x)$ *von* x *sind.*

Wie eingehendere Untersuchungen zeigen, hat die Auflösung dieses Gleichungssystems nach φ_1', ..., φ_4' keine Schwierigkeiten. **Man lernt so die** φ_1', ..., φ_4' als Funktionen von x kennen:

$$\frac{d\varphi_1}{dx} = \psi_1(x), \quad \frac{d\varphi_2}{dx} = \psi_2(x), \quad \frac{d\varphi_3}{dx} = \psi_3(x), \quad \frac{d\varphi_4}{dx} = \psi_4(x).$$

Die Integration dieser vier Gleichungen führt zur Kenntnis der φ_1, ..., φ_4 selbst:

$$\varphi_1(x) = \int \psi_1(x)\, dx + C_1, \quad ..., \quad \varphi_4(x) = \int \psi_4(x)\, dx + C_4,$$

welche wir jetzt endlich in den Ansatz (4) eintragen.

Lehrsatz: *Ist das allgemeine Integral (2) der homogenen Gleichung* $D(y) = 0$ *vierter Ordnung bereits bekannt, so kann man das allgemeine Integral der vorgelegten Differentialgleichung* $D(y) = F_5(x)$ *vierter Ordnung durch Ausführung von vier Quadraturen in der Gestalt berechnen:*

$$(6) \quad y = y_1 \int \psi_1(x)\, dx + \cdots + y_4 \int \psi_4(x)\, dx + C_1 y_1 + \cdots + C_4 y_4.$$

Die Funktionen ψ_1, ..., ψ_4 *sind aus den* y_1, ..., y_4, *ihren Ableitungen und den Funktionen* $F_0(x)$, $F_5(x)$ *durch Auflösung von vier linearen Gleichungen in bezeichneter Art zu berechnen.*

Die hier entwickelte Lösung der linearen nichthomogenen Differentialgleichung (1) wird als die „*Methode der Variation der Konstanten*" bezeichnet, insofern an Stelle der Konstanten C in (2) variabele Größen $\varphi(x)$ in (4) treten. Diese Methode ist von Lagrange aufgestellt.

10. Lösung der Differentialgleichungen durch unendliche Reihen.

Gelingt es uns nicht, eine vorgelegte Differentialgleichung:

$$(1) \quad\ldots\ldots\ldots F\left(x,\ y,\ \frac{dy}{dx},\ \frac{d^2y}{dx^2},\ \ldots\right)=0$$

durch eine der bisher entwickelten Methoden zu lösen, so ist der Versuch angezeigt, eine der Differentialgleichung genügende Funktion y in Gestalt einer nach Potenzen von x fortschreitenden unendlichen Reihe anzugeben oder, wie man sagt, „*die Differentialgleichung vermöge einer unendlichen Reihe zu integrieren*".

Man setzt hierbei zunächst die Reihe für y mit unbestimmten Koeffizienten an:

$$(2) \quad\ldots\ldots\ldots y=a_0+a_1x+a_2x^2+\cdots,$$

berechnet hieraus $\dfrac{dy}{dx}$, $\dfrac{d^2y}{dx^2}$, $\ldots$ und trägt diese Ausdrücke in die gegebene Differentialgleichung ein.

Die so entspringende Gleichung enthält nur noch x und muß identisch gelten, d. h. für jeden Wert von x richtig sein.

Läßt sich demnach die linke Seite der fraglichen Gleichung selbst wieder nach Potenzen von x anordnen, so muß jeder einzelne Koeffizient dieser Reihe, wie man leicht zeigen kann[1]), verschwinden.

Man gewinnt so unendlich viele Gleichungen zur Bestimmung der Koeffizienten a_0, a_1, a_2, $\ldots$ im Ansatze (2).

Die entspringende Reihe (2) wird *innerhalb ihres Konvergenzbezirkes* eine der Differentialgleichung genügende Funktion darstellen und ebenda die Funktionswerte näherungsweise zu berechnen gestatten.

11. Die hypergeometrische Reihe.

Der vorstehende Ansatz soll auf die homogene lineare Differentialgleichung zweiter Ordnung:

$$(1) \quad\ldots x(x-1)\frac{d^2y}{dx^2}+[(1+\alpha+\beta)x-\gamma]\frac{dy}{dx}+\alpha\beta y=0$$

angewandt werden, wobei α, β, γ irgend welche reelle Konstante sind, von denen jedoch die dritte γ weder gleich 0 noch gleich einer negativen ganzen Zahl sein soll.

---

[1]) Die Reihe ist nämlich (vgl. S. 70) die MacLaurinsche Entwickelung einer Funktion, welche konstant gleich 0 ist.

In (1) haben wir einzutragen:

$$y = \sum_{k=0}^{\infty} a_k\, x^k, \qquad \frac{dy}{dx} = \sum_{k=0}^{\infty} (k+1)\, a_{k+1}\, x^k,$$

$$\frac{d^2 y}{dx^2} = \sum_{k=0}^{\infty} (k+2)(k+1)\, a_{k+2}\, x^k,$$

wodurch wir erhalten:

$$x(x-1) \sum_{k=0}^{\infty} (k+2)(k+1)\, a_{k+2}\, x^k + [(1+\alpha+\beta)\, x - \gamma] \sum_{k=0}^{\infty} (k+1)\, a_{k+1}\, x^k$$

$$+ \alpha\beta \sum_{k=0}^{\infty} a_k\, x^k = 0.$$

Bei der Anordnung nach ansteigenden Potenzen von x setze man:

$$x^2 \sum_{k=0}^{\infty} (k+2)(k+1)\, a_{k+2}\, x_k = \sum_{k'=2}^{\infty} k'(k'-1)\, a_{k'}\, x^{k'}$$

$$= \sum_{k'=0}^{\infty} k'(k'-1)\, a_{k'}\, x^{k'}$$

und darf demnächst den Index am Summationsbuchstaben k' wieder unterdrücken.

Indem man mit den übrigen Gliedern der vorletzten Gleichung ähnlich verfährt, läßt sich dieselbe in folgende Gestalt überführen:

$$(2) \quad \cdot \ \cdot \sum_{k=0}^{\infty} \left[(k+\alpha)(k+\beta)\, a_k - (k+1)(k+\gamma)\, a_{k+1}\right] x^k = 0.$$

Hier muß der Koeffizient jeder einzelnen Potenz x^k verschwinden, so daß wir mit Rücksicht auf die über γ gemachte Voraussetzung für die Berechnung der a_k folgende Rekursionsformel gewinnen:

$$(3) \quad \ldots \ldots \ldots \quad a_{k+1} = a_k \cdot \frac{(\alpha+k)(\beta+k)}{(1+k)(\gamma+k)}.$$

Setzt man noch, was uns frei steht, $a_0 = 1$, so sind alle weiteren a_k auf Grund von (3) eindeutig bestimmt.

Für den Quotienten zweier aufeinander folgender Glieder u_{k+1} und u_k unserer Reihe finden wir auf Grund von (3):

$$\frac{u_{k+1}}{u_k} = \frac{a_{k+1}}{a_k} \cdot x = \frac{1 + \dfrac{\alpha}{k}}{1 + \dfrac{1}{k}} \cdot \frac{1 + \dfrac{\beta}{k}}{1 + \dfrac{\gamma}{k}} \cdot x,$$

woraus wir weiter schließen:

$$(4) \quad \ldots \ldots \ldots \ldots \quad \lim_{k=\infty} \frac{u_{k+1}}{u_k} = x.$$

Nach den Entwickelungen von S. 56 (siehe auch S. 66, unten) konvergiert die Reihe also für $|x| < 1$, während sie für $|x| > 1$ divergiert.

Lehrsatz: *Die homogene lineare Differentialgleichung (1) läßt sich vermöge der unendlichen Reihe:*

$$(5) \cdots \left\{ \begin{aligned} y &= 1 + \frac{\alpha \cdot \beta}{1 \cdot \gamma} x + \frac{\alpha\,(\alpha + 1) \cdot \beta\,(\beta + 1)}{1 \cdot 2 \cdot \gamma\,(\gamma + 1)} x^2 \\ &+ \frac{\alpha\,(\alpha + 1)\,(\alpha + 2) \cdot \beta\,(\beta + 1)\,(\beta + 2)}{1 \cdot 2 \cdot 3 \cdot \gamma\,(\gamma + 1)\,(\gamma + 2)} x^3 + \cdots \end{aligned} \right.$$

auflösen, d. h. die durch diese Potenzreihe innerhalb ihres Konvergenzintervalls $-1 < x < +1$ *definierte Funktion stellt ein partikuläres Integral der Differentialgleichung (1) dar.*

Die Reihe (5) nennt man „*hypergeometrische Reihe*" und bezeichnet die durch diese Reihe dargestellte Funktion abgekürzt durch das Symbol $F(\alpha, \beta, \gamma; x)$.

Durch geeignete spezielle Auswahlen der α, β, γ kann man in $F(\alpha, \beta, \gamma; x)$ zahlreiche spezielle Funktionen, insbesondere auch elementare wiedergewinnen.

So liefert z. B. $F(1, 1, 2; x)$ mit dem Faktor x versehen die Logarithmusreihe (vgl. S. 66):

$$ln\,(1 + x) = x \cdot F(1, 1, 2; -x).$$

Für $\alpha = -m$, $\beta = \gamma = 1$ gelangen wir nach Zeichenwechsel von x zur Binomialreihe (vgl. S. 69):

$$(1 + x)^m = F(-m, 1, 1; -x).$$

$F(^1/_2,\ ^1/_2,\ ^3/_2;\ x^2)$ ergibt, mit dem Faktor x versehen, die S. 71 aufgestellte Reihe der Funktion $arc\,sin\,x$:

$$arc\,sin\,x = x \cdot F(^1/_2,\ ^1/_2,\ ^3/_2;\ x^2).$$

Betrachten wir etwa endlich noch $F\left(m, 1, 1; \dfrac{x}{m}\right)$ für ein unendlich wachsendes m. Der Grenzübergang führt zur Exponentialreihe, die S. 64 aufgestellt wurde:

$$e^x = \lim_{m = \infty} F\left(m, 1, 1; \frac{x}{m}\right).$$

Anhang.

Komplexe Zahlen und Funktionen komplexer Variabelen.

1. Einführung der komplexen Zahlen.

Die quadratische Gleichung $x^2 = -1$ kann weder durch eine positive, noch durch eine negative Zahl x, noch auch durch $x = 0$ gelöst werden.

Sagt man demnach (unter Beibehaltung des zunächst allein für positive Radikanden erklärten Quadratwurzelzeichens), $\sqrt{-1}$ sei eine Lösung der Gleichung $x^2 = -1$, so ist in $\sqrt{-1}$ eine dem System der bisher gebrauchten Zahlen nicht angehörige neue Zahl geschaffen.

Diese neue Zahl $\sqrt{-1}$, welche *„imaginär"* heißt und abgekürzt mit i bezeichnet wird, hat zunächst *nur* die Eigenschaft, *mit sich selbst multiplizierbar zu sein und dabei das Produkt — 1 zu geben.*

Um die Zahl i ausgedehnter in Benutzung zu nehmen, gibt man die

Erklärung: *Die Zahl i soll den bisherigen ganzen und gebrochenen positiven und negativen Zahlen hinzugesellt werden, und in dem solchergestalt erweiterten Zahlensysteme sollen alle, die vier Grundrechnungen der Addition, Subtraktion, Multiplikation und Division betreffenden Regeln unverändert bestehen bleiben.*

Bei Ausführung der Operationen der Addition usw. auf die Zahlen des vorliegenden Systems tritt eine neue Erweiterung dieses Systems ein: Aus zwei Zahlen a, b der bisherigen Art und der Zahl i erzeugt man durch Multiplikation und Addition die Zahl $(a + i \cdot b)$ oder kurz $(a + ib)$.

Erklärung: *Die so zu gewinnenden Zahlen $(a + ib)$ heißen „komplexe Zahlen". Ist von den Zahlen a, b die letzte, b, allein $\gtrless 0$, so spricht man von einer „rein imaginären" Zahl; und man nennt i oder $+ i$ die „positive", $- 1 \cdot i$ oder $- i$ die „negative imaginäre Einheit". Ist $b = 0$, liegt also eine Zahl der bisher allein betrachteten Art* *vor, so spricht man von einer „reellen Zahl". Im Anschluß hieran heißt a der „reelle", i b der „imaginäre Bestandteil" der komplexen Zahl (a + i b).*

Erklärung: *Die beiden komplexen Zahlen (a + ib) und (a — ib), welche sich nur im Vorzeichen des imaginären Bestandteils unterscheiden, heißen „einander konjugiert komplex" oder kurz „konjugiert".*

Will man a und b nicht konstant, sondern *variabel* denken, so schreibe man x statt a und y statt b, wobei dann x und y veränderliche Größen im Sinne von S. 1 sind.

Es entspringt der *Begriff der „komplexen variabelen Größe"* oder *kurz der „komplexen Variabelen"* $(x + iy)$.

2. Rechnungsregeln für komplexe Zahlen.

Für die Addition bzw. Subtraktion zweier komplexer Zahlen $(a + ib)$ und $(c + id)$ findet man:

$$(1) \ldots \ldots (a + ib) \pm (c + id) = (a \pm c) + i(b \pm d),$$

und auf dieselbe Weise ergibt sich die Formel:

$$(2) \ldots \ldots (a - ib) \pm (c - id) = (a \pm c) - i(b \pm d).$$

Bei der Multiplikation beachte man, daß $i^2 = -1$ ist; es ergeben sich die Formeln:

$$(3) \ldots \ldots (a + ib)(c + id) = (ac - bd) + i(ad + bc),$$

$$(4) \ldots \ldots (a - ib)(c - id) = (ac - bd) - i(ad + bc).$$

Soll $(a + ib)$ durch $(c + id)$ geteilt werden, so darf $(c + id)$ nicht mit der Zahl 0 identisch sein. Dies vorausgesetzt, findet man:

$$(5) \ldots \frac{a + ib}{c + id} = \frac{(a + ib)(c - id)}{(c + id)(c - id)} = \frac{ac + bd}{c^2 + d^2} + i\,\frac{bc - ad}{c^2 + d^2}.$$

Daneben reiht sich die Formel:

$$(6) \ldots \ldots \ldots \frac{a - ib}{c - id} = \frac{ac + bd}{c^2 + d^2} - i\,\frac{bc - ad}{c^2 + d^2}.$$

Aus diesen Rechnungen ergibt sich der

Lehrsatz: *Die Addition, Subtraktion und Multiplikation zweier komplexer Zahlen, desgl. die Division bei nicht verschwindendem Divisor ergeben jeweils als Resultat wieder eine komplexe Zahl.*

Ersetzt man die beiden gegebenen Zahlen zugleich durch ihre konjugierten, so geht auch die als Resultat entspringende Zahl in ihre konjugierte Zahl über.

Beide Regeln werden erhalten bleiben, wenn wir Addition, Subtraktion usw. wiederholt ausüben. Als zusammenfassende Benennung für die Addition, Subtraktion, Multiplikation, Division und Potenzierung (wiederholte Multiplikation) benutzten wir schon gelegentlich diejenige der *„rationalen Rechnungsarten"* (vgl. S. 5).

Lehrsatz: *Wendet man auf gegebene komplexe Zahlen irgend welche rationale Rechnungen an, so ist das Ergebnis stets wieder eine komplexe Zahl.*

Eine Gleichung, in welcher irgend welche komplexe Zahlen rational verbunden erscheinen, bleibt richtig, falls man alle vorkommenden Zahlen zugleich durch ihre konjugierten ersetzt.

Als Spezialfall der Formel (3) merke man an:

$$(7) \ldots \ldots \ldots (a + ib)(a - ib) = a^2 + b^2.$$

Lehrsatz: *Das Produkt zweier konjugierter Zahlen ist reell und positiv.*

3. Geometrische Deutung der komplexen Zahlen.

Zur geometrischen Deutung der komplexen Zahlen bedienen wir uns desselben Hilfsmittels, das wir oben (S. 118) zur Versinnlichung der Wertepaare zweier unabhängiger Variabelen benutzten. Wir legen der fraglichen Deutung eine Ebene und in ihr ein rechtwinkeliges Koordinatensystem zugrunde und geben folgende

Fig. 67.

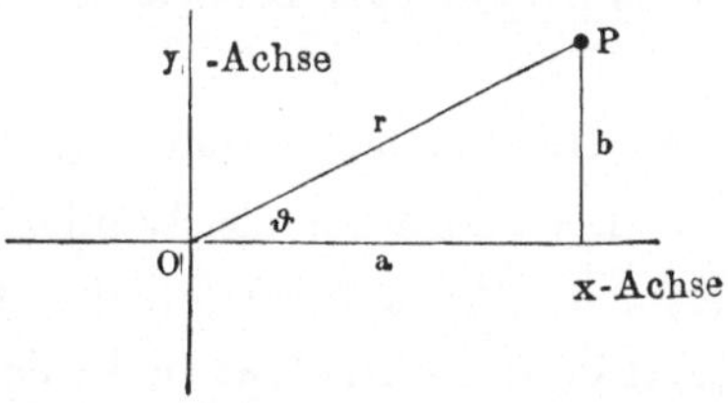

Erklärung: *Der Punkt P der Ebene mit der Abszisse $x = a$ und der Ordinate $y = b$ soll der Bildpunkt oder das Bild der komplexen Zahl $(a + ib)$ sein (vgl. Fig. 67). Die Ebene heiße „Ebene der komplexen Zahlen“ oder kurz „Zahlenebene“.*

Die x-Achse liefert die Bildpunkte der reellen Zahlen und heißt deshalb die *„reelle Achse“*. Die y-Achse besteht (abgesehen vom Nullpunkte) aus den Bildern der rein imaginären Zahlen und heißt deshalb auch *„imaginäre Achse“*.

Benutzen wir statt der rechtwinkeligen Koordinaten Polarkoordinaten r, ϑ, so gilt, wie Fig. 67 zeigt, $a = r \cos \vartheta$, $b = r \sin \vartheta$.

Als „Polardarstellung“ der komplexen Zahl $(a + ib)$ ergibt sich so:

$$(1) \ldots a + ib = r \cos \vartheta + i r \sin \vartheta = r (\cos \vartheta + i \sin \vartheta).$$

Erklärung: *Der Zahlenwert des Radius vector r des Bildpunktes P von $(a + ib)$ heißt „absoluter Betrag“ der komplexen Zahl $(a + ib)$ und wird (vgl. S. 11) durch $|a + ib|$ bezeichnet:*

$$(2) \ldots \ldots \ldots |a + ib| = r = + \sqrt{a^2 + b^2}.$$

Der Winkel ϑ sei in Bogenmaß gemessen (vgl. S. 7) und heißt „Amplitude“ der komplexen Zahl $(a + ib)$.

Eine komplexe Variabele $(x + iy)$ heißt *„unbeschränkt“* oder *„beschränkt veränderlich“*, je nachdem der Bildpunkt P von $(x + iy)$

in der Zahlenebene an jede Stelle gelangen kann oder nicht. Im letzteren Falle bilden die gesamten für P zugänglichen Stellen der Zahlenebene den „*Bereich*" der komplexen Variabelen $(x + iy)$.

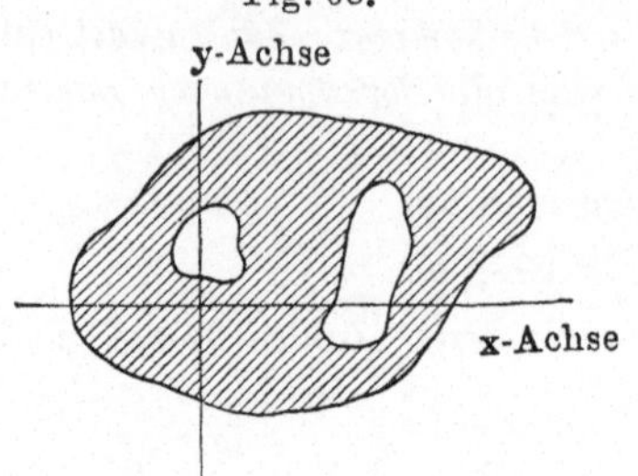

Die komplexe Größe heißt „*stetig variabel*" oder kurz „*stetig*", falls ihr Bildpunkt P in der Zahlenebene Bewegungen „im gewöhnlichen Sinne" ausführt. Eine stetige Variabele z kann demnach nie unendlich groß werden, und der Bereich einer stetigen und beschränkt veränderlichen Größe z ist stets ein *zusammenhängendes* Stück der Zahlenebene.

Die Gestalt solcher Bereiche kann sehr verschiedenartig sein; man sehe z. B. den in Fig. 68 durch das schraffierte Stück der Zahlenebene dargestellten Bereich.

4. Geometrische Deutung der Addition komplexer Zahlen.

Die Formel für die Addition zweier komplexer Zahlen:

$$(1) \ldots \ldots (a + ib) + (c + id) = (a + c) + i(b + d)$$

führt in der Zahlenebene zu der durch Fig. 69 dargestellten Konstruktion.

Lehrsatz: *Der Bildpunkt P'' der Summe zweier komplexer Zahlen wird gewonnen, indem man die Radien vectoren $\overline{OP}$ und $\overline{OP'}$ der Summanden zieht und dieselben zum Parallelogramm ergänzt; der vierte (O gegenüberliegende) Eckpunkt dieses Parallelogramms ist P''.*

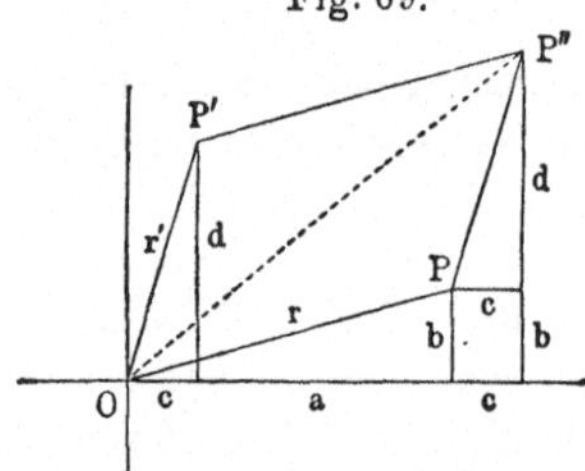

Der Grundsatz der Addition, daß der Summenwert unabhängig von der Reihenfolge der Summanden ist, wird durch die ausgeführte Konstruktion direkt ersichtlich.

Die absoluten Beträge der Summanden und der Summe werden in Fig. 69 durch die Längen der Strecken $\overline{OP}$, $\overline{PP''}$ und $\overline{OP''}$ gegeben. Die Figur ergibt den

Lehrsatz: *Der absolute Betrag der Summe zweier komplexer Zahlen ist niemals größer als die Summe der absoluten Beträge der Summanden:*

$$(2) \ldots |(a + c) + i(b + d)| \leqq |a + ib| + |c + id|;$$

das Gleichheitszeichen gilt hier nur dann, wenn die beiden Summanden gleiche Amplitude haben.

Dieser Satz überträgt sich sofort auf Summen einer beliebigen endlichen Anzahl von Summanden.

Noch einfacher läßt sich die geometrische Deutung der Addition fassen, wenn man die einzelne komplexe Zahl in der Zahlenebene durch eine solche *parallel mit sich selbst verschiebbare Strecke* versinnlicht, welche in *Richtung* und *Länge* mit dem von O nach P gerichteten Radius vector der Zahl übereinstimmt.

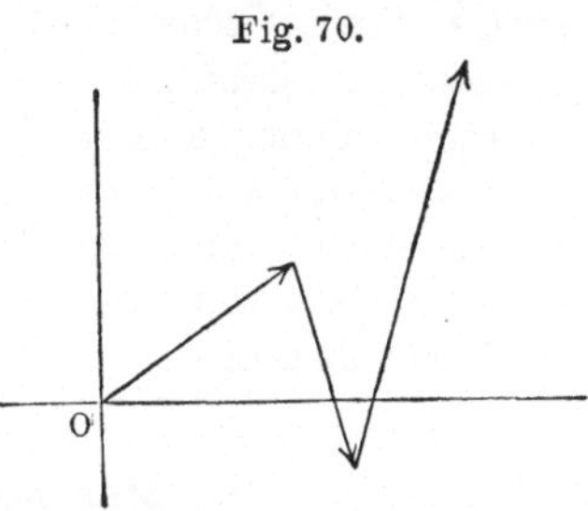

Fig. 70.

Die Addition wird dann einfach vollzogen, *indem man, vom Nullpunkt O beginnend, die den Summanden entsprechenden Strecken nach der „Regel der Streckenaddition in der Ebene" aneinander trägt*, wie dies Fig. 70 im Falle dreier Summanden andeutet. *Der Endpunkt der letzten Strecke ist der Bildpunkt der Summe.* Es gilt wieder der Satz, *daß dieser Punkt unabhängig von der Anordnung der Summanden ist.*

5. Geometrische Deutung der Multiplikation komplexer Zahlen.

Die Multiplikation zweier komplexer Zahlen $(a + ib)$ und $(c + id)$ lieferte [vgl. Formel (3), S. 196]:

$$(1) \quad \ldots \quad (a + ib)(c + id) = (ac - bd) + i(ad + bc).$$

Man zeigt nun leicht die Richtigkeit der Gleichung:

$$\sqrt{(ac - bd)^2 + (ad + bc)^2} = \sqrt{a^2 + b^2} \cdot \sqrt{c^2 + d^2},$$

welche mit Rücksicht auf (1) ergibt:

$$(2) \quad \ldots \quad |(a + ib)(c + id)| = |a + ib| \cdot |c + id|.$$

Der absolute Betrag des Produktes zweier komplexer Zahlen ist hiernach gleich dem Produkte der absoluten Beträge der beiden Zahlen.

Bildet man demnach unter Heranziehung der Polardarstellung (1), S. 197, den Ansatz:

$$r(\cos\vartheta + i\sin\vartheta) \cdot r'(\cos\vartheta' + i\sin\vartheta') = r''(\cos\vartheta'' + i\sin\vartheta''),$$

so ist erstlich $r'' = r \cdot r'$, und es restiert die Formel:

$$(\cos\vartheta + i\sin\vartheta) \cdot (\cos\vartheta' + i\sin\vartheta') = \cos\vartheta'' + i\sin\vartheta'',$$

$$(\cos\vartheta \cos\vartheta' - \sin\vartheta \sin\vartheta') + i(\sin\vartheta \cos\vartheta' + \cos\vartheta \sin\vartheta')$$
$$= \cos\vartheta'' + i\sin\vartheta'',$$

$$(3) \quad \ldots \quad \cos(\vartheta + \vartheta') + i\sin(\vartheta + \vartheta') = \cos\vartheta'' + i\sin\vartheta''.$$

Setzen wir die reellen Bestandteile in (3) links und rechts einander gleich und ebenso die imaginären, so folgt:

$$\cos\vartheta'' = \cos(\vartheta + \vartheta'), \qquad \sin\vartheta'' = \sin(\vartheta + \vartheta');$$

und also ist ϑ'', von einem Multiplum von 2π abgesehen (welches wir jedoch hier vernachlässigen dürfen), gleich $(\vartheta + \vartheta')$.

Durch Zusatz weiterer Faktoren entspringt der allgemeine

Lehrsatz: *Der absolute Betrag des Produktes einer endlichen Anzahl von komplexen Faktoren ist gleich dem „Produkt" der absoluten Beträge dieser Faktoren; die Amplitude des Produktes ist gleich der „Summe" der Amplituden der einzelnen Faktoren.*

Einen analogen Satz für die Division zweier komplexer Zahlen wird man leicht aufstellen.

Die Erörterungen der Nr. 3, 4 und 5 verleihen sowohl den komplexen Zahlen selbst, wie den rationalen Rechnungen mit ihnen eine konkrete Bedeutung.

6. Der Moivresche Lehrsatz.

Es sei n irgend eine ganze positive Zahl.

Nach dem Lehrsatze in Nr. 5 gewinnen wir für die n^{te} Potenz einer komplexen Zahl:

$$[r\,(cos\,\vartheta + i\,sin\,\vartheta)]^n = r^n\,(cos\,n\,\vartheta + i\,sin\,n\,\vartheta).$$

Setzt man $r = 1$, so folgt:

$$(1) \ldots \ldots (cos\,\vartheta + i\,sin\,\vartheta)^n = cos\,n\,\vartheta + i\,sin\,n\,\vartheta.$$

Formel (1) gilt auch für $n = 0$; denn in diesem Falle haben beide Seiten in (1) den Wert 1.

Geht man zu den reziproken Werten der linken und rechten Seite von (1) über, so ist:

$$(cos\,\vartheta + i\,sin\,\vartheta)^{-n} = \frac{1}{cos\,n\,\vartheta + i\,sin\,n\,\vartheta}.$$

Durch Umwandlung der rechten Seite vermöge (5), S. 196, folgt:

$$(cos\,\vartheta + i\,sin\,\vartheta)^{-n} = cos\,n\,\vartheta - i\,sin\,n\,\vartheta.$$

Nun ist für irgend einen Winkel η stets $cos\,(-\eta) = cos\,\eta$ und $sin\,(-\eta) = -sin\,\eta$. Die letzte Formel liefert also:

$$(cos\,\vartheta + i\,sin\,\vartheta)^{-n} = cos\,(-n)\,\vartheta + i\,sin\,(-n)\,\vartheta.$$

Moivrescher Lehrsatz: *Für jede ganze positive oder negative Zahl n, sowie für $n = 0$ gilt die Gleichung:*

$$(2) \ldots \ldots (cos\,\vartheta + i\,sin\,\vartheta)^n = cos\,n\,\vartheta + i\,sin\,n\,\vartheta.$$

7. Radizierung komplexer Zahlen. Einheitswurzeln.

Als n^{te} Wurzel aus der gegebenen komplexen Zahl $r\,(cos\,\vartheta + i\,sin\,\vartheta)$ ist jede komplexe Zahl $r'\,(cos\,\vartheta' + i\,sin\,\vartheta')$ zu bezeichnen, deren n^{te} Potenz gleich $r\,(cos\,\vartheta + i\,sin\,\vartheta)$ ist, für welche also die Gleichung gilt:

$$(1) \ldots \ldots r'^n\,(cos\,n\,\vartheta' + i\,sin\,n\,\vartheta') = r\,(cos\,\vartheta + i\,sin\,\vartheta).$$

Es ist somit r' die *eindeutig* bestimmte reelle positive Zahl $\sqrt[n]{r}$, während für ϑ' die Gleichung:

$$(2) \quad \ldots \ldots \quad n\,\vartheta' = \vartheta + 2\,\nu\,\pi, \quad \vartheta' = \frac{\vartheta}{n} + \frac{2\,\nu\,\pi}{n}$$

mit einer *beliebig zu wählenden ganzen Zahl* ν bestehen muß.

Zwei solche Winkel ϑ', die um ein Multiplum von $2\,\pi$ voneinander verschieden sind, liefern ein und dieselbe Zahl $r'\,(\cos\vartheta' + i\sin\vartheta')$. Man erhält also bereits alle n^{ten} Wurzeln aus $r\,(\cos\vartheta + i\sin\vartheta)$, falls man für ν nur die n Zahlen $\nu = 0, 1, 2, \ldots, n-1$ einsetzt.

Lehrsatz: *Es gibt stets genau n verschiedene n^{te} Wurzeln aus einer von 0 verschiedenen komplexen Zahl $r\,(\cos\vartheta + i\sin\vartheta)$, nämlich:*

$$(3) \quad \begin{cases} \sqrt[n]{r}\left[\cos\dfrac{\vartheta}{n} + i\sin\dfrac{\vartheta}{n}\right], \\[2ex] \sqrt[n]{r}\left[\cos\left(\dfrac{\vartheta}{n} + \dfrac{2\,\pi}{n}\right) + i\sin\left(\dfrac{\vartheta}{n} + \dfrac{2\,\pi}{n}\right)\right], \\[2ex] \sqrt[n]{r}\left[\cos\left(\dfrac{\vartheta}{n} + \dfrac{4\,\pi}{n}\right) + i\sin\left(\dfrac{\vartheta}{n} + \dfrac{4\,\pi}{n}\right)\right], \\[1ex] \cdots \cdots \cdots \cdots \cdots \cdots \cdots \cdots \\[1ex] \sqrt[n]{r}\left[\cos\left(\dfrac{\vartheta}{n} + \dfrac{2\,(n-1)\,\pi}{n}\right) + i\sin\left(\dfrac{\vartheta}{n} + \dfrac{2\,(n-1)\,\pi}{n}\right)\right]. \end{cases}$$

Speziell für $r = 1$, $\vartheta = 0$ gilt die

Erklärung: *Eine komplexe Zahl, deren n^{te} Potenz gleich $+\,1$ ist, heißt eine „n^{te} Wurzel der Einheit" oder eine „n^{te} Einheitswurzel".*

Lehrsatz: *Es gibt genau n verschiedene n^{te} Einheitswurzeln, die* $\varepsilon_0, \varepsilon_1, \ldots, \varepsilon_{n-1}$ *heißen mögen; zufolge (3) ist* $\varepsilon_0 = 1$ *und allgemein gilt:*

$$(4) \quad \ldots \ldots \ldots \quad \varepsilon_\nu = \cos\frac{2\,\nu\,\pi}{n} + i\sin\frac{2\,\nu\,\pi}{n},$$

zu bilden für $\nu = 0, 1, 2, \ldots, n-1$.

Formel (2), S. 200, lehrt, *daß die Einheitswurzel ε_ν als ν^{te} Potenz von ε_1 dargestellt werden kann;* und der Lehrsatz S. 200 (oben) zeigt, *daß alle n^{ten} Wurzeln (3) aus der Zahl*

$$r\,(\cos\vartheta + i\sin\vartheta)$$

gewonnen werden, wenn wir die erste unter ihnen der Reihe nach mit $\varepsilon_0, \varepsilon_1, \ldots, \varepsilon_{n-1}$ *multiplizieren.*

Die Bildpunkte der Zahlen ε_ν in der Zahlenebene liegen sämtlich auf dem Kreise mit dem Radius 1 um den Nullpunkt, der kurz der *„Einheitskreis"* heiße. Dabei teilen die Bild-

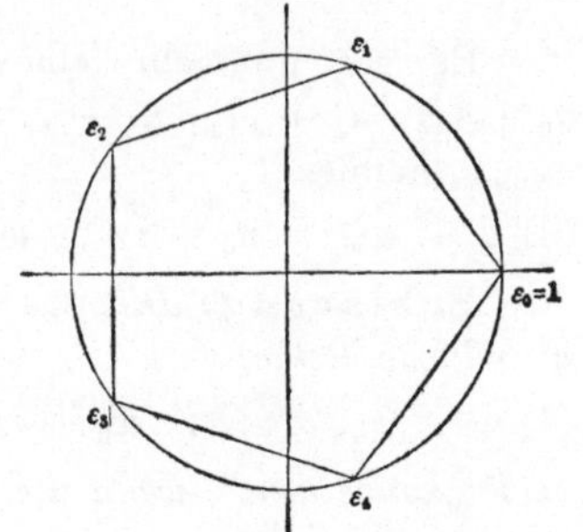

punkte diesen Kreis in n gleiche Bogen der Größe $\dfrac{2\pi}{n}$, und zwar liefert der Schnittpunkt des Einheitskreises mit der positiven reellen Achse den ersten Teilpunkt.

Lehrsatz: *Die n Bildpunkte der n^{ten} Einheitswurzeln ε_ν stellen die Ecken eines dem Einheitskreise eingeschriebenen regulären n-Ecks dar, wobei die erste Ecke bei $x = 1$, $y = 0$ liegt.*

Die beigefügte Figur 71 (S. 201) bezieht sich auf den Fall $n = 5$.

Für die niedersten Werte n haben wir explizite:

$$(n = 2) \qquad \varepsilon_0 = 1, \quad \varepsilon_1 = -1,$$

$$(n = 3) \qquad \varepsilon_0 = 1, \quad \varepsilon_1 = \frac{-1 + i\sqrt{3}}{2}, \quad \varepsilon_2 = \frac{-1 - i\sqrt{3}}{2},$$

$$(n = 4) \qquad \varepsilon_0 = 1, \quad \varepsilon_1 = i, \quad \varepsilon_2 = -1, \quad \varepsilon_3 = -i,$$

$$(n = 5) \qquad \varepsilon_0 = 1, \quad \varepsilon_1 = \frac{-1 + \sqrt{5}}{4} + \frac{i}{2}\sqrt{\frac{5 + \sqrt{5}}{2}}, \; \ldots$$

Aus der Lage des regulären n-Ecks folgt der

Lehrsatz: *Unter den n^{ten} Einheitswurzeln ist im Falle eines ungeraden n nur $\varepsilon_0 = 1$ reell, im Falle eines geraden n aber sind die beiden Wurzeln $\varepsilon_0 = 1$ und $\varepsilon_{\frac{n}{2}} = -1$ reell.*

8. Unendliche Reihen mit komplexen Gliedern.

Erklärung: *Es sei eine unbegrenzte Anzahl komplexer Zahlen*

$$(1) \quad \ldots \ldots \ldots \quad a_1 + i\,b_1, \; a_2 + i\,b_2, \; a_3 + i\,b_3, \; \ldots$$

vorgelegt, und es existiere eine endliche reelle oder komplexe Zahl g von folgender Art: Nach Auswahl einer „beliebig" kleinen reellen Zahl δ, die jedoch > 0 sein muß, soll es stets einen zu diesem δ gehörenden endlichen Index n geben, so daß für alle $m \geqq n$ der absolute Betrag $|g - a_m - i\,b_m| < \delta$ ist. Kann wirklich eine solche Zahl g angegeben werden, so heißt diese Zahl die „Grenze" der Zahlenreihe (1):

$$(2) \quad \ldots \ldots \ldots \ldots \quad g = \lim_{n = \infty} (a_n + i\,b_n).$$

Es sei nunmehr eine unbegrenzte Anzahl komplexer Zahlen $u_0 + i v_0$, $u_1 + i v_1$, $u_2 + i v_2$, $\ldots$ gegeben, die wir abgekürzt w_0, w_1, w_2, $\ldots$ nennen:

$$(3) \quad \ldots \quad w_0 = u_0 + i v_0, \quad w_1 = u_1 + i v_1, \quad w_2 = u_2 + i v_2, \ldots$$

Erklärung: *Die aus den „Gliedern" w_0, w_1, w_2, $\ldots$ aufgebaute unendliche Reihe:*

$$(4) \quad \ldots \ldots \ldots \ldots \quad w_0 + w_1 + w_2 + w_3 + \cdots$$

heißt „konvergent", wenn die Summe S_n der n ersten Glieder:

$$(5) \quad \ldots \ldots \ldots \quad S_n = w_0 + w_1 + \cdots + w_{n-1}$$

für $n = 1, 2, \ldots$ *eine Zahlenreihe* S_1, S_2, $\ldots$ *liefert, die für* lim. $n = \infty$ *einer „bestimmten endlichen" Grenze* S *zustrebt; ist dies nicht der Fall, so heißt die Reihe „divergent". Im ersteren Falle heißt* S *der „Summenwert" oder kurz der „Wert" der Reihe.*

Unter Trennung der reellen und imaginären Bestandteile in den einzelnen Gliedern der Reihe setze man:

$$(6) \quad \ldots \quad U_n = u_0 + u_1 + \cdots + u_{n-1}, \quad V_n = v_0 + v_1 + \cdots + v_{n-1}.$$

Dann ist $S_n = U_n + i\,V_n$; und man hat im Falle der Konvergenz der Reihe (4) bestimmte endliche Grenzwerte $\lim_{n=\infty} U_n$ und $\lim_{n=\infty} V_n$, wie auch umgekehrt aus der Existenz derartiger Grenzen eine bestimmte endliche Grenze $\lim_{n=\infty} S_n$ folgt.

Lehrsatz: *Die Reihe (4) ist stets und nur dann konvergent, wenn die beiden aus reellen Gliedern bestehenden Reihen* $(u_0 + u_1 + u_2 + \cdots)$ *und* $(v_0 + v_1 + v_2 + \cdots)$ *konvergent sind.*

Die zur Reihe (4) gehörige *„Reihe der absoluten Beträge"* ist:

$$(7) \quad \ldots \ldots \ldots \quad |w_0| + |w_1| + |w_2| + |w_3| + \cdots$$

Es besteht der

Lehrsatz: *Die vorgelegte Reihe (4) ist jedenfalls dann konvergent, wenn die zugehörige Reihe der absoluten Beträge (7) konvergiert.*

Aus $|w| = \sqrt{u_n^2 + v_n^2}$ folgt nämlich $|u_n| \leqq |w_n|$, $|v_n| \leqq |w_n|$; und also ist:

$$|u_0| + |u_1| + \cdots + |u_{n-1}| \leqq |w_0| + |w_1| + \cdots + |w_{n-1}|,$$
$$|v_0| + |v_1| + \cdots + |v_{n-1}| \leqq |w_0| + |w_1| + \cdots + |w_{n-1}|.$$

Es wird somit weder $|u_0| + \cdots + |u_{n-1}|$ noch $|v_0| + \cdots + |v_{n-1}|$ für irgend einen Index n den endlichen Summenwert der Reihe (7) übersteigen können.

Deshalb sind nach dem Lehrsatz III, S. 55, die beiden Reihen $|u_0| + |u_1| + \cdots$ und $|v_0| + |v_1| + \cdots$ konvergent und folglich nach dem Lehrsatz V, S. 55, auch die beiden Reihen $u_0 + u_1 + \cdots$ und $v_0 + v_1 + \cdots$

Hieraus ergibt sich endlich die Konvergenz von $w_0 + w_1 + \cdots$ auf Grund des ersten Lehrsatzes in der vorliegenden Nummer.

Eine *„Potenzreihe mit komplexen Gliedern"* oder kurz eine *„komplexe Potenzreihe"* schreiben wir in der Gestalt:

$$(8) \quad \ldots \ldots \ldots \quad c_0 + c_1 z + c_2 z^2 + c_3 z^3 + \cdots$$

Hier ist zur Abkürzung z für die komplexe Variabele $(x + iy)$ geschrieben, und auch die Koeffizienten sind im allgemeinen als komplexe Konstante zu denken $c_0 = a_0 + i\,b_0$, $c_1 = a_1 + i\,b_1$, $\ldots$

Die Konvergenzregeln der zugehörigen Reihe der absoluten Beträge:

$$(9) \quad \ldots \ldots \quad |c_0| + |c_1| \cdot |z| + |c_2| \cdot |z|^2 + |c_3| \cdot |z|^3 + \cdots$$

sind S. 57 entwickelt.

Falls die Reihe (9) überhaupt für Werte von $|z|$, die > 0 sind, konvergiert, so gibt es eine bestimmte reelle positive Zahl g, die auch gleich ∞ sein kann, der Art, daß für $|z| < g$ die Reihe (9) konvergiert, während (im Falle eines endlichen g) für $|z| > g$ bereits der Wert des Einzelgliedes $|c_n| \cdot |z|^n$ mit wachsendem n über alle Grenzen wächst.

Die Bedingung $|z| < g$ kommt, geometrisch gesprochen, darauf hinaus, daß der „Punkt" z der Zahlenebene im Inneren des Kreises vom Radius g um den Nullpunkt gelegen ist.

Lehrsatz: *Für eine komplexe Potenzreihe gibt es einen mit dem Radius g um den Nullpunkt der Zahlenebene gezogenen sogenannten „Konvergenzkreis", der sich auch auf einen Punkt zusammenziehen oder über die ganze Zahlenebene spannen kann, nämlich falls $g = 0$ bzw. $g = \infty$ zutrifft. Für die Werte z im Inneren des Konvergenzkreises ist die Reihe konvergent, außerhalb desselben divergiert sie.*

Ist $g = \infty$, so heißt die Reihe *„unbegrenzt konvergent"*.

9. Funktionen einer komplexen Variabelen.

Erklärung: *Ist die komplexe Variabele $w = u + iv$ derart an die „unabhängige" komplexe Variabele $z = x + iy$ gebunden, daß zu dem einzelnen Werte der „unabhängigen" Variabelen z stets ein Wert oder eine Anzahl von Werten der „abhängigen" Variabelen w gehört, so heißt w eine „Funktion" der komplexen Variabelen z.*

Die Bezeichnungsweise der Funktionen durch Symbole $f(z)$, $F(z)$ usw., die entwickelte oder unentwickelte Darstellungsweise der Funktionen, die Begriffe der Umkehrung, der Eindeutigkeit und Mehrdeutigkeit, der Stetigkeit usw. der Funktionen übertragen sich von den bisher allein betrachteten reellen Funktionen leicht auf die Funktionen einer komplexen Variabelen.

Erklärung: *Eine Funktion $f(z)$ der Variabelen z, welche aus z und gegebenen komplexen Konstanten durch rationale Rechnungen berechenbar ist, heißt eine „rationale" Funktion; kommen neben rationalen Rechnungen auch Wurzelziehungen bei der Berechnung von $f(z)$ vor, so nennt man $f(z)$ eine „irrationale" Funktion von z.*

Lehrsatz: *Jede rationale Funktion $f(z)$ ist eine „eindeutige" Funktion ihres Argumentes; bei der Berechnung einer irrationalen Funktion liefert das Ausziehen der n^{ten} Wurzel aus einem bestimmten, nicht mit Null identischen Ausdruck stets n verschiedene Ausdrücke* (vgl. Nr. 7, S. 201 ff.).

Zur Definition der elementaren transzendenten Funktionen für ein komplexes Argument machen wir einen wichtigen Gebrauch von den *komplexen Potenzreihen.* Erstlich geben wir die

Erklärung: *Die Exponentialfunktion e^z, sowie die trigonometrischen Funktionen $\sin z$ und $\cos z$ sollen für ein beliebiges komplexes z*

gegeben sein durch die Summenwerte der unbegrenzt konvergenten Potenzreihen:

$$(1) \quad \ldots \ldots \quad e^z = 1 + \frac{z}{1} + \frac{z^2}{1 \cdot 2} + \frac{z^3}{1 \cdot 2 \cdot 3} + \cdots,$$

$$(2) \quad \ldots \ldots \quad \sin z = z - \frac{z^3}{1 \cdot 2 \cdot 3} + \frac{z^5}{1 \cdot 2 \cdot 3 \cdot 4 \cdot 5} - \cdots,$$

$$(3) \quad \ldots \ldots \quad \cos z = 1 - \frac{z^2}{1 \cdot 2} + \frac{z^4}{1 \cdot 2 \cdot 3 \cdot 4} - \cdots$$

Die noch fehlenden trigonometrischen Funktionen, sowie die hyperbolischen Funktionen (vgl. S. 28) stellen wir nach den bei reellen Variabelen gültigen Formeln in den Funktionen $\sin z$, $\cos z$, e^z dar.

Erklärung: *Die trigonometrischen Funktionen $\operatorname{tg} z$ und $\operatorname{ctg} z$ werden durch:*

$$(4) \quad \ldots \ldots \quad \operatorname{tg} z = \frac{\sin z}{\cos z}, \qquad \operatorname{ctg} z = \frac{\cos z}{\sin z}$$

definiert, die hyperbolischen Funktionen durch:

$$(5) \quad \mathfrak{Sin}\, z = \frac{e^z - e^{-z}}{2}, \quad \mathfrak{Cof}\, z = \frac{e^z + e^{-z}}{2}, \quad \mathfrak{Tg}\, z = \frac{e^z - e^{-z}}{e^z + e^{-z}}, \, \cdots$$

Die in (1), (2) und (3) erklärten Funktionen sind für alle endlichen Werte z eindeutig, und sie liefern, falls z einen reellen Wert $z = x$ annimmt, zufolge S. 64 und 65 die früher allein betrachteten reellen Funktionen e^x, $\sin x$, $\cos x$ wieder.

Lehrsatz: *Die Exponentialfunktion e^z, die trigonometrischen Funktionen $\sin z$, …, $\operatorname{ctg} z$ und die hyperbolischen Funktionen $\mathfrak{Sin} z$, …, $\mathfrak{Ctg} z$ sind eindeutige Funktionen des komplexen Argumentes z; für reelles $z = x$ liefern sie die früher allein betrachteten Funktionen e^x, $\sin x$, …, $\operatorname{ctg} x$, $\mathfrak{Sin} x$, …, $\mathfrak{Ctg} x$ unmittelbar wieder.*

Die Funktionen $\ln x$, $\arcsin x$, …, $\operatorname{arc ctg} x$ gewannen wir oben (S. 6 ff.) durch Umkehrung der Funktionen e^x, $\sin x$, …, $\operatorname{ctg} x$, während wir die zu den hyperbolischen Funktionen inversen Funktionen früher nicht besonders betrachteten.

Erklärung: *Die Funktion $\ln z$, sowie die zyklometrischen Funktionen $\arcsin z$, …, $\operatorname{arc ctg} z$ gewinnen wir bei komplexem Argumente z durch Umkehrung der Funktionen e^z, $\sin z$, …, $\operatorname{ctg} z$.*

10. Zusammenhang der Exponentialfunktion mit den Funktionen $\sin z$ und $\cos z$.

Aus der Formel (1), Nr. 9, folgt:

$$e^{iz} = 1 + \frac{iz}{1} + \frac{(iz)^2}{1 \cdot 2} + \frac{(iz)^3}{1 \cdot 2 \cdot 3} + \cdots$$

Da nun $i^2 = -1$, $i^3 = -i$, $i^4 = 1$, ... ist, so kann man die vorstehende Gleichung auch so schreiben [1]):

$$e^{iz} = \left(1 - \frac{z^2}{1 \cdot 2} + \frac{z^4}{1 \cdot 2 \cdot 3 \cdot 4} + \cdots\right)$$
$$+ i\left(z - \frac{z^3}{1 \cdot 2 \cdot 3} + \frac{z^5}{1 \cdot 2 \cdot \cdot 5} - \cdots\right).$$

Der Vergleich mit (2) und (3), S. 205, liefert die erste der Formeln:

$$(1) \quad \ldots \ldots \quad e^{iz} = \cos z + i \sin z, \quad e^{-iz} = \cos z - i \sin z;$$

die zweite findet man auf analogem Wege.

Durch Kombination der Formeln (1) findet man Ausdrücke für $\cos z$ und $\sin z$ durch die natürliche Exponentialfunktion.

Lehrsatz: *Zwischen der Exponentialfunktion und den trigonometrischen Funktionen sin und cos besteht der durch die Formeln (1) und ihre Umkehrungen:*

$$(2) \quad \ldots \ldots \quad \cos z = \frac{e^{iz} + e^{-iz}}{2}, \quad \sin z = \frac{e^{iz} - e^{-iz}}{2i}$$

dargestellte Zusammenhang.

Speziell sind die Funktionen $\cos x$ und $\sin x$ mit *reellem* Argumente durch die Exponentialfunktion e^{ix} mit *rein imaginärem* Argumente darstellbar.

Da zufolge (1) der Ausdruck $\cos \vartheta + i \sin \vartheta$ gleich $e^{i\vartheta}$ ist, so können wir die *Polardarstellung* (1), S. 197, einer komplexen Zahl auch so schreiben:

$$(3) \quad \ldots \ldots \ldots \ldots \quad a + ib = r\, e^{\vartheta i}.$$

Insbesondere hat man für die n^{ten} *Einheitswurzeln:*

$$\varepsilon_0 = 1, \quad \varepsilon_1 = e^{\frac{2\pi i}{n}}, \quad \varepsilon_2 = e^{\frac{4\pi i}{n}}, \quad \ldots, \quad \varepsilon_{n-1} = e^{\frac{2(n-1)\pi i}{n}}.$$

11. Zusammenhang zwischen den trigonometrischen und den hyperbolischen Funktionen.

Die beiden Formeln (2), Nr. 10, zeigen eine analoge Bauart, wie die beiden ersten Formeln (1), S. 28, vermöge deren wir die beiden hyperbolischen Funktionen $\mathfrak{Cof}\, x$ und $\mathfrak{Sin}\, x$ in e^x ausdrückten.

Da die letzteren Gleichungen auch für komplexes Argument z bestehen bleiben sollten, so gewinnen wir den

Lehrsatz: *Zwischen den trigonometrischen Funktionen und den hyperbolischen bestehen die Beziehungen:*

$$(1) \quad \cos z = \mathfrak{Cof}\,(iz), \quad \sin z = -i\,\mathfrak{Sin}\,(iz), \quad tg\, z = -i\,\mathfrak{Tg}\,(iz).$$

---

[1]) Für die Umordnung der Glieder der fraglichen Reihe sind die S. 72 für reelle Reihen entwickelten Gesichtspunkte maßgeblich. Eine konvergente Potenzreihe ist „unbedingt" konvergent, so daß sie nach einer Neuanordnung ihrer Glieder den ursprünglichen Summenwert besitzt.

die man auch auf die Gestalten umrechnen kann:

(2) $\quad \mathfrak{Coj}\, z = \cos(iz), \quad \mathfrak{Sin}\, z = -i\sin(iz), \quad \mathfrak{Tg}\, z = -i\,tg(iz).$

Insbesondere für den Fall einer reellen Variabelen $z = x$ folgt der

Lehrsatz: *Die hyperbolischen Funktionen* $\mathfrak{Coj}\, x$, $\mathfrak{Sin}\, x$, $\mathfrak{Tg}\, x$, $\mathfrak{Ctg}\, x$ *für reelles Argument* x *sind identisch mit den trigonometrischen Funktionen* $\cos(ix)$, $-i\sin(ix)$, $-i\,tg(ix)$, $i\,ctg(ix)$ *des rein imaginären Argumentes* ix; *umgekehrt sind die trigonometrischen Funktionen* $\cos x$, $\sin x$, $tg\,x$, $ctg\,x$ *von reellem Argumente* x *identisch mit den hyperbolischen Funktionen* $\mathfrak{Coj}\,(ix)$, $-i\,\mathfrak{Sin}\,(ix)$, $-i\,\mathfrak{Tg}\,(ix)$, $i\,\mathfrak{Ctg}\,(ix)$ *des rein imaginären Argumentes* ix.

Die früher wiederholt (S. 29 und S. 93) hervorgetretenen Analogien im Verhalten der trigonometrischen und hyperbolischen Funktionen sind auf Grund der jetzt erkannten Beziehungen zwischen diesen Funktionen unmittelbar verständlich.

12. Additionstheorem der Exponentialfunktion.

Man bilde die Exponentialfunktion für die beiden komplexen Argumente z_1, z_2:

$$e^{z_1} = 1 + \frac{z_1}{1!} + \frac{z_1^2}{2!} + \frac{z_1^3}{3!} + \frac{z_1^4}{4!} + \cdots,$$

$$e^{z_2} = 1 + \frac{z_2}{1!} + \frac{z_2^2}{2!} + \frac{z_2^3}{3!} + \frac{z_2^4}{4!} + \cdots.$$

Wie eingehendere Betrachtungen zeigen, darf man diese beiden Gleichungen nach der Regel multiplizieren, welche für endlichgliedrige Summen gilt. Es entspringt dabei rechts wieder eine konvergente Reihe, deren Summenwert gleich dem Produkt der linken Seiten e^{z_1}, e^{z_2} ist:

$$e^{z_1} \cdot e^{z_2} = 1 + \left(\frac{z_1}{1!} + \frac{z_2}{1!}\right) + \left(\frac{z_1^2}{2!} + \frac{z_1}{1!} \cdot \frac{z_2}{1!} + \frac{z_2^2}{2!}\right) + \cdots$$

$$\cdots + \left(\frac{z_1^n}{n!} + \frac{z_1^{n-1}}{(n-1)!} \cdot \frac{z_2}{1!} + \cdots + \frac{z_1^{n-k}}{(n-k)!} \cdot \frac{z_2^k}{k!} + \cdots + \frac{z_2^n}{n!}\right) + \cdots$$

Hier sind immer die Glieder gleich hohen Grades in eine Klammer zusammengefaßt.

Die Summe der Glieder eines beliebigen Grades n können wir auch so schreiben:

$$\frac{1}{n!}\left[z_1^n + \binom{n}{1} z_1^{n-1} z_2 + \cdots + \binom{n}{k} z_1^{n-k} z_2^k + \cdots + z_2^n\right].$$

Dieser Summenwert ist aber zufolge des binomischen Lehrsatzes (vgl. S. 32) gleich $\dfrac{1}{n!}(z_1 + z_2)^n$. Also folgt:

$$e^{z_1} \cdot e^{z_2} = 1 + \frac{(z_1 + z_2)}{1!} + \frac{(z_1 + z_2)^2}{2!} + \cdots + \frac{(z_1 + z_2)^n}{n!} + \cdots.$$

Da hier rechts die Exponentialreihe für $z = z_1 + z_2$ steht, so ergibt sich der

Lehrsatz: *Die Exponentialfunktion mit dem Argumente $(z_1 + z_2)$ ist gleich dem Produkte der Exponentialfunktionen mit den Argumenten z_1 und z_2:*

$$(1) \qquad e^{z_1 + z_2} = e^{z_1} \cdot e^{z_2}.$$

Dieser Satz heißt das „*Additionstheorem*" der Exponentialfunktion [1]).

Durch wiederholte Anwendung der Formel (1) finden wir die etwas allgemeinere Gleichung:

$$(2) \qquad e^{z_1 + z_2 + \cdots + z_n} = e^{z_1} \cdot e^{z_2} \cdots e^{z_n}.$$

Nimmt man hier alle Argumente z einander gleich, so folgt (unter Austausch beider Seiten der Gleichung):

$$(3) \qquad (e^z)^n = e^{nz}.$$

Man spezialisiere diese Gleichung für $z = i\vartheta$ und benutze die Formel (1), S. 206. So gewinnt man den *Moivreschen Lehrsatz* (vgl. S. 200):

$$(4) \qquad (\cos\vartheta + i\sin\vartheta)^n = \cos n\vartheta + i\sin n\vartheta$$

als eine einfache Folge des Additionstheorems der Exponentialfunktion.

13. Additionstheoreme der trigonometrischen und der hyperbolischen Funktionen.

Nach (1), Nr. 12 gilt

$$e^{\pm i(z_1 + z_2)} = e^{\pm iz_1} \cdot e^{\pm iz_2}.$$

Wendet man hier beiderseits die Regel (1), S. 206, an, so folgt:

$$\cos(z_1 + z_2) \pm i\sin(z_1 + z_2) = (\cos z_1 \pm i\sin z_1)(\cos z_2 \pm i\sin z_2).$$

Entwickelt man die rechte Seite einmal für die oberen, sodann für die unteren Zeichen, so folgt durch Kombination der beiden entspringenden Formeln der

Lehrsatz: *Für die Funktionen $\sin z$ und $\cos z$ gelten die „Additionstheoreme":*

$$(1) \qquad \begin{cases} \sin(z_1 + z_2) = \sin z_1 \cos z_2 + \cos z_1 \sin z_2, \\ \cos(z_1 + z_2) = \cos z_1 \cos z_2 - \sin z_1 \sin z_2. \end{cases}$$

Bei reellen Argumenten kommt man auf die bekannten Additionstheoreme der Trigonometrie zurück.

---

[1]) Da für jede reelle positive Basis a die Regel $a^n = e^{n \cdot \ln a}$ gilt, so erkennt man aus:

$$a^m \cdot a^n = e^{m \cdot \ln a} \cdot e^{n \cdot \ln a} = e^{(m+n)\ln a} = a^{m+n}$$

die aus dem elementaren Begriffe der Potenz mit ganzzahligem Exponenten entspringende Grundregel $a^m \cdot a^n = a^{m+n}$ als einfachsten Spezialfall des allgemeinen Additionstheorems (1).

Der Übergang zu den hyperbolischen Funktionen wird durch die Formeln von Nr. 11 vermittelt.

Lehrsatz: *Für die hyperbolischen Funktionen* $\mathfrak{Sin}$ *und* $\mathfrak{Cof}$ *gelten die folgenden Additionsformeln:*

$$(2) \cdots \begin{cases} \mathfrak{Sin}(z_1 + z_2) = \mathfrak{Sin}\, z_1\, \mathfrak{Cof}\, z_2 + \mathfrak{Cof}\, z_1\, \mathfrak{Sin}\, z_2, \\ \mathfrak{Cof}(z_1 + z_2) = \mathfrak{Cof}\, z_1\, \mathfrak{Cof}\, z_2 + \mathfrak{Sin}\, z_1\, \mathfrak{Sin}\, z_2. \end{cases}$$

14. Periodizität der Funktionen e^z, $sin z$, $\cdots$, $\mathfrak{Sin}\, z$, $\cdots$.

Setzt man in (1), Nr. 13, für z_2 den Wert 2π ein und berücksichtigt die Gleichungen $cos\, 2\pi = 1$, $sin\, 2\pi = 0$, so folgt:

$$(1) \begin{cases} sin(z + 2\pi) = sin z, \\ cos(z + 2\pi) = cos z. \end{cases}$$

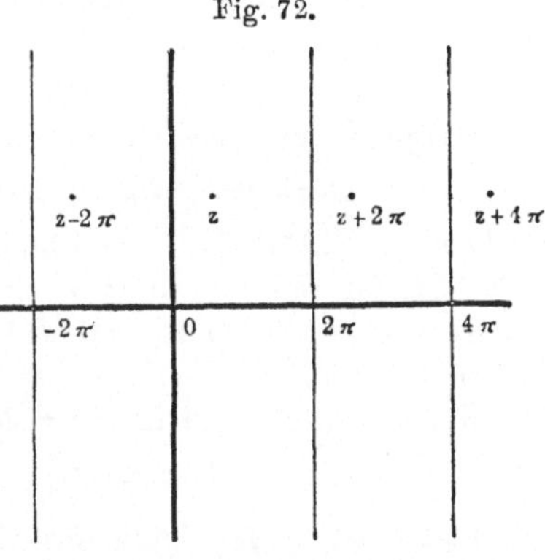

Lehrsatz: *Die Funktionen* $sin z$ *und* $cos z$ *haben die „Periode"* 2π, *d. h. die Werte der Funktionen ändern sich nicht, falls man das Argument* z *um* 2π *vermehrt oder vermindert.*

Wenn man demnach die Zahlenebene, wie Fig. 72 andeutet, durch Parallele zur *imaginären* Achse in lauter Streifen von der Breite 2π einteilt, so werden die Funktionen $sin z$ und $cos z$ für homologe Punkte der Streifen (z. B. die in der Figur markierten Punkte z, $z \pm 2\pi$, $\cdots$) immer wieder dieselben Werte annehmen, wie für den ersten Punkt z.

Ersetzt man in der Formel $e^{iz'} = cos z' + i sin z'$ das Argument z' durch $(z' + 2\pi)$, so folgt, daß $e^{iz' + 2i\pi}$ gleich $e^{iz'}$ ist. Schreibt man hier $iz' = z$, so folgt:

$$(2) \cdots e^{z + 2i\pi} = e^z.$$

Den Übergang zu den hyperbolischen Funktionen vermitteln die Darstellungen derselben in der Exponentialfunktion oder auch die Formeln von Nr. 11, S. 207. Es findet sich:

$$(3) \cdots \begin{cases} \mathfrak{Sin}(z + 2i\pi) = \mathfrak{Sin}\, z, \\ \mathfrak{Cof}(z + 2i\pi) = \mathfrak{Cof}\, z. \end{cases}$$

Lehrsatz: *Die Exponentialfunktion* e^z, *sowie die hyperbolischen Funktionen* $\mathfrak{Sin}\, z$, $\mathfrak{Cof}\, z$ *haben die Periode* $2 i\pi$, *welche rein imaginär* *ist; d. h. die einzelne jener Funktionen ändert sich nicht, falls man das Argument z um $2\,i\,\pi$ vermehrt oder vermindert.*

Wenn man demnach die Zahlenebene durch Parallele zur *reellen* Achse in lauter Streifen der Breite $2\,\pi$ einteilt (vgl. Fig. 73, S. 209), so wird die einzelne der genannten Funktionen in homologen Punkten dieser Streifen stets gleiche Werte annehmen.

15. Die Funktion $ln\,z$ für komplexes Argument.

Ist $w = u + i\,v$ und setzt man $e^w = z = r\,e^{\vartheta i}$, so gilt:

$$e^{u+iv} = e^u \cdot e^{iv} = e^u\,(cos\,v + i\,sin\,v) = r\,(cos\,\vartheta + i\,sin\,\vartheta).$$

Durch Trennung der reellen und imaginären Bestandteile folgt hieraus:

$$e^u\,cos\,v = r\,cos\,\vartheta, \quad e^u\,sin\,v = r\,sin\,\vartheta.$$

Durch Kombination dieser Gleichungen gewinnt man leicht:

$$e^u = r, \qquad u = ln\,r, \qquad v = \vartheta + 2\,v\,\pi,$$

wo $ln\,r$ der natürliche Logarithmus der positiven Zahl r ist, welcher nach S. 6 für jedes positive r einen *eindeutig* bestimmten Wert hat, und wo v eine *beliebig* zu wählende ganze positive oder negative Zahl oder 0 bedeutet.

Kehrt man $e^w = z$ in $w = ln\,z$ um, so folgt:

$$(1) \quad \ldots \ldots \ldots \quad ln\,z = ln\,r + (\vartheta + 2\,v\,\pi)\,i.$$

Lehrsatz: *Der natürliche Logarithmus $ln\,z$ für ein beliebiges komplexes Argument z ist in der Art „unendlich vieldeutig", daß der reelle Bestandteil von $ln\,z$ als $ln\,r$ eindeutig bestimmt ist, während der Faktor von i im imaginären Bestandteil von $ln\,z$ gleich der Amplitude ϑ von z, vermehrt um ein „beliebiges" Multiplum von $2\,\pi$, ist.*

Als *„Hauptwert"* der Funktion $ln\,z$ bezeichnet man den für $v = 0$ eintretenden Funktionswert, wobei ϑ als im Intervall $0 \leqq \vartheta < 2\,\pi$ gelegen gilt.

Soll $ln\,z$ reell sein, so muß z reell und positiv sein, und es ist der Hauptwert zu nehmen. Die Hauptwerte der Logarithmen negativer reeller Argumente z sind komplex, nämlich gleich $(ln\,r + \pi\,i)$.

16. Die zyklometrischen Funktionen mit komplexen Argumenten.

Die in Nr. 10 gewonnenen Relationen zwischen der Exponentialfunktion und den trigonometrischen Funktionen lassen sich durch einfache Rechnung umgestalten in Beziehungen zwischen dem Logarithmus und den zyklometrischen Funktionen.

Aus (1), Nr. 10, folgt, wenn man w statt z schreibt:

$$w\,i = ln\,(cos\,w + i\,sin\,w).$$

Setzt man somit $sin\, w = z$ und also $w = arc\, sin\, z$, so folgt:

$$arc\, sin\, z = \frac{1}{i}\, ln\left(i\,z + \sqrt{1 - z^2}\right).$$

Eine ähnliche Formel ergibt sich für $arc\, cos\, z$.

Für $arc\, tg\, z$ knüpfe man an:

$$\frac{e^{w\,i}}{e^{-w\,i}} = e^{2\,w\,i} = \frac{cos\, w + i\, sin\, w}{cos\, w - i\, sin\, w} = \frac{1 + i\, tg\, w}{1 - i\, tg\, w}$$

und setze hier $tg\, w = z$ und also $w = arc\, tg\, z$.

Lehrsatz: *Die Darstellung der Funktionen $arc\, sin\, z$ und $arc\, tg\, z$ durch den Logarithmus wird geliefert durch:*

$$(1) \cdots \cdots \begin{cases} arc\, sin\, z = \dfrac{1}{i}\, ln\left(i\,z + \sqrt{1 - z^2}\right), \\[2mm] arc\, tg\, z = \dfrac{1}{2\,i}\, ln\left(\dfrac{1 + i\,z}{1 - i\,z}\right). \end{cases}$$

Die Eigenschaften der zyklometrischen Funktionen mit komplexen Argumenten kann man somit auf Grund der vorstehenden Relationen aus den in Nr. 15 betrachteten Eigenschaften des Logarithmus ablesen.

17. Ableitungen und unbestimmte Integrale bei komplexen Funktionen.

Erklärung: *Von einer als variabel zu denkenden komplexen Größe, welche im Sinne der Erklärung am Anfang von Nr. 8, S. 202, die Null zur Grenze hat, ohne mit Null identisch zu werden, sagt man, sie werde unendlich klein oder (was jedoch nicht genau ist) sie „sei" eine unendlich kleine komplexe Größe.*

Bei einer unendlich kleinen komplexen Größe ist demnach der absolute Betrag unendlich klein, während die Amplitude in keiner Weise beschränkt ist.

Benutzen wir die am Schlusse von Nr. 4, S. 199, besprochene Deutung der komplexen Zahlen durch parallel mit sich verschiebbare Strecken der Zahlenebene, welche nach *Länge* und *Richtung* fixiert sind, so würde die zu einem Differential $d\,z$ gehörende Strecke eine verschwindend klein werdende Länge, *aber beliebige Richtung* besitzen.

Ist $f(z)$ irgend eine Funktion der komplexen Variabelen z, so können wir analog wie bei reellen Veränderlichen und Funktionen für irgend einen Anfangswert z und einen zunächst endlichen und im allgemeinen komplexen Zuwachs $\varDelta\, z$ den „*Differenzenquotienten*":

$$(1) \cdots \cdots \cdots \frac{\varDelta f(z)}{\varDelta z} = \frac{f(z + \varDelta z) - f(z)}{\varDelta z}$$

erklären und den Grenzwert desselben untersuchen, falls Δz irgendwie zu einem „*komplexen Differential*“ dz, d. i. unendlich klein wird.

Hierbei gilt der merkwürdige

Lehrsatz: *Für alle oben betrachteten Funktionen $f(z)$ ist der Grenzwert des Differenzenquotienten eine „nur von z“, aber „nicht von der Amplitude“ des Differentials dz abhängende Funktion $f'(z)$, welche wieder als „Ableitung“ oder genauer als „erste Ableitung“ von $f(z)$ bezeichnet wird.*

Das zu dz gehörige Differential $d f(z)$ der Funktion $f(z)$ erklären wir alsdann durch:

$$d f(z) = f'(z)\, dz,$$

so daß die Ableitung $f'(z)$ auch als Differentialquotient:

$$f'(z) = \frac{d f(z)}{d z}$$

dargestellt werden kann.

Der ausgesprochene Lehrsatz soll an folgenden Beispielen erläutert werden:

Für die Funktion $f(z) = z^n$ überträgt sich die S. 20 u. f. ausgeführte Rechnung unmittelbar und liefert $f'(z) = n\, z^{n-1}$ als Ableitung, womit in diesem Falle der Satz bewiesen ist.

Für die transzendenten Funktionen knüpfe man an die Potenzreihen. Durch eingehendere Betrachtungen läßt sich zeigen, daß man aus:

$$(2) \ . \ . \ . \ . \ . \ f(z) = c_0 + c_1 z + c_2 z^2 + c_3 z^3 + \cdots,$$

indem man rechter Hand gliedweise differenziert, die Potenzreihenentwickelung der Ableitung von $f(z)$ gewinnt:

$$f'(z) = c_1 + 2 c_2 z + 3 c_3 z^2 + 4 c_4 z^3 + \cdots,$$

und daß diese Reihe denselben Konvergenzkreis wie die Reihe (2) besitzt (vgl. S. 58, Schlußsatz von Nr. 4).

Die Anwendung auf die in Nr. 9, S. 205, angegebenen Reihen lehrt:

$$\frac{d (e^z)}{d z} = e^z, \quad \frac{d \sin z}{d z} = \cos z, \quad \frac{d \cos z}{d z} = - \sin z.$$

Durch Fortsetzung dieser Betrachtungen findet man, daß überhaupt alle aus dem ersten Abschnitt bekannten Differentialformeln für die komplexen Variabelen erhalten bleiben.

Bei der unbestimmten Integration der Differentiale gelangten wir im dritten Abschnitt zu Gleichungen, welche nichts weiter als formale Umgestaltungen der Gleichungen der Differentialrechnung waren. Wir erhalten somit folgenden

Lehrsatz: *Alle im ersten und im dritten Abschnitte bei der Differentiation und der unbestimmten Integration der Funktionen gewonnenen Formeln bleiben unverändert bestehen, falls an Stelle des damaligen reellen Argumentes x und Differentials d x komplexe z und d z treten und die Funktionen in der durch Nr. 9, S. 204 u. f., bezeichneten Art auf komplexe Funktionen erweitert werden.*

18. Bemerkung zur Integration rationaler Differentiale.

Die Integration der rationalen Differentiale wurde oben (vgl. S. 104 ff.) unter Vermeidung komplexer Größen durchgeführt.

Gebrauchen wir komplexe Zahlen, was uns jetzt frei steht, so gestalten sich die genannten Entwickelungen weit einfacher.

Für eine rationale Funktion $R(z)$, welche komplexes Argument hat und natürlich auch komplexe Koeffizienten aufweisen darf, haben wir zunächst der Gleichung (4), S. 102, entsprechend die Zerlegung:

$$(1) \quad \begin{cases} R(z) = G(z) + \dfrac{A_1}{(z-a)^\alpha} + \dfrac{A_2}{(z-a)^{\alpha-1}} + \cdots + \dfrac{A_\alpha}{z-a} \\ + \cdots \cdots \cdots \cdots \cdots \cdots \cdots \\ + \dfrac{L_1}{(z-l)^\lambda} + \dfrac{L_2}{(z-l)^{\lambda-1}} + \cdots + \dfrac{L_\lambda}{z-l}. \end{cases}$$

Hier ist $G(z)$ eine ganze rationale Funktion, die $a, b, \cdots, l$ sind die im allgemeinen komplexen Wurzeln der durch Nullsetzen des Nenners von $R(z)$ entspringenden Gleichung, wobei die Wurzel a im ganzen α-fach usw. auftritt, und endlich sind die $A_1, \cdots, L_\lambda$ die n konstanten, hier im allgemeinen komplexen Partialzähler.

Die Integration liefert nun einfach:

$$(2) \quad \begin{cases} \displaystyle\int R(z)\,dz = \int G(z)\,dz \\ \qquad - \dfrac{A_1}{(\alpha-1)(z-a)^{\alpha-1}} - \cdots + A_\alpha \cdot \ln(z-a) \\ \qquad - \cdots \cdots \cdots \cdots \cdots \cdots \cdots \\ \qquad - \dfrac{L_1}{(\lambda-1)(z-l)^{\lambda-1}} - \cdots + L_\lambda \cdot \ln(z-l) \end{cases}$$

als eine alle Fälle umfassende Formel.

Hat $R(z)$ durchweg *reelle* Koeffizienten, so kommen in (2) rechter Hand etwaige komplexe Glieder immer zu Paaren konjugiert vor. Zwei solche Glieder lassen sich dann zu einem einzigen Ausdruck mit reellen Koeffizienten zusammenfassen.

Es hat ein besonderes Interesse, diese Vereinigung wenigstens an den Paaren konjugierter logarithmischer Glieder durchzuführen.

Zu diesem Zwecke knüpfen wir an die beiden konjugierten Partialbrüche:

$$(3) \ \cdot \ \cdot \ \cdot \ \cdot \ \cdot \ \cdot \ \frac{A' + i\,A''}{z - a' - i\,a''} + \frac{A' - i\,A''}{z - a' + i\,a''},$$

welche bei der Integration ergeben:

$$(4) \quad (A' + i\,A'') \, ln \, (z - a' - i\,a'') + (A' - i\,A'') \, ln \, (z - a' + i\,a'').$$

Um nun diese beiden Glieder unter Zusammenfassung in einen Ausdruck mit reellen Koeffizienten umzugestalten, rechnen wir erstlich den Ausdruck (4) in folgende Gestalt um:

$$A' \, ln \, [(z - a' - i\,a'') \, (z - a' + i\,a'')] - 2\,A'' \, \frac{1}{2\,i} \, ln \, \frac{a'' + i\,(z - a')}{a'' - i\,(z - a')}$$
$$+ i\,A'' \, ln \, (-1).$$

Das letzte Glied, welches konstant ist, kann fortbleiben, da es sich hier um eine „unbestimmte“ Integration handelt. Für das vorletzte Glied benutzen wir die aus (1), Nr. 16 (S. 211), entspringende Gleichung:

$$\frac{1}{2\,i} \, ln \, \frac{a'' + i\,(z - a')}{a'' - i\,(z - a')} = arc\,tg \, \frac{z - a'}{a''}.$$

So folgt als Integral des Ausdrucks (3):

$$A' \, ln \, [(z - a')^2 + a''^2] - 2\,A'' arc\,tg \, \frac{z - a'}{a''}.$$

Zu dem gleichen Resultate werden wir geführt, wenn wir die beiden Partialbrüche (3) vor der Integration zu einem reellen Ausdrucke zweiten Grades zusammenfassen und sodann die Integration nach der Regel (III), S. 105, durchführen.

19. Bemerkung über lineare homogene Differentialgleichungen mit konstanten Koeffizienten.

In der S. 188 ff. gelieferten Behandlung der in der Überschrift genannten Differentialgleichungen haben wir den Fall, daß die daselbst unter (2) angesetzte algebraische Gleichung n^{ten} Grades komplexe Wurzeln aufweist, ausgeschlossen.

Wie wir jetzt wissen, gelten die in den beiden damaligen Lehrsätzen ausgesprochenen Ergebnisse ohne weiteres auch im Falle komplexer Lösungen μ.

Wir halten etwa an der Voraussetzung fest, daß die Koeffizienten $a_1, a_2, \ldots, a_n$ der Differentialgleichung reell sind, nehmen indessen an, daß die Gleichung:

$$(1) \ \cdot \ \cdot \ \cdot \ \cdot \ a_0\,\mu^n + a_1\,\mu^{n-1} + \cdots + a_{n-1}\,\mu + a_n = 0$$

das Paar der komplexen Wurzeln:

$$\mu_1 = \varkappa + i\,\lambda, \qquad \mu_2 = \varkappa - i\,\lambda$$

α-fach besitze.

Dann liefert der letzte Lehrsatz von S. 189 die 2α Integrale:

$$(2) \cdot \cdot \begin{cases} e^{(\varkappa+i\lambda)x}, & x\,e^{(\varkappa+i\lambda)x}, & x^2\,e^{(\varkappa+i\lambda)x}, & \ldots, & x^{\alpha-1}\,e^{(\varkappa+i\lambda)x}, \\ e^{(\varkappa-i\lambda)x}, & x\,e^{(\varkappa-i\lambda)x}, & x^2\,e^{(\varkappa-i\lambda)x}, & \ldots, & x^{\alpha-1}\,e^{(\varkappa-i\lambda)x}. \end{cases}$$

Nun gilt aber nach S. 206 ff.:

$$e^{(\varkappa\pm i\lambda)x} = e^{\varkappa x}(\cos\lambda\,x \pm i\sin\lambda\,x).$$

Man gestalte die Integrale (2) dementsprechend um und beachte, daß nach den Sätzen von S. 187 sowohl die halbe Summe als die durch $2i$ geteilte Differenz je zweier in (2) untereinander stehender Integrale wiederum Integrale der vorgelegten Differentialgleichung liefern.

So entspringt der

Lehrsatz: *Hat die algebraische Gleichung (1) das α-fach auftretende Paar komplexer Lösungen $(\varkappa \pm i\lambda)$, so entspricht diesen Lösungen das System der 2α „reellen" Integrale:*

$$e^{\varkappa x}\cos\lambda\,x, \quad x\,e^{\varkappa x}\cos\lambda\,x, \quad x^2\,e^{\varkappa x}\cos\lambda\,x, \ldots, \quad x^{\alpha-1}\,e^{\varkappa x}\cos\lambda\,x,$$
$$e^{\varkappa x}\sin\lambda\,x, \quad x\,e^{\varkappa x}\sin\lambda\,x, \quad x^2\,e^{\varkappa x}\sin\lambda\,x, \ldots, \quad x^{\alpha-1}\,e^{\varkappa x}\sin\lambda\,x.$$

20. Bestimmte Integrale zwischen komplexen Grenzen.

Es sei $\varphi(z)$ eine der bisher betrachteten Funktionen der komplexen Variabelen z, und es mögen z_1 und z_2 irgend zwei fest gewählte Einzelwerte von z sein.

Um zu erklären, was wir unter dem *bestimmten Integrale*:

$$(1) \cdots \int_{z_1}^{z_2} \varphi(z)\,dz$$

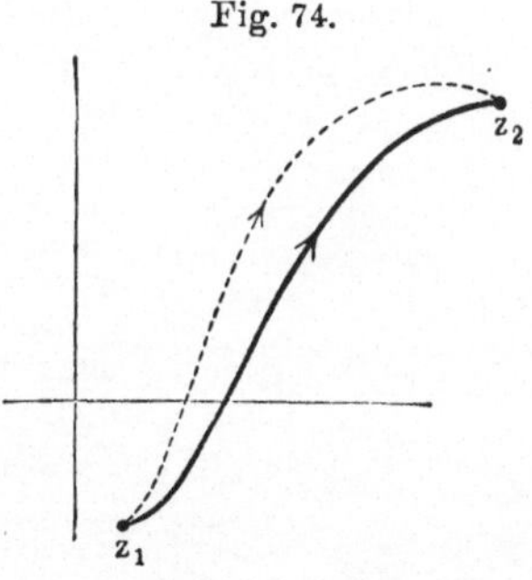

Fig. 74.

verstehen wollen, müssen wir auf die S. 86 entwickelten Vorstellungen zurückgehen.

Wir zeichnen in der Zahlenebene vom Punkte z_1 eine beliebige Kurve nach z_2 und wollen diese als „*Integrationskurve*" benutzen (siehe die in Fig. 74 ausgezogene Kurve von z_1 nach z_2).

Nach dem Vorbild der Maßregeln von S. 86 (unten) denken wir diese Kurve in lauter einzelnen Schritten dz zurückgelegt, bilden für das an der Stelle z gelegene dz das Produkt $\varphi(z)\,dz$ und erklären die Summe aller auf unsere Kurve bezogenen Produkte dieser Art als bestimmtes Integral (1).

Hierbei tritt die fundamentale Frage auf, *in welcher Weise die Auswahl der Integrationskurve auf den entspringenden Integralwert einwirkt.*

Teilweise wird diese Frage beantwortet durch den

Lehrsatz: *Man kann, ohne daß der Integralwert ein anderer wird, Verschiebungen der Integrationskurve, z. B. von der ursprünglichen zu der in Fig. 74 punktierten Gestalt, vornehmen, sofern man nur hierbei die fragliche Kurve nicht über gewisse der Funktion $\varphi(z)$ eigentümliche Ausnahmepunkte hinwegschiebt.*

Zum Beweise dieses Satzes, sowie zu einer ausführlichen Entwickelung der Theorie der bestimmten Integrale mit komplexen Grenzen fehlt hier leider der Raum.

REGISTER.

(Die Zahlen bedeuten die Nummern der Seiten.)